国家林业和草原局普通高等教育"十四五"规划教材

干旱区绿洲苜蓿
高效栽培技术

颜 安 张前兵 主编

中国林业出版社
China Forestry Publishing House

国家林业和草原局草原管理司 支持出版

内 容 简 介

本教材共6章，包含绪论、苜蓿田盐碱化与沙化土壤改良技术、苜蓿高效节水灌溉技术、苜蓿高效施肥技术、苜蓿高效栽培模式和新疆北疆区域苜蓿品种的适应性。其中，主要阐明新疆滴灌苜蓿高效生产过程中水—肥—盐—根协同促进机制，是新疆滴灌苜蓿高产栽培方面的重要内容，对苜蓿高产机制研究及高效生产具有重要的借鉴、指导作用。本教材主要面向草业科学本科、草学研究生，以及从事草业相关工作的专业技术人员。

图书在版编目（CIP）数据

干旱区绿洲苜蓿高效栽培技术／颜安，张前兵主编.
北京：中国林业出版社，2025.5. --（国家林业和草原局普通高等教育"十四五"规划教材）. -- ISBN 978-7
-5219-3231-7

Ⅰ. S551

中国国家版本馆 CIP 数据核字第 2025070R7P 号

策划编辑：李树梅　高红岩
责任编辑：李树梅
责任校对：苏　梅
封面设计：睿思视界视觉设计

出版发行　中国林业出版社
　　　　　（100009，北京市西城区刘海胡同7号，电话010-83143531）
电子邮箱　jiaocaipublic@163.com
网　　址　https：//www.cfph.net
印　　刷　北京盛通印刷股份有限公司
版　　次　2025年5月第1版
印　　次　2025年5月第1次印刷
开　　本　787mm×1092mm　1/16
印　　张　11.75
字　　数　280千字
定　　价　36.00元

《干旱区绿洲苜蓿高效栽培技术》编写人员

主　　编　颜　安　张前兵

副 主 编　宁松瑞　谢开云　梁维维

编　　者　（按姓氏笔画排序）

万江春（新疆农业大学）

王　岚（新疆农业大学）

宁松瑞（西安理工大学）

刘美君（新疆农业大学）

张树振（新疆农业大学）

张前兵（石河子大学）

陈述明（新疆农业大学）

梁维维（新疆畜牧科学院草业研究所）

谢开云（新疆农业大学）

颜　安（新疆农业大学）

主　　审　于　磊（石河子大学）

张青青（新疆农业大学）

前　言

新疆是全国面积最大的省份，但是耕地面积并不多，优质饲草量也不足。饲草主要以天然草地利用和人工饲草种植为主。紫花苜蓿是世界上栽培最广的一种优良豆科牧草，被各种家畜所喜食，有"牧草之王""牛奶生产第一车间"之称。近年来，我国苜蓿产业取得了较大发展，苜蓿产量和品质稳定性有显著提升，但总产量和质量仍不能满足畜牧业高质量发展的需求，进口依赖度较高。除进口商品草外，我国还进口大量优质紫花苜蓿草种。面对苜蓿干草、草种数量和质量的需求，以及新疆特殊气候和土壤条件，亟待深入开展苜蓿田盐碱化改良技术、沙化土壤改良技术、节水灌溉技术、施肥技术、高效栽培模式及品种适应性评价研究，将有助于新疆地区畜牧业的高质量发展。

本教材的大部分内容是编者通过大量科学实验得出，内容丰富、信息量大。旨在通过介绍新疆干旱区苜蓿高效栽培技术，不断提高苜蓿干草和种子的产量和品质，为促进新疆畜牧业高质量发展提供参考。本教材除了可为草学等相关专业的科研、教学人员提供资料参考，还可以作为基层农技人员、农牧民的实践参考。

本教材共6章，包含绪论、苜蓿田盐碱化与沙化土壤改良技术、苜蓿高效节水灌溉技术、苜蓿高效施肥技术、苜蓿高效栽培模式和新疆北疆区域苜蓿品种的适应性。编写分工如下：第一章由新疆农业大学颜安、新疆畜牧科学院草业研究所梁维维编写，第二章由西安理工大学宁松瑞编写，第三章由新疆农业大学张树振、刘美君编写，第四章由石河子大学张前兵、新疆农业大学王岚编写，第五章由新疆农业大学谢开云、万江春编写，第六章由新疆农业大学陈述明编写。本教材由新疆农业大学颜安、石河子大学张前兵统稿。本教材的顺利出版与许多人的努力密不可分，特别感谢国家林业和草原局草原管理司、中国林业出版社和各位编者所在单位的大力支持和帮助。

本教材获国家自然科学基金"南疆典型耕作制度对盐碱农田碳平衡效应的影响机制研究（32160527）"、新疆维吾尔自治区重点研发专项"优质牧草高效生产与加工关键技术集成示范（2022B02003）"、新疆维吾尔自治区"天山英才"培养计划项目"优质牧草规模化水肥高效利用技术创新应用（2022TSYCCX0044）"、新疆维吾尔自治区"天山英才"培养计划项目"苜蓿建植修复三(2-氯乙基)磷酸酯(TCEP)污染地的机制及利用研究（2024TSYCCK0032）"、新疆维吾尔自治区现代农业产业技术体系（XJARS-13-06）项目资助。

本教材在编写过程中力求科学性和实用性，但受实验时间、知识和经验所限，编写疏漏和不足之处在所难免，尤盼使用本教材的师生和读者不吝指正，以便进一步修改和补充。

编　者
2024年6月于乌鲁木齐

目　录

目 录

第一章

绪 论

一、干旱区绿洲苜蓿栽培的重要意义

新疆是典型的大陆性干旱气候，降水少、蒸发强，沙漠和盐碱地广布，形成了特色鲜明的绿洲灌溉农业。干旱是影响植物生长、发育和分布的主要环境因子之一，且已成为世界上最严重的自然灾害之一。在我国干旱地区，畜牧业在农业经济中占有重要的地位。中国75%的草原位于北部和西部的干旱半干旱地区，近年来，由于过度放牧和气候变化等因素的影响，天然草地退化严重，导致草地生产力大幅下降，难以满足现代畜牧业快速发展对饲草的需求。栽培草地的利用和发展，减轻了天然草地的放牧压力，也为畜牧业发展提供了大量的高质量饲草。

栽培草地(cultivated pastureland/grassland)是以收获植物茎叶营养体为目的，综合利用农业技术(播种、灌溉、施肥、杂草控制等)，人为建植、培育的草本群落，可提供青饲、调制干草或放牧利用。与传统籽粒农作物生产相比，栽培草地生产对气候和土地资源的利用更高效，生产的有机物质产品更多样。建设和利用栽培草地是畜牧业现代化的重要标志，既可以解决饲草料不足问题，弥补家畜冬、春季饲料缺口，又可缓解天然草原放牧压力，恢复其生态、经济和文化功能。紫花苜蓿(*Medicago sativa* L.)是世界上栽培最广泛的一种优良豆科牧草，具有较高的经济价值和农业性状，其发达的根系可有效防止水土流失，抗旱性也优于其他农作物。同时，紫花苜蓿也是我国畜牧业发展的重要植物资源，其蛋白质含量较其他牧草高1~3倍，是所有牧草中含可消化蛋白质最高的牧草之一，也是我国栽培面积最大的人工牧草，在牧草中具有不可撼动的地位。

欧美等发达国家非常注重开展牧草栽培方面研究。在澳大利亚、新西兰及荷兰，栽培草地种植面积分别占本国草地面积的58%、69%和80%，我国栽培草地总面积约为2000万 hm^2，仅占草地面积的5%左右，发展潜力巨大。许多发达国家将苜蓿作为农牧业的支柱作物，在美国苜蓿的种植面积已达到1000万 hm^2，加拿大达到250万 hm^2，阿根廷达到750万 hm^2，而我国的苜蓿种植面积仅有200万 hm^2，且苜蓿产量低、品质较差，主要原因是可利用土地资源有限、水资源紧缺、科学化施肥水平低、栽培模式落后及品种的适应性差。

新疆盐碱地、沙地资源丰富，但苜蓿属于高耗水作物，在新疆开展苜蓿等优质牧草高效栽培关键技术是确保畜牧业高质量发展的重中之重。在借鉴棉花滴灌模式的基础上，将滴灌系统引入苜蓿大田种植栽培中，使苜蓿干草生产潜能最大程度地释放出来，单位面积干草产量较地表灌溉增产达40%以上。苜蓿对恶劣生长环境具有较强的适应性，在新疆盐碱地、沙地种植苜蓿可以达到改良土壤理化性质、培肥地力等效果。苜蓿作为多年生作物，一年可刈割3~4茬，如果仅从土壤中吸取而不加以补充，长期下去草地肥力便会慢慢降低，草产量和质量都将会下降。因此，在新疆开展苜蓿田盐碱地、沙地改良技术研究，将中、低产田土壤进行改良，加以科学合理的灌溉技术、施肥技术及适宜的品种，不断提高苜蓿大田单产水平，可为新疆畜牧业的高质量发展提供物质基础。

二、干旱区绿洲苜蓿栽培国内外研究现状

目前，我国推广栽培的优质牧草主要有苜蓿、青贮玉米、燕麦和小黑麦等，种植面积较大的是苜蓿和青贮玉米。美国是农牧业发展大国，牧草种植面积为0.47亿hm^2，占草地面积的19.5%，以苜蓿为例，美国平均产量为8.15 $t \cdot hm^{-2}$，而我国苜蓿平均产量只有6.26 $t \cdot hm^{-2}$。随着人们生活水平的提高，对优质牧草的需求量激增，国内外政府和研究人员均对牧草的生产栽培研究投入大量人力和财力，研究方向主要集中在土壤改良、灌溉技术、施肥技术等方面，这几项栽培技术被广大研究者普遍关注并开展了大量研究工作。

新疆的盐碱地面积占全国盐碱地面积的1/3，灌区盐碱化耕地占灌区耕地的37.72%，被国际上喻为"世界盐碱地博物馆"，沙化土和盐碱土是新疆主要的低产土壤类型。在我国受"重农轻牧"传统固定模式的影响，苜蓿大多种植在无肥力的瘠薄地、盐碱地，进而导致其单产水平低、质量差。在耕地资源有限的情况下，开展盐碱地、沙地种草技术对防治土地退化、增加耕地面积和产能、保护生态环境、富民兴边等具有重要意义。

苜蓿是需水较多的植物，但抗旱能力很强，新疆苜蓿在不同年份的需水量不同，范围是990~1100 mm，耗水强度波动范围是5.1~5.9 $mm \cdot d^{-1}$；6月中旬至8月中旬苜蓿的耗水强度最大，此时耗水量在360 mm左右，第2茬苜蓿的耗水量高于第1茬和第3茬之和，苜蓿耗水强度在现蕾期最大，高于分枝期和分枝前期，亏水程度越大该规律越明显。在分枝前期和分枝期进行调亏灌溉，在苜蓿的现蕾期进行充分灌溉能对苜蓿的生长起到补偿作用。不同水分条件下，青贮玉米耗水量一般在450~600 mm，其中开花到孕穗期的耗水量最大，耗水强度为10.6 $mm \cdot d^{-1}$。不同的牧草有不同的需水和耗水规律，因此不同的水分管理模式对牧草的品质和产量至关重要。常见的牧草灌溉方式主要有地面滴灌、地上喷灌、地面沟灌、地面畦灌、地面漫灌和地下滴灌等。地下滴灌（渗灌）是目前苜蓿灌溉的新兴技术，该技术是将滴灌（渗灌）管埋于地下，将水肥直接输送到作物根系附近，实现灌水量、施肥量的精确化，同时减少土壤表层水分的无效蒸发，提高水肥利用效率。

提高农作物的水分利用效率不仅是农业增产节水的关键和最终潜力所在，也是发展农业节水的重要途径之一。水分是影响苜蓿植株生长发育、干草产量、营养品质及水分利用效率的重要因素。研究发现，在灌水量较为充足的条件下，苜蓿植株的茎节长度增加、茎节数增多，其叶片的光合作用也较强；而在水分胁迫下，成熟植株叶片和茎的生长速率明显减小，产量下降。另有研究表明，在适当的灌溉范围内，随灌溉量的增多苜蓿干草产量逐渐增加，而苜蓿的水分利用效率随灌溉量的增多呈降低的趋势。可见，适宜的灌溉量能够明显改善苜蓿的生产性能，并提高其水分利用效率。也有学者研究了调亏灌溉对苜蓿产量的影响，轻度的减水灌溉与充分灌溉两种条件下的苜蓿产量并无显著差异。综上所述，不同地区因土壤质地、气候条件的差异，导致灌溉量对苜蓿产量的影响不同，但都可以看出，灌溉量对苜蓿产量的形成有着极为重要的影响。

牧草的生产与粮食作物有所不同，粮食作物多以籽粒收获为主，而牧草多以地上部分

全生物体收获为主。土壤养分供应是植物生长的重要物质基础，但对于可持续利用多年的苜蓿来说，仅依靠土壤提供养分还无法满足其生长需求。因此，需通过施肥为苜蓿的生长提供所需养分，从而改善其产量和营养品质。国内外学者在施肥对苜蓿产量的影响方面做了大量研究。Jungers 等（2019）对苜蓿施用钾肥后发现，钾肥施用量与苜蓿产量存在正二次曲线效应，即在一定范围内，苜蓿产量和根系的生物量随施肥量的增加而增加，当施肥量达一定量时产量趋于稳定。也有人在苜蓿施磷的研究中发现，施用适量的磷肥可显著提高苜蓿的产量。氮素作为植物"三大营养元素"，是牧草生产的重要限制因子，目前对苜蓿施氮肥的研究存在一定分歧。蔡国军等在半干旱黄土丘陵进行的施肥研究中认为苜蓿具有根瘤固氮作用，因此无须对其施加氮肥，并且施加氮肥还会对苜蓿产生负效应。但是，谢开云等研究认为豆科植物固氮不是从种植开始就起作用的，并且在苜蓿幼苗期或刈割后固氮作用较弱，在苜蓿的苗期施加氮肥效果较为明显。谢勇等（2012）研究发现，在偏干旱地区，苜蓿可以考虑施用氮肥，施氮肥后苜蓿产量提高 8%~25%。由此可见，适量施肥对苜蓿产量的影响很大，但肥料提供的养分对苜蓿生长作用存在阈值，过量施肥并不能使苜蓿产量得到显著提高。当前，面对国家化肥零增长目标以及农业绿色发展等要求，苜蓿作为优质的植物性蛋白资源，合理施肥对其产量及其品质的形成至关重要。水肥一体化是提高苜蓿肥料利用效率及其产量最具代表性的一项核心技术，通过合理施肥和灌溉等措施，为优质牧草苜蓿单位面积产量的不断提高提供了很好的途径。

三、干旱区绿洲苜蓿栽培存在的技术困难与问题

新疆当前生态退化日趋严重，各县（市、区、州）纷纷落实草原禁牧、轮牧等政策措施，天然草原载畜量大幅减少，牧区畜牧业发展空间进一步压缩，农区用于承接牧区产能的人工饲草料地不足，饲草保障压力骤增。尽管已采取多种措施积极发展人工饲草料地，但受种植结构、水资源、牧草种植政策性补助投入不足等因素的影响，人工饲草料地保留面积仍不能满足冷季舍饲的需求，特别是苜蓿等优质牧草的高产栽培技术滞后，是限制新疆畜牧业高质量发展的主要瓶颈。

新疆是我国苜蓿等优质牧草主产区之一。2023 年，新疆维吾尔自治区政府工作报告提出，加快打造以"八大产业集群"为支撑的现代产业体系，其中优质畜产品产业集群的发展依赖于优质牧草的供给保障。新疆牧草种植业得到大力发展，为保证优质牧草持续高效生产，科学有效的栽培管理措施是其中的关键环节。但是，新疆常年干旱少雨、土壤沙化、盐碱化及植被覆盖率低，牧草生产中普遍存在盲目灌水、滥用肥料，灌溉、施肥制度不合理、水肥利用效率低，高投入低产出等问题，成为制约新疆现代畜牧业发展的瓶颈。并且，用于种植牧草的土地大多为农业生产边缘化土地或粮改饲低产地，土壤养分严重匮乏，基层农牧民和企业为追求产量最大化，大量施用化肥，导致肥料过量使用，在提高生产成本的同时，肥料利用率大大降低，并引发一系列的生态和社会问题。

因此，深入开展苜蓿田盐碱地与沙地改良技术、灌溉技术和施肥技术研究，将干旱区苜蓿生产的潜在能力最大程度挖掘出来，力争在有限的水土资源条件下生产出更多更优的苜蓿干草，为畜牧业的健康发展创造强大的物质支撑条件。在水资源条件极为有限的情况下，要实现新疆优质畜产品产业集群高质量发展，加快推进新疆牧草产业发展，尤其是提高苜蓿灌溉技术、施肥技术、水分利用效率，防止土壤沙化、盐碱化是现阶段新疆农业和

畜牧业可持续发展中亟待解决的突出问题。

四、干旱区绿洲苜蓿高效栽培技术研究的必要性和紧迫性

新疆自古以来就是全国重点草原牧区，畜牧业过去、现在、未来都是新疆的支柱产业。近几十年来，随着人口的增长，伴随而来的是家畜数量的大幅增长，再加上盲目垦殖及农业用水增加引起的水文变化、全球变暖的干旱化效应等多种因素，新疆的天然草原普遍发生退化，生产能力下降，牧草质量变差，草地面积缩小，牧草区域季节供需不平衡，饲草短缺，优质牧草苜蓿和青贮玉米不足牧草总量的30%。面对上述问题和挑战，中国共产党新疆维吾尔自治区第十届委员会第五次全体会议强调要建设优质畜产品产业集群，牧草产业是发展优质畜产品产业集群中的重要一环，是发展高质量畜牧业的基础，是调整优化农业结构的重要着力点。2021年，全区舍饲饲草资源总量5169.82万t，年舍饲饲草总需求量4925.86万t，供给处于紧平衡状态；2022年，全区农区舍饲饲草资源总量2928.29万t，年需求量3115.51万t，饲草缺口187.22万t。苜蓿、青贮玉米等优质牧草资源不足已成为制约新疆畜牧业高质量发展的"瓶颈"，要建设新型的高效集约化畜牧业，就必须尽快解决新疆优质牧草短缺这一现状。

2022年，南志标院士在接受《农民日报》记者采访时表示："大食物观下，粮食安全不仅要关注五谷杂粮，还要着眼于肉蛋奶等副食。"《"十四五"全国饲草产业发展规划》指出："要确保牛羊肉和奶源自给率分别保持在85%左右和70%以上的目标，对优质饲草的需求总量将超过1.2亿t，尚有近5000万t的缺口……。""十三五"末，新疆南疆四地州饲草"缺口"达160万t/年，"十四五"末预期饲草缺口达3000万t。在耕地面积不变和"谷物基本自给，口粮绝对安全"的方针下，大部分牧草只能种植在中低产田、边际土地。因此，通过开展苜蓿田土壤盐碱化与沙化改良技术、灌溉技术、施肥技术、种子生产技术等研究并配以适宜的品种，不断提高单位面积草产量，是解决当前牧草产量短缺的重要途径。

第二章

苜蓿田盐碱化与沙化土壤改良技术

新疆地处亚欧大陆腹地、远离海洋，为"三山夹两盆"的地形地貌，形成了以干旱为主的气候特征，降水少而蒸发强，沙漠和盐碱地广布，"绿洲农业、灌溉农业"特色鲜明。该区光热资源充裕，但地均水资源量仅为全国平均水平的 1/6，沙化土地面积占全区总面积的 44.87%、占全国沙化土地面积的 44.25%；此外，新疆盐碱地面积占全国盐碱地面积的 1/3，灌区盐碱化耕地占灌区耕地的 37.72%，被国际上喻为"世界盐碱地博物馆"。沙化土和盐碱土作为新疆主要的低产土壤类型，风砂土和盐碱土的改良对防治土地退化、增加耕地面积和产能、保护生态环境、富民兴边等具有重要意义。苜蓿作为优良的豆科牧草，其在绿洲区有悠久的灌溉历史。当前，制约干旱区绿洲优质牧草生产的主要因素为水资源短缺和土地沙化及盐碱化。近年来，地膜覆盖等技术措施在一定程度上减少了水分蒸发、提高了水资源利用率、抑制了土壤积盐，在沙化和盐碱化地区作物栽培中广泛应用；但因存在使用成本高、残膜难以完全回收、易污染土壤和影响作物生长等缺点，在干旱绿洲区苜蓿栽培中的推广使用面积较小。为此，廉价、高效的沙化土壤及盐碱土改良技术的研发备受关注。

第一节 苜蓿田水—肥—盐—根分布规律及关系

干旱区绿洲苜蓿栽培过程中灌溉技术的应用虽已取得良好效果，其干草产量普遍可达到北疆 $15\sim18\ t\cdot hm^{-2}$、南疆 $26\sim30\ t\cdot hm^{-2}$，但目前对苜蓿灌溉栽培基础研究仍比较缺乏，尤其在灌溉条件下的土壤水盐运移以及苜蓿根系生长状况方面的研究几乎处于空白，而根系作为营养物质吸收的主要构件，主根、细根、根颈及分布在根系上的根瘤组成了苜蓿庞大的根系，与土壤水盐分布的关系最为密切。此外，灌溉饲草田土壤的水分、养分、盐分及 pH 值分布特征是影响优质饲草(如苜蓿)根系分布、产量及品质的重要因素。明确灌溉饲草田的土壤水分、盐碱含量、养分分布特征和优质牧草(如苜蓿)等根系分布规律可为牧草田土壤改良和水肥管理提供基础资料，也能为牧草的优质高产提供良好的生长环境。作物根系分布与土壤水分、盐分和养分分布状态密切相关，根系分布存在明显的向水性、避盐性和向肥性。前人已对苜蓿根系分布做了研究，所关注的重点是不同品种苜蓿的根系发育及根系在土壤中的垂直分布差异，而并未将土壤水分和盐分对根系的影响考虑进来。因此，研究灌溉苜蓿田土壤水盐空间运移特征、苜蓿细根生物量及细根在土壤内的空间分布、动态变化规律，可为苜蓿高产栽培技术提供理论参考。

一、苜蓿田水—盐—肥—根分布规律

探明苜蓿田土壤水分、盐碱、养分及根系分布规律，对研究苜蓿土壤水盐肥环境和细根分布以及苜蓿高产栽培具有重要意义，可为科学调控苜蓿田的水分、养分和盐碱分布提供参考依据。

1. 土壤水分

2012 年 5 月 2 日灌溉前土壤含水率呈现出表层低而深层高的总体特点。0~10 cm 土层内含水率在 8.0%~9.0%，10~30 cm 土层内含水率在 9.0%~15.0%，30~60 cm 土层内含水率在 15.0%~20.0%（图 2-1A）。总体表明，整个浅层和深层水分在水平方向上分布均匀，垂直方向上则随着深度增加含水率明显增加。灌溉 48 h 后，漫灌区水分均集中在土壤上层 0~15 cm，其范围在 19.5%~20.5%，含水率在土层 25 cm 深度降低至 18.0%（图 2-1B）。

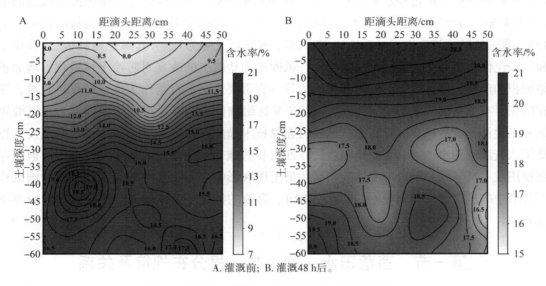

A. 灌溉前；B. 灌溉 48 h 后。

图 2-1　灌溉前、灌溉 48 h 后土壤含水率空间分布

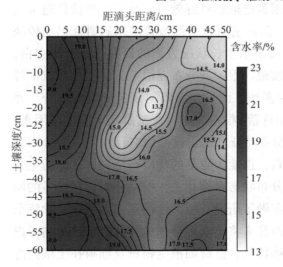

图 2-2　滴灌 48 h 后土壤含水率空间分布

滴灌条件下，湿润的土层较浅，对滴灌苜蓿地土壤水分分布规律的研究表明，在停止灌溉 48 h 后水分主要分布于 0~30 cm 深土壤中并呈现中部凸起、下部略尖的椭球状（图 2-2）。地下滴灌使滴头下的土壤盐分发生淋洗，盐分在湿润区域边缘地带累积，而氮、磷等吸附性养分在土壤中表现出的移动性要低一些，因此土壤中可利用氮、磷元素没有因滴灌淋洗而像盐碱一样在深层土壤聚集。

滴灌区水分分布则对滴头位置有明显依赖性，水平方向距滴头 0~15 cm 区域水分含量在 18.0%~20.0%，且通过缓慢下渗至 40 cm 深度。水平方向上可通过侧渗至距滴头 30 cm 处，形成含水率在 15.0% 以上窄而深的湿润区，左右两侧两行苜蓿恰好处在湿润区内，为苜蓿生长创造了良好的局部水分条件(图 2-2)。

2. 土壤电导率与 pH 值

(1)土壤电导率

土壤电导率是反映土壤盐分含量的一个重要指标，盐碱苜蓿田土壤电导率的空间分布规律如图 2-3 所示。在水平方向上，土壤电导率逐渐升高但无显著性差异，并在 40 cm 处达到峰值。垂直方向上，土壤电导率呈现为在距滴灌带 0~20 cm 样点逐渐降低、20~40 cm 样点逐渐升高、40~60 cm 土壤中逐渐降低的波动趋势。土壤电导率峰值分别出现在水平间距 40 cm、垂直深度 30~40 cm 的土层中。

2012 年 5 月漫灌前由于蒸腾作用造成盐分上移，0~10 cm 土层电导率在 0.3~0.5 mS·cm^{-1}，而 40~60 cm 深度等值线密集，含盐量急剧升高至 0.7~1.8 mS·cm^{-1}(图 2-4A)。漫灌 48 h

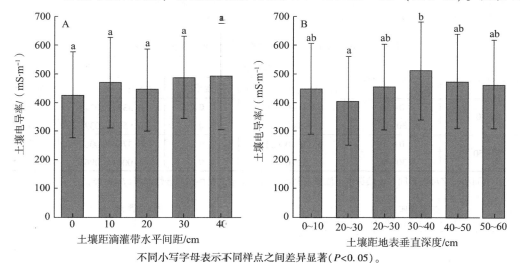

不同小写字母表示不同样点之间差异显著($P<0.05$)。

图 2-3　土壤电导率在水平方向、垂直方向上的变化

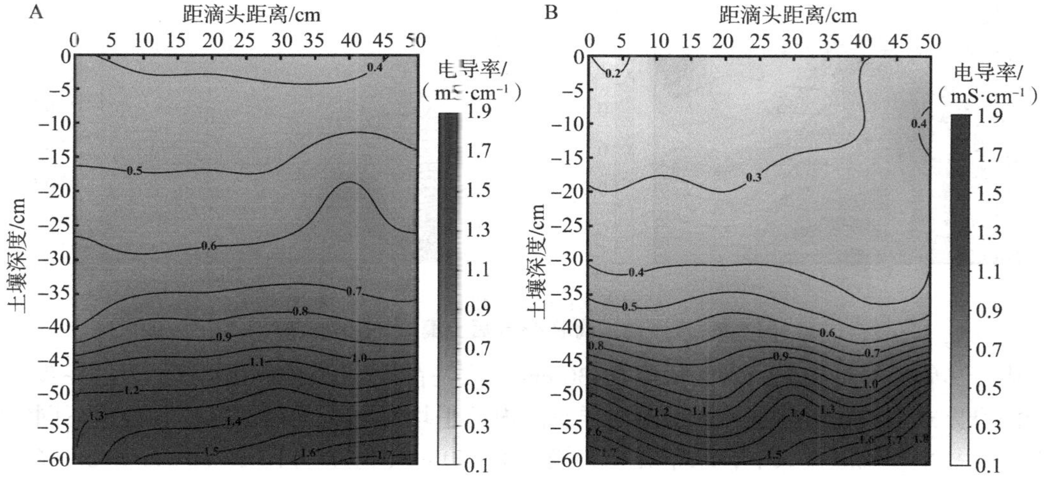

A. 灌溉前; B. 漫灌 48 h 后。

图 2-4　灌溉前、漫灌 48 h 后土壤盐分空间分布

后，土壤浅层含盐量明显下降，$0 \sim 25$ cm 土层电导率由灌前 $0.4 \sim 0.5$ mS·cm^{-1} 下降至 0.3 mS·cm^{-1} 以下，30 cm 土层则由灌溉前 0.6 mS·cm^{-1} 降至 0.4 mS·cm^{-1} 以下，$40 \sim 60$ cm 处则为 $0.7 \sim 1.9$ mS·cm^{-1} 的盐分高值区，说明漫灌对浅层盐分淋洗效果明显（图 2-4B）；漫灌可降低浅层土壤盐分含量。

为进一步明确漫灌方式下盐分淋洗效果，对取样空间内的平均含盐量进行了计算，并得出不同空间位置的脱盐率（表 2-1）。结果表明，漫灌可显著降低水平方向 $0 \sim 50$ cm 及垂直方向 $0 \sim 30$ cm 的盐分，但对 $30 \sim 60$ cm 土层的盐分降低作用不明显。

饲草田滴灌前由于蒸腾作用造成盐分上移，$0 \sim 10$ cm 土层的电导率在 $0.3 \sim 0.5$ mS·cm^{-1}，而 $40 \sim 60$ cm 深度等值线密集，含盐量急剧升高至 $0.7 \sim 1.8$ mS·cm^{-1}（图 2-5A）。滴灌条件下水平方向距滴头 $0 \sim 30$ cm、深度 $0 \sim 30$ cm 土层的电导率为 0.2 mS·cm^{-1}，显著低于灌溉初始的含盐量（$P < 0.05$），但随着距滴头距离增加，在距滴头 $40 \sim 45$ cm 两湿润锋交接处又形成盐分高值区。整体来看，滴灌可有效降低苜蓿根区的含盐量（图 2-5B）。

表 2-1   处理不同方向和深度土壤平均含盐量和脱盐率

距滴头距离/cm	土层深度/cm	灌溉前		漫灌后	
		含盐量/(mS·cm^{-1})	脱盐率/%	含盐量/(mS·cm^{-1})	脱盐率/%
$0 \sim 30$	$0 \sim 30$	$0.541 + 0.036^a$	0	$0.337 + 0.024^b$	37.7
	$30 \sim 60$	$1.095 + 0.106^a$	0	$0.959 + 0.039^a$	12.4
$30 \sim 50$	$0 \sim 30$	$0.576 + 0.021^a$	0	$0.376 + 0.006^b$	34.7
	$30 \sim 60$	$1.152 + 0.103^a$	0	$1.004 + 0.096^a$	12.8

注：不同小写字母表示同一土层深度下灌溉前和漫灌后含盐量之间存在显著性差异（$P < 0.05$）。

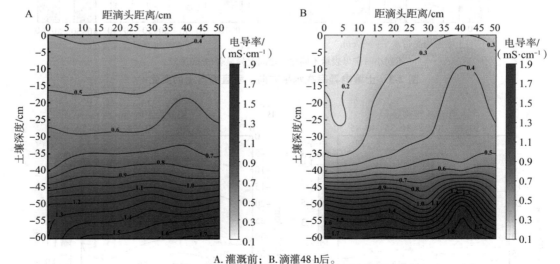

A. 灌溉前；B. 滴灌 48 h 后。
图 2-5   灌溉前、滴灌 48 h 后土壤盐分空间分布

由于 1 管 4 行种植模式滴头两侧 $0 \sim 30$ cm 土层是苜蓿生长的集中区域，为进一步明确不同灌溉方式下的盐分淋洗效果，对取样空间内的平均含盐量进行计算，并得出不同空间位置的脱盐率。滴灌模式下，水平方向距滴头 $0 \sim 30$ cm、垂直方向 $0 \sim 30$ cm 和 $30 \sim 60$ cm 土层，含盐量较灌溉前显著降低（$P < 0.05$）；水平方向距滴头 $30 \sim 50$ cm、垂直方向 $0 \sim 30$ cm 土层含盐量显著低于灌溉前（$P < 0.05$），详细数据见表 2-2 所列。

表 2-2　各处理不同方向和深度土壤平均含盐量和脱盐率

距滴头距离/cm	土层深度/cm	灌溉前		漫灌后	
		含盐量/(mS·cm⁻¹)	脱盐率/%	含盐量/(mS·cm⁻¹)	脱盐率/%
0~30	0~30	0.541 ± 0.036^a	0	0.304 ± 0.006^b	43.8
	30~60	1.095 ± 0.106^a	0	0.759 ± 0.026^b	30.6
30~50	0~30	0.576 ± 0.021^a	0	0.445 ± 0.046^c	22.7
	30~60	1.152 ± 0.103^a	0	0.992 ± 0.019^a	13.9

注：不同小写字母表示同一土层深度下灌溉前和漫灌后含盐量之间存在显著性差异（$P<0.05$）。

（2）土壤 pH 值分布

水平方向上土壤 pH 值均随间距增加而增加，并在 40 cm 样点达到峰值，20~40 cm 土壤 pH 值显著高于 0 cm 样点土壤（$P<0.05$）（图 2-6）。在垂直方向上 0~30 cm 浅层土壤中，pH 值缓慢降低；在 30~60 cm 深层土壤逐渐上升。这可能是经过连续 4 年利用，土壤 pH 值较高区域受滴灌带淋洗逐渐下移导致的。20~30 cm 深度土层是 pH 值最低区域，显著低于 40~60 cm 深度土层（$P<0.05$）。因此，水平间距 0~20 cm 近滴灌带区域、深度 20~30 cm 区域的土壤更接近中性。

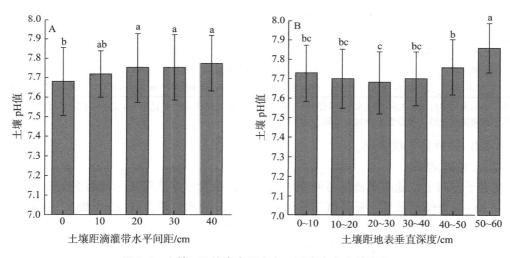

图 2-6　土壤 pH 值在水平方向、垂直方向上的变化

3. 土壤养分

滴灌苜蓿田中，土壤养分最丰富的区域均在 0~30 cm 土层，其中土壤碱解氮、速效磷含量均在 0~30 cm 土层分布较高（表 2-3）。滴灌模式速效钾含量在 0~30 cm 土层中逐渐降低，在 30~60 cm 的土层中逐渐升高，这是因为速效钾是以 K⁺ 的形式存在于土壤之中，K⁺ 的移动性很强，因此主要分布于土壤湿润体边缘区域，使苜蓿田的速效钾主要聚集在深层土壤。

（1）土壤碱解氮分布

在水平方向上，距滴灌带 0~20 cm 的土壤碱解氮含量逐渐升高，20~40 cm 逐渐下降，并且在距滴灌带水平间距 20 cm 处土壤碱解氮含量达到峰值，显著高于 0 cm、30 cm、40 cm 水平间距的土壤碱解氮含量（$P<0.05$）。垂直方向上，随着土壤深度的增加，碱解氮含量呈逐渐降低趋势，并且 0~30 cm 浅层土壤中的碱解氮含量显著高于 30~60 cm 深层土壤（$P<0.05$）。因此，地下滴灌模式下，土壤碱解氮分布于滴灌带水平方向 0~20 cm、垂直

表 2-3　不同取样点位土壤中各养分含量

养分	垂直深度/cm	水平距离/cm				
		0	10	20	30	40
碱解氮	0~10	36.943±6.219[Ba]	40.981±4.832[ABa]	43.488±3.066[Aa]	42.019±2.222[ABa]	40.645±4.361[ABa]
	10~20	37.986±4.929[Aa]	39.705±2.994[Aa]	40.925±9.905[Aa]	39.715±4.432[Aa]	37.954±6.517[Aa]
	20~30	31.384±6.815[Aa]	37.249±10.932[Aa]	38.228±5.018[Aa]	31.537±3.295[Ab]	29.471±6.639[Ab]
	30~40	20.881±5.109[Ab]	23.011±3.704[Ab]	25.092±5.263[Ab]	23.411±3.455[Ac]	23.022±7.060[Aab]
	40~50	20.886±4.817[Ab]	20.483±5.358[Ab]	28.766±9.679[Ab]	21.740±4.793[Acd]	19.991±4.285[Ac]
	50~60	22.984±6.588[Ab]	19.256±2.676[Ab]	21.009±6.873[Ab]	17.948±3.653[Ad]	16.969±3.393[Ac]
速效氮	0~10	25.302±5.821[Aa]	22.278±2.686[Aa]	17.743±1.383[Aa]	22.703±5.744[Aa]	24.026±9.322[Aa]
	10~20	19.255±2.622[ABb]	18.452±2.324[ABb]	15.381±2.514[Bab]	21.192±4.580[Aa]	23.034±5.384[Aa]
	20~30	15.476±2.546[Ab]	14.814±2.835[Ac]	13.161±2.571[Ab]	14.956±4.127[Ab]	13.539±2.470[Ab]
	30~40	9.429±2.262[Ac]	10.090±3.547[Ad]	6.925±2.070[Ac]	8.295±1.423[Ac]	8.862±2.980[Aab]
	40~50	7.965±2.197[Ac]	6.736±2.028[Ade]	6.878±1.819[Ac]	9.051±0.794[Ac]	8.957±2.856[Aab]
	50~60	6.973±2.069[Ac]	6.122±1.682[Ae]	5.650±1.088[Ac]	7.587±1.403[Ac]	6.642±1.064[Ac]
速效钾	0~10	241.016±34.203[Bb]	324.682±47.357[Aa]	360.799±49.234[Aa]	347.731±37.236[Aa]	367.514±64.662[Aa]
	10~20	252.813±42.656[Cab]	268.421±42.655[BCa]	337.568±31.273[Aa]	315.426±33.109[ABa]	322.868±30.240[Aa]
	20~30	241.561±24.219[Bb]	286.751±34.688[ABa]	331.397±31.706[Aa]	321.053±47.746[Aa]	296.915±64.411[ABa]
	30~40	269.328±44.672[Aab]	271.506±38.240[Aa]	317.967±46.778[Aa]	334.664±53.670[Aa]	331.397±59.062[Aa]
	40~50	295.100±61.323[Aab]	302.722±52.355[Aa]	325.953±42.946[Aa]	348.820±49.589[Aa]	330.672±40.898[Aa]
	50~60	309.619±58.572[Aa]	304.900±36.717[Aa]	331.034±54.898[Aa]	338.475±60.678[Aa]	343.920±56.017[Aa]

注：不同大写字母表示相同深度水平不同间距土壤中养分含量之间的显著差异（$P<0.05$），不同小写字母表示相同间距水平不同深度土壤中养分含量的显著差异（$P<0.05$）。

方向 0~30 cm 处的土壤表层。

（2）土壤速效磷

在水平方向上，随距离滴灌带间距增加，速效磷含量呈先降低后增加的趋势，并在距滴灌带 20 cm 处降至最低，显著低于其他各间距土壤的速效磷含量（$P<0.05$）。速效磷在垂直方向上的分布规律与碱解氮相似，随着深度增加速效磷含量呈逐渐降低趋势，并且 0~30 cm 浅层土壤的速效磷含量显著高于 30~60 cm 深层土壤（$P<0.05$），0~40 cm 各深度水平之间均存在显著差异（$P<0.05$）。因此，地下滴灌模式下，土壤速效磷主要分布于靠近滴灌带区域，聚集于水平方向 0~10 cm、垂直方向 0~30 cm 的土壤表层。

（3）土壤速效钾

在水平方向距滴灌带 0~20 cm 土层的速效钾含量逐渐升高，且水平间距 0 cm、10 cm 样点的土壤速效钾含量显著低于 20~40 cm 样点（$P<0.05$）。在垂直方向上，0~30 cm 浅层土壤中速效钾含量随深度增加逐渐降低，30~60 cm 深层土壤中随深度增加逐渐升高。20~30 cm 深度土壤中速效钾含量最低，显著低于 0~10 cm 表层土壤和 50~60 cm 深层土壤样点的速效钾含量（$P<0.05$）。因此，地下滴灌条件下，土壤中速效钾主要分布于水平间距 20~40 cm 的土层、垂直方向的 0~10 cm 表层土壤和 50~60 cm 的深层土壤。

4. 苜蓿根系

苜蓿根系中，细根（直径在 2 mm 以下）是最为活跃的部分，与主根的不同之处在于细根凋亡和生成是同步发生的，同时也是参与碳、氮、磷等元素循环的主要力量，并且细根往往是被土壤内微生物(如根瘤菌、菌根真菌等)侵染的主要对象,而苜蓿获得高产和细根及其附近的微生物密切相关。

漫灌条件下,在第 1 茬苜蓿生长至初花期时,对其水平方向 0 ~ 50 cm、垂直方向 0 ~ 60 cm 的细根总量进行了测定,并绘制细根在土壤内的空间分布图(图 2-7)。苜蓿细根集中分布在 30 cm 土层内,细根总量随着土层深度增加而减少。水平方向上,漫灌细根分布状况由苜蓿植株位置决定,距苜蓿行越近则细根量明显增加,最高值为 150 g·m^{-2}。垂直方向上则受土层深度影响,在 40 ~ 60 cm 土层细根生物量急剧减少至 10 g·m^{-2}。

漫灌苜蓿细根内活根(图 2-8A)和死根(图 2-8B)组分的多少是研究细根周转的重要指标。细根总生物量的波动变化

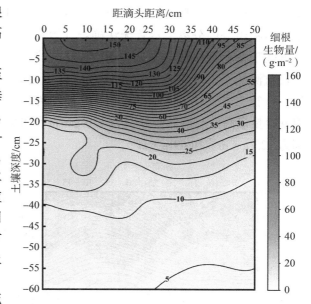

图 2-7　漫灌条件下第 1 茬苜蓿初花期细根生物量空间分布

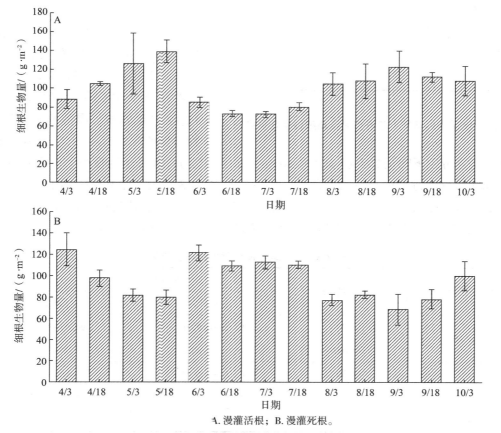

A. 漫灌活根；B. 漫灌死根。

图 2-8　漫灌苜蓿生长季存活细根和死亡细根动态

是由于其存在生长和凋亡的周转过程引起的，但缺乏实际测定的数据。本试验通过对死根和活根组分的分离，尽管无法确定其生长和凋亡具体数量，但可反映不同时期两种灌溉方式下苜蓿细根的生物量和动态变化规律，如果要定量明确细根周转过程则需要利用无损监测的微根管原位观测来实现。将每一时间点采集的细根根据颜色分为活根和死根，计算二者现存量。结果表明，漫灌条件下活根和死根在整个生长期内变化剧烈，活根现存量最高值与最低值分别为 139 g·m^{-2} 和 73 g·m^{-2}，死根现存量最高值和最低值分别为 125 g·m^{-2} 和 69 g·m^{-2}。

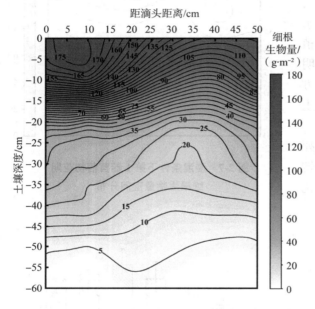

图 2-9 滴灌条件下第 1 茬苜蓿初花期细根生物量空间分布

滴灌苜蓿细根分布在 50 cm 土层内，除受植株所处位置影响外，还受到滴头位置的影响，水平方向距滴头越近细根量越大，其最高值可达 175 g·m^{-2}。垂直方向上同样受土层深度的影响，50~60 cm 土层细根生物量也急剧降至 10 g·m^{-2} 以下(图 2-9)。

对苜蓿整个生长季(4~10 月)，水平方向距滴头 0~50 cm、垂直深度 0~60 cm 土层内的平均细根生物量进行测定(表 2-4)。结果表明，滴灌细根生物量整体高于漫灌，其平均值分别为 211.6 g·m^{-2} 和 198.3 g·m^{-2}。两者在整个生长季节内呈现波动变化。4 月返青时，漫灌和滴灌细根生物量保持在 215 g·m^{-2}，至 4 月 18 日

漫灌和滴灌分别下降至 203 g·m^{-2} 和 209 g·m^{-2}，至 5 月 18 日达到整个生长季节最高值，漫灌和滴灌分别为 219.1 g·m^{-2} 和 243.6 g·m^{-2}，6 月 3 日收割后至 6 月 18 日又下降到最低，此时漫灌和滴灌仅为 182.7 g·m^{-2} 和 193.2 g·m^{-2}，之后苜蓿再生开始，至第 2、第 3 茬收获细根量又呈现与第 1 茬相似的变化状态，但细根量较第 1 茬明显降低(图 2-10)。

表 2-4 各处理不同土层内细根生物量

距滴头距离/cm	土层深度/cm	细根生物量/(g·m^{-2})	
		漫灌	滴灌
0~30	0~30	84.20±0.9316[a]	94.67±5.9471[b]
	30~60	12.15±2.4865[a]	15.28±5.0091[a]
30~50	0~30	63.82±4.6666[a]	65.68±4.3126[a]
	30~60	10.47±3.1347[a]	11.66±1.5598[a]
0~50	0~60	43.64±2.9756[a]	48.44±4.5740[a]

注：不同小写字母表示同一土层深度下不同灌溉处理条件下细根生物量之间存在显著性差异(P<0.05)。

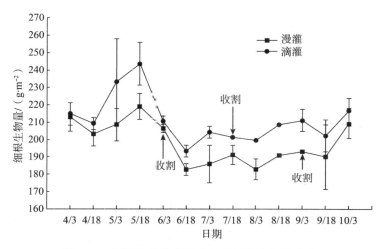

图 2-10　漫灌和滴灌苜蓿生长季细根生物量动态

将每一时间点采集的细根根据颜色分为活根和死根，计算二者现存量。滴灌条件下仅活根现存量变化剧烈，其最高值和最低值分别为 144 g·m^{-2} 和 97 g·m^{-2}。而死根在 7 月 18 日之前表现平稳，现存量为 93~101 g·m^{-2}，之后出现波动，为 72~101 g·m^{-2}。总体来看，活根现存量在各时间点滴灌明显高于漫灌，死根量则相反，并且两类细根在两种灌溉条件下总是呈现出此消彼长的变化模式(图 2-11)。

二、苜蓿田土壤水—盐—肥—根耦合关系

1. 土壤盐碱与养分指标间耦合关系

滴灌苜蓿田土壤养分与盐碱指标间相关性分析结果见表 2-5 所列，其中土壤电导率与速效钾含量呈显著正相关，土壤电导率与速效磷含量呈显著负相关，土壤 pH 值与速效钾含量呈极显著正相关，土壤 pH 值与碱解氮、速效磷含量均呈显著负相关，碱解氮含量与速效磷含量呈极显著正相关。根据前文分析结果，滴灌 4 年淋洗下土壤盐碱移动性强于碱解氮、速效磷，且土壤中富含碱解氮、速效磷的区域盐碱程度相对较低。

表 2-5　滴灌苜蓿田土壤养分与盐碱指标间相关性

	电导率	pH 值	速效钾	碱解氮	速效磷
电导率	1				
pH 值	−0.045	1			
速效钾	0.183*	0.371**	1		
碱解氮	−0.131	−0.182*	−0.026	1	
速效磷	−0.190*	−0.161*	−0.038	0.721**	1

注：*表示在 0.05 级别（双尾），二者相关性显著（$P<0.05$）；**表示在 0.01 级别（双尾），二者相关性极显著（$P<0.01$）。

2. 水—盐—肥—根耦合关系

作物根系分布与土壤水分、盐分和养分分布状态密切相关，根系分布存在明显的向水性、避盐性和向肥性。前人对漫灌苜蓿的根系分布已做了研究，所关注的是不同品种苜蓿的根系发育和根系在土壤内垂直分布的差异，而未将土壤水分和盐分对根系的影响考虑

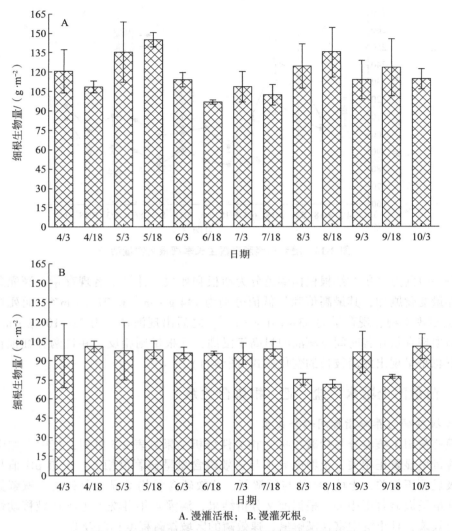

A. 漫灌活根；B. 漫灌死根。

图 2-11   滴灌苜蓿生长季存活细根和死亡细根动态

进来。

不同灌溉方式形成的湿润区和脱盐区形状不同，造成了苜蓿细根在土壤内的分布存在很大差异。为进一步明确不同灌溉方式下细根分布状况，借鉴盐分分析方法对取样空间内平均细根含量进行计算。水平方向 0~30 cm、垂直深度 0~30 cm，滴灌细根生物量显著大于漫灌（$P<0.05$），在 30~60 cm 滴灌细根生物量大于漫灌，但二者无显著差异（$P>0.05$）。在水平方向 30~50 cm，各深度细根生物量均表现出滴灌大于漫灌，但无显著差异，说明滴灌可增加局部区域的细根量，使细根分布与滴头产生明显距离效应。在耕作层内表现出滴灌大于漫灌，但两种模式下平均细根生物量无显著差异（$P>0.05$）。

滴灌苜蓿水分和盐分运移及分布和漫灌有所不同，滴灌对水盐再分配作用强烈，结合苜蓿 15 cm+30 cm+15 cm 的"高密度，宽窄行"种植模式，可为其提供良好的局部生长环境。此外，漫灌宽浅型的湿润区和脱盐区使苜蓿根系均匀分布在 30 cm 土层内，而滴灌形成窄深型的湿润区和脱盐区使滴头两侧苜蓿细根量增加，细根能深入到 50 cm 土层。细根在生长发育过程中有一定的生命周期，新根的产生和老根的凋亡是同步进行的，其生物量的变化并非简单的线性增长。本研究结果证明，滴灌可创造良好的土壤环境促使苜蓿细根量增加，但苜蓿细根在生长发育上和棉花明显不同，呈现多峰值的波动变化。这主要是因为苜蓿为一年多次刈割的饲草，刈割后细根量会由于地上同化器官被破坏而不能够进行光合作用，再生必须动用根系中贮存的能量物质，而细根就作为这种消耗的首选对象，最终造成细根生物量减少，当地上部分再生致使光合作用正常进行后，细根发育才开始，细根量开始逐渐上升，最终使细根生物量在整个生长季节呈现出高低起伏的变化。因此，滴灌对苜蓿根系发育具有明显促进作用，这对于今后苜蓿滴灌设计具有一定的参考价值。

第二节　苜蓿田土壤盐分变化对灌溉方式和灌溉制度的响应

新疆盐碱土面积占全国盐碱土总面积的 1/3，盐渍化耕地面积占新疆耕地总面积的30%，土地盐渍化已严重限制和阻碍了农牧业开发及可持续发展。盐碱土壤的主要特征为pH 值较高、含有有害盐分，严重制约植物的生长。土壤盐分的运动过程遵循"盐随水来、盐随水去"的特点，如何快速降低盐碱地含盐量、恢复植被成为政府和科学家面临的难题。

一、土壤盐分运移特征

苜蓿生育期内，不同灌溉方式下，随灌水量的增加，灌水后 0~20 cm 土层苜蓿田土壤盐分含量下降幅度增大，且滴灌方式 D_2 及 D_3 处理、漫灌方式 F_2 及 F_3 处理，土壤盐分含量下降幅度均分别大于 D_1 及 F_1 处理(图 2-12)。灌溉处理间，漫灌方式下第 2 次与第 3 次刈割前土壤盐分含量均大于滴灌方式，灌水后两种灌溉方式土壤盐分含量差异不明显。与灌水前土壤含盐量相比，两种灌溉方式下，苜蓿不同茬次不同灌溉量灌水后土壤含盐量均明显下降，灌水停止后一段时间内土壤含盐量又呈上升趋势，但下次灌水后土壤盐分含量则迅速降低，盐分在垂直方向上呈振荡运移的特点。整体而言，每茬苜蓿刈割后灌水，土壤盐分含量

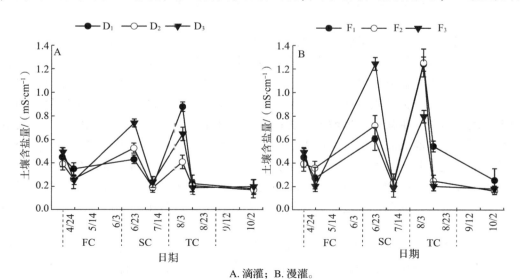

A. 滴灌；B. 漫灌。
FC. 苜蓿生长第1茬；SC. 苜蓿生长第2茬；TC. 苜蓿生长第3茬。

图 2-12　生育期内不同灌溉方式下土壤盐分含量

均有所下降，呈明显的"盐随水动"规律。苜蓿不同茬次及不同灌溉处理下，与生长季初始(4月24日)相比，在生长季结束时(9月24日)土壤盐分含量均呈下降趋势；随生育进程的推进及灌水次数的增加，整个苜蓿生育期内土壤盐分含量呈波动式递减的变化趋势。

二、土壤盐分空间分布特征

为进一步研究苜蓿生长季内不同灌溉量及灌溉方式下土壤盐分的运动特征，将试验前初始土壤盐分含量及生长季结束时土壤盐分含量的空间分布进行比较，结果表明(图 2-13)，不同灌溉方式下，苜蓿生育期内土壤盐分含量随土壤深度的增加而增大，至 60 cm 土层达到最大。垂直方向上距滴头 0~30 cm 土层初始土壤盐分含量相对较低，为 0.4~1.0 mS·cm^{-1}，30~60 cm 土层初始土壤盐分含量较高，为 1.0~3.8 mS·cm^{-1}；水平方向上土壤盐分含量变化幅度不大。

经过田间灌溉及刈割，苜蓿生长季结束后土壤盐分的空间分布发生了明显的变化，0~40 cm 土层土壤盐分含量明显低于 40~60 cm 土层土壤盐分含量，可能原因为灌溉后 0~40 cm 土层盐分随水移动，至 40~60 cm 土层水分移动速度减慢，导致土壤盐分在这一土层移动速度减慢而富集。

滴灌方式下，不同梯度灌溉量下土壤盐分含量的变化不同，垂直方向 0~60 cm 土层土壤盐分含量 D_2 处理最低，为 0.16~0.36 mS·cm^{-1}，与初始土壤 0~60 cm 土层盐分含量相比下降了 84%~90.5%，其次分别为 D_1 和 D_3 处理，整个生育期 D_2 处理的苜蓿干草产量达到每亩* 1406 kg。

漫灌方式下，不同梯度灌溉量下土壤盐分含量变化与滴灌方式下相似，土壤盐分含量 F_2 处理最低，为 0.1~1.7 mS·cm^{-1}，与初始土壤 0~60 cm 土层盐分含量相比下降了 55.3%~90%，其次分别为 F_3 和 F_1 处理，F_2 处理整个生育期苜蓿干草产量达到每亩 1504 kg。两种灌溉方式下，随灌水量的增加，土壤盐分峰值呈下移趋势；两种灌溉方式相比，滴灌方式下不同土层土壤盐分含量均小于漫灌方式，说明滴灌方式下的驱盐效果要优于漫灌。

前人研究表明，滴灌技术能够减少灌溉水向深层渗漏，降低地下水位，土壤返盐也随之大大降低。本试验结果表明，苜蓿生长季内，随生育进程的推进及灌水次数的增加，整个苜蓿生育期内土壤盐分含量呈波动式递减的变化趋势(图 2-13)，呈现出"盐随水动"的规律，其主要原因为苜蓿刈割后地表遮阴面积大大减小，蒸发量随之增加，土壤盐分随水分向地表移动，地表土壤盐分含量增加，随苜蓿的逐渐生长，地表覆盖面积增大，蒸发量随之减小。同时，在灌溉间歇期，在地表水的蒸发作用下盐分再次向上运移至地表，经过下一次灌溉淋洗返回到浅层地下水或土壤深层，从而使苜蓿生育期内土壤盐分含量随生育进程的推进及灌水次数的增加呈波动式递减的变化趋势。杨鹏年等研究表明，灌溉可以对土壤盐分进行有针对性的调控，进而达到驱盐效果。表明在苜蓿生长季内灌溉起到了明显的驱盐作用。

不同灌溉方式及灌溉量对苜蓿田土壤盐分的空间分布具有重要影响。本试验结果表明，滴头处各土层土壤含盐量最低；两种灌溉方式下，在水平及垂直方向上，随灌水量的

---

* 1 亩≈666.67 m^2。

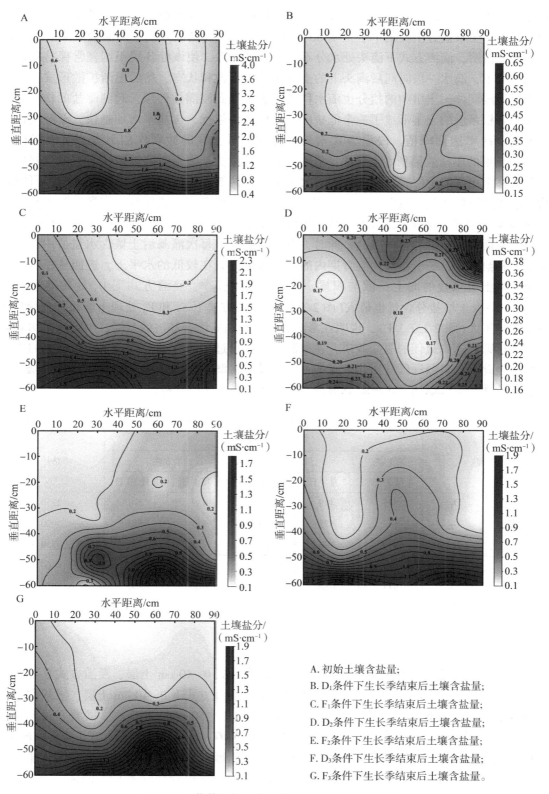

A. 初始土壤含盐量;

B. D₁条件下生长季结束后土壤含盐量;

C. F₁条件下生长季结束后土壤含盐量;

D. D₂条件下生长季结束后土壤含盐量;

E. F₂条件下生长季结束后土壤含盐量;

F. D₃条件下生长季结束后土壤含盐量;

G. F₃条件下生长季结束后土壤含盐量。

图 2-13　苜蓿生长季内土壤盐分的空间分布特征

增加，土壤盐分峰值位呈现下移趋势，灌溉后苜蓿生育期内土壤盐分含量随土壤深度的增加而增大，土壤盐分主要集中于土壤 50~60 cm 土层，且滴灌方式下的驱盐效果要好于漫灌。研究表明，滴灌方式下滴头处水分不断地下滴下渗，使该处各层土壤经常保持在较高的湿润度下，滴水一段时间后滴头下的土壤水分接近饱和状态，然后逐渐扩散形成一个半圆锥形的浸润体，土壤中的盐分也随水移动而被淋洗到浸润体外缘，起到驱盐的作用，从而使主要根系层的土壤形成了一个低盐区，而离滴头越远，含盐率增加越快，至湿润锋前缘土壤含盐率达到峰值。漫灌方式水流速度快，对土壤的冲刷作用力大，对表层（0~30 cm）土壤的驱盐效果稍好于滴灌，但由于水流速度快、灌水时间较短，而不能更好地将盐分运移至更深的土层，从而使较深层次土壤的驱盐效果不如滴灌方式。刘春卿等研究认为滴灌方式下供水强度较低，土壤孔隙水流速度慢，较漫灌方式而言，滴灌灌溉水几乎不能入渗至更深层，导致盐分被淋洗至土壤深层或进入浅层地下水中，土壤有更平均的盐分浓度，从而减少盐分胁迫的机会；同时，由于滴灌技术每次灌溉后土壤含水量适中，对地下水的补给减少，易于将作物生育期内的地下水位控制在较低的水平上，进而从根本上抑制灌区内土壤水盐的向上扩散与积累。整个苜蓿生长季，滴灌方式下 D_3 处理灌水量最大（表 2-6），土壤盐分含量也最大（图 2-13D），漫灌方式下 F_2 和 F_3 处理土壤盐分含量空间分布差异不大（图 2-13E、F），说明在考虑成本、产出等综合经济效益时，当灌水量达到某种定额后即可达到最佳的驱盐效果，在绿洲区苜蓿田过多的灌溉量只会导致水资源的更多浪费。因此，在对绿洲区盐渍化较重的苜蓿田设定灌溉量时，应尽量选取合理的灌溉制度及适宜的灌水量，以达到土壤盐分淋洗和经济效益最大化的双赢。

表 2-6　试验期间灌溉量 $\text{m}^3 \cdot \text{hm}^{-2}$

处理		灌溉量					总量
		第 1 茬	第 2 茬		第 3 茬		
		4 月 27 日	7 月 1 日	7 月 13 日	8 月 1 日	8 月 19 日	
滴灌	D_1	375	495	540	450	390	2250
	D_2	495	675	720	570	540	3000
	D_3	690	780	825	735	720	3750
漫灌	F_1	810	930	975	900	885	4500
	F_2	975	1095	1140	1050	990	5250
	F_3	1125	1230	1275	1215	1155	6000

三、土壤盐分平衡

不同灌水量及苜蓿不同刈割次数条件下，滴灌方式 0~40 cm 土层、漫灌方式 0~30 cm 土层土壤盐分变化值（ΔS）均为负值（表 2-7），表明滴灌方式下 0~40 cm 土层、漫灌方式下 0~30 cm 土层在灌溉后土壤处于脱盐状态；滴灌方式下 50~60 cm 土层、漫灌方式下 40~60 cm 土层土壤 ΔS 均为正值，表明滴灌方式下在 50~60 cm 土层、漫灌方式下在 40~60 cm 土层土壤处于积盐状态，滴灌方式下 40~50 cm 土层土壤 ΔS 正负值变化无明显的规律。

在相同灌溉方式不同灌水量条件下，不同土层土壤盐分变化不同，滴灌方式 D_2 与 D_3 灌水处理、漫灌方式 F_2 与 F_3 灌水处理下不同土层土壤盐分的驱盐效果在 0~30 cm 土层无显著差异，而在 30~40 cm 土层其驱盐效果均分别好于滴灌方式 D_1、漫灌方式 F_1 处理，但滴灌方式下 D_2 与 D_3 处理、漫灌方式下 F_2 与 F_3 处理不同土层土壤盐分变化差异不大。相同灌溉方式及灌溉量条件下，不同刈割茬次不同土层土壤盐分变化无明显的规律。

灌溉量直接影响作物产量的高低，也是影响绿洲区土壤次生盐碱化发生的主要因素。土壤盐分在作物生育期内的增加或减少，可作为判断灌溉方式优劣的指标；而用土壤盐分平衡方程能够较为直观地显示土壤盐分平衡状况。本试验结果表明，在苜蓿整个生育期内，滴灌方式 0~40 cm 土层、漫灌方式 0~30 cm 土层下，灌溉能够使苜蓿田土壤达到较好的脱盐效果，两种灌溉方式均使盐分在 50~60 cm 土层的土壤聚集；两种灌溉方式下，随灌水量的增加驱盐效果越好（表 2-7），土壤盐分峰值位呈下移趋势；同时，在一定灌水量范围内，与低灌水量消耗的土壤储水量较高相比，高灌水量降低了对土壤储水量的消耗，减缓水分上移，从而降低了土壤的盐分含量，起到脱盐作用。在新疆绿洲区，滴灌苜蓿已开始大面积种植，此方式有利于绿洲区土壤的可持续利用。在新疆次生盐渍化土壤改良及缓解棉花长期连作导致土壤环境退化方面，滴灌苜蓿的作用已不可忽视。

表 2-7 不同灌溉方式下苜蓿田土壤盐分平衡（ΔS）

处理	土层/cm	D_1、F_1			D_2、F_2			D_3、F_3		
		第1次刈割	第2次刈割	第3次刈割	第1次刈割	第2次刈割	第3次刈割	第1次刈割	第2次刈割	第3次刈割
滴灌	0~10	−0.139[d]	−0.235[d]	−0.653[d]	−0.027[b]	−0.337[d]	−0.200[e]	−0.034[e]	−0.502[e]	−0.457[e]
	10~20	−0.039[e]	−0.308[d]	−0.204[e]	−0.075[b]	−0.062[e]	−0.039[b]	−0.046[e]	−0.015[b]	−0.057[b]
	20~30	−0.019[e]	−0.011[e]	−0.508[d]	−0.138[bc]	−0.095[e]	−0.034[b]	−0.074[e]	−0.216[e]	−0.010[b]
	30~40	−0.142[d]	−0.048[e]	2.456[a]	−0.171[e]	−0.106[e]	−0.032[b]	−0.193[d]	−1.598[d]	−0.012[b]
	40~50	0.161[b]	1.634[a]	1.311[b]	−0.445[d]	0.011[b]	0.045[a]	0.832[a]	−0.080[b]	−0.089[b]
	50~60	0.446[a]	1.337[b]	1.242[b]	0.644[a]	0.912[a]	0.066[b]	0.419[b]	0.180[a]	0.267[a]
漫灌	0~10	−0.014[e]	−0.395[d]	−0.700[e]	−0.029[e]	−0.483[e]	−1.001[e]	−0.081[e]	−1.254[d]	−0.594[d]
	10~20	−0.029[e]	−0.016[e]	−0.021[d]	−0.003[e]	−0.051[d]	−0.609[e]	−0.055[e]	−0.063[e]	−0.031[e]
	20~30	−0.096[e]	−0.036[e]	−0.039[d]	−0.056[e]	−0.078[e]	−0.509[e]	−0.117[d]	−0.010[e]	−0.084[e]
	30~40	0.031[b]	0.049[b]	0.832[b]	0.028[b]	0.770[a]	−0.717[b]	−0.357[d]	−0.011[e]	−0.588[d]
	40~50	0.701[a]	1.310[a]	0.020[e]	0.327[a]	0.060[e]	0.110[e]	0.578[a]	0.043[b]	0.682[a]
	50~60	0.538a	0.270[b]	1.720[a]	0.002[b]	0.230[b]	0.320[e]	0.169[b]	0.165[a]	0.255[b]

注：同列不同小写字母表示差异显著（$P<0.05$）。

四、苜蓿干草产量

不同灌溉方式下，苜蓿干草总产量滴灌方式下为 $D_3>D_2>D_1$，D_3、D_2 处理显著高于 D_1 处理（$P<0.05$）（表 2-8）；漫灌方式下为 $F_3>F_2>F_1$，除第 3 茬 F_1 与 F_2 处理差异不显著外，F_3、F_2 处理显著大于 F_1 处理（$P<0.05$），且 F_3 与 F_2 处理间差异不显著（$P>0.05$）。可见，与 D_2、F_2 处理相比，随灌水量的增加，D_3、F_3 处理干草产量增加并不显著。

考虑驱盐效果及灌溉成本与产出的综合经济效益，当滴灌方式的灌水量达到 3000 $m^3 \cdot hm^{-2}$

表 2-8　滴灌和漫灌条件下不同灌水量对苜蓿干草亩产量的影响　　　　m³ · hm⁻²

茬次	滴灌（D）			漫灌（F）		
	D₁(2250)	D₂(3000)	D₃(3750)	F₁(4500)	F₂(5250)	F₃(6000)
第1茬	513ᵇ	570ᵃ	602ᵃ	572ᵇ	603ᵃ	608ᵃ
第2茬	431ᵇ	475ᵃ	510ᵃ	485ᵇ	502ᵃ	530ᵃ
第3茬	319ᵇ	361ᵃ	393ᵃ	394ᵇ	399ᵃᵇ	405ᵃ
总产量	1263ᵇ	1406ᵃ	1506ᵃ	1451ᵇ	1504ᵃ	1543ᵃ

注：同行不同小写字母表示差异显著（$P<0.05$）。

漫灌方式的灌水量达到 5250 m³ · hm⁻²，均可达到最佳的"节水+驱盐+高产"效果，而在干旱区绿洲苜蓿田过多的灌溉量会导致宝贵水资源更多的浪费。

第三节　砂性土高分子保水剂的减渗机制

砂性土经过风干（土壤初始体积含水率为 0.032 cm³ · cm⁻³）、碾压、去除杂物后，过 2 mm 筛进行各种指标的测定，采用激光粒度分析仪进行机械组成测定。

将土样按容重 1.35 g · cm⁻³ 分层（层高不超过 5 cm）装入土柱中，层间进行打毛处理，分别施用高分子保水剂 PAM（阴离子型、2000 万相对分子质量）和 CMC：PAM 施用量与土柱上层 0~3 cm 供试土样按质量比 0.1%、0.2%、0.3%、0.4% 进行充分混合，CMC 施用量与土柱表层 0~3 cm 供试土样按质量比 0.02%、0.04%、0.06% 和 0.08% 进行充分混合；另设 1 个对照（CK）处理。

按照先密后疏的原则进行观测，分别记录各处理的入渗时间、湿润锋推移进程和马氏瓶水位变化。每个土柱的累积入渗量达到固定值时立即停止供水，并迅速吸干土柱表面的积水。

一、砂性土累积入渗量

土壤累积入渗量通常用来描述土壤水分的入渗能力，因此通过研究累积入渗量的变化特征进而量化分析高分子聚合物保水材料的类型和施用量对土壤水分入渗特征的影响。在室内入渗试验的基础上，高分子保水剂（PAM、CMC）施用量对土壤累积入渗过程的影响特征如图 2-14 所示。

入渗初期，土壤总体较为干燥，土壤基质水势较低，入渗速率与供水速率相等，累积入渗量与供水量接近。在此情况下，高分子保水剂（PAM、CMC）的施用量对土壤水分入渗的影响较小。不同施用量处理的累积入渗曲线陡峭，曲线重合程度较高。入渗开始约 100 min 后，土壤表面逐渐开始积水，随着入渗时间的延长，高分子保水剂（PAM、CMC）的施用量对土壤水分累积入渗的影响逐渐显现。

CK 处理的土壤水分入渗时间最短（270 min）。当土壤水分入渗过程结束时，与 CK 处理的土壤水分入渗时间相比，PAM 施用量为 1~4 g · kg⁻¹ 处理的入渗时间相对增加 16.67%、31.48%、66.67% 和 125.93%。结果表明，砂性土施用 PAM 具有较好的减渗效果，随着 PAM 施用量的增加，减渗效果增强。这可能是因为 PAM 是一种长链合成聚合物保水剂，它作为加固剂，将土壤颗粒和絮凝土壤结合在一起，起到了固定土壤的作用；此

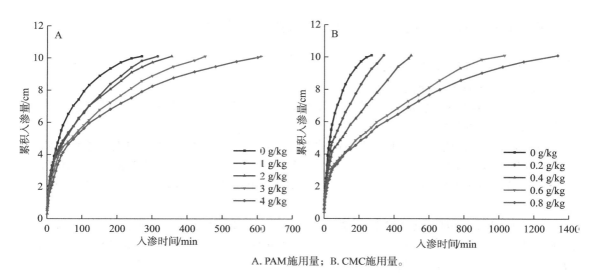

A. PAM施用量；B. CMC施用量。

图 2-14 高分子保水剂（PAM、CMC）施用量对砂性土累积入渗量的影响

外，PAM 作为一种高分子水溶性聚合物保水剂，由于土壤溶液的黏度明显增加，导致土壤的渗透性降低，这个结果与混施 PAM 条件下的一维土壤垂直入渗特征相似。另外，CMC 施用量从 0.2 g·kg^{-1} 提高至 0.8 g·kg^{-1} 时，不同处理的土壤水分入渗时间分别延长 25.93%、83.33%、281.48% 和 394.44%；CMC 施用量为 0.8 g·kg^{-1} 时，土壤水分入渗时间最长为 1335 min。CMC 施用量越大，土壤水分减渗作用越明显。这可能是由于 CMC 与土壤中的水分子融合形成水凝胶，增加土壤水分的黏度，提高了土壤中稳定性团聚体的含量，从而阻碍土壤水分的入渗过程，这个结论与 CMC 混施条件下的土壤水分入渗结果相似。

PAM 和 CMC 不同施用量处理的平均入渗时间分别为 433 min 和 800 min。CMC 不同施用量处理的平均土壤入渗时间是 PAM 施用量处理的平均土壤入渗时间的 1.85 倍。结果表明，砂性土中施加 CMC 处理的减渗效果明显优于 PAM 处理。

相对于对照处理，喷施 PAM（PAM 溶液）可以改变土壤的结构性，从而抑制土壤的渗透性。土柱入渗试验也表明，施加 PAM 的灌溉水（PAM 溶液）可使砂性土的入渗率降低 50% 以上。然而在农业生产实践中应用 PAM 溶液存在一定困难，进而抑制了 PAM 在旱地农业中的大面积使用。土壤表面干施 PAM 对土壤水分入渗过程的减渗作用影响显著高于 PAM 与土壤混合的方式。干施 PAM 与土壤表层（0~5 mm 处）混合后，土壤水分入渗速率降低。根据 PAM 与表层土壤的质量比（w/w），PAM 与砂性土表层（0~3 cm）混合时，减渗效果也比较明显。本研究中 PAM 施用量为 4 g·kg^{-1} 时的砂性土土壤减渗效果明显，这种方法便于实际应用。

大量研究报道，随着 PAM 含量的增加，土壤饱和导水率和土壤水分入渗速率增加。随着 PAM 施用量的增加，坡地（粉质壤土）入渗速率和累积入渗速率均增加。这可能是因为 PAM 的施用量较小时，在减少土壤结皮形成和稳定土壤表面结构方面具有明显效果。

二、砂土壤吸渗率

土壤吸渗率是反映土壤入渗能力的一个重要指标，对土壤入渗初期入渗率的大小起主要作用。Philip 公式量化描述了累积入渗量与入渗时间之间关系：

$$I(t) = St^{0.5} \tag{2-1}$$

式中　$I(t)$ ——累积入渗量(cm)；

　　　t——入渗时间(min)；

　　　S——土壤吸渗率(cm·min$^{-0.5}$)，代表了土壤依靠毛细管作用释放水分的能力；S 值越大，土壤入渗能力越强。

Philip 公式在描述砂性土中施用不同的高分子保水剂(PAM、CMC)的土壤累积入渗量与入渗时间之间关系的拟合效果较好，决定系数(R^2)为 0.97~0.99。结果表明，应用 Philip 公式在描述砂性土应用高分子聚合物保水材料的土壤水分入渗过程中具有较高的拟合效果。

相对于 CK 处理的土壤吸渗率(0.72 cm·min$^{-0.5}$)，PAM 施用量从 1 g·kg^{-1} 逐渐增加至 4 g·kg^{-1}，土壤吸渗率从 0.64 cm·min$^{-0.5}$ 下降至 0.46 cm·min$^{-0.5}$(表 2-9)。相应的，随着 CMC 施用量从 0.2 g·kg^{-1} 增加至 0.8 g·kg^{-1}，土壤吸渗率由 0.59 cm·min$^{-0.5}$ 降低至 0.31 cm·min$^{-0.5}$。这表明，施用 PAM 和 CMC 均可显著降低砂性土的土壤吸渗能力。

总体而言，土壤吸渗率随着高分子保水剂施用量的增加呈下降趋势，如图 2-15 所示。这使利用指数方程量化描述土壤吸渗率与高分子保水剂施用量二者之间的关系成为可能，

表 2-9　高分子保水剂(PAM、CMC)施用量对砂性土吸渗能力的影响

处理	施用量/(g·kg^{-1})	S/(cm·min$^{-0.5}$)	R^2
CK	0	0.72	0.97
PAM	1	0.64	0.98
	2	0.61	0.98
	3	0.53	0.98
	4	0.46	0.97
CMC	0.2	0.59	0.99
	0.4	0.47	0.99
	0.6	0.34	0.99
	0.8	0.31	0.99

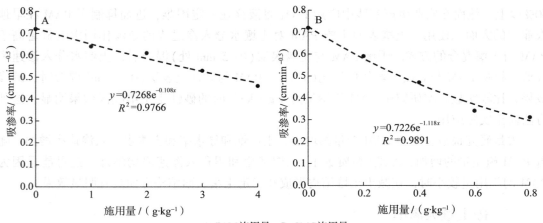

A. PAM施用量；B. CMC施用量。

图 2-15　高分子保水剂施用量与土壤吸渗率之间的关系

具体可表示为：

$$S_{PAM} = 0.7268\exp(-0.108x) \qquad R^2 = 0.97 \qquad (2-2)$$

$$S_{CMC} = 0.7226\exp(-1.118x) \qquad R^2 = 0.98 \qquad (2-3)$$

式中　S_{PAM} 和 S_{CMC}——施加高分子保水剂（PAM、CMC）处理的土壤吸渗率（$\text{cm} \cdot \text{min}^{-0.5}$）；

　　　　x——高分子保水剂（PAM、CMC）的施用量（$\text{g} \cdot \text{kg}^{-1}$）。

式（2-2）和式（2-3）表明，在相同的施用量下，CMC 比 PAM 更能有效地降低土壤的吸渗率。

三、砂性土土壤湿润锋

图 2-16 展示了施加不同施用量高分子保水剂（PAM、CMC）处理的砂性土土壤湿润锋变化特征。总体来看，随着入渗时间的增加，砂性土湿润锋逐渐增大；当达到相同的累积入渗量（3175.17 cm^3）时，不同施用量处理的砂性土湿润锋间距不同。随着 PAM 和 CMC 施用量的增加，砂性土润湿锋的距离均缩短。

与入渗试验结束时 CK 处理的湿润锋距离（23.60 cm）相比，随着 PAM 施用量从 1 g 增加至 4 g，各处理湿润锋距离分别减少了 3.39%、4.24%、6.36% 和 9.75%（图 2-16A）。同样的，随着 CMC 施用量的增加，不同施用量处理的湿润锋距离分别减少了 14.83%、15.68%、22.03% 和 21.61%（图 2-16B）。施加不同施用量高分子保水剂（PAM、CMC）处理的砂性土平均湿润锋距离分别为 22.20 cm 和 19.23 cm。从高分子保水剂（PAM、CMC）施用量和减小砂性土湿润锋的角度来看，施用 CMC 处理的减渗保水效果比施用 PAM 处理的减渗保水效果更明显。

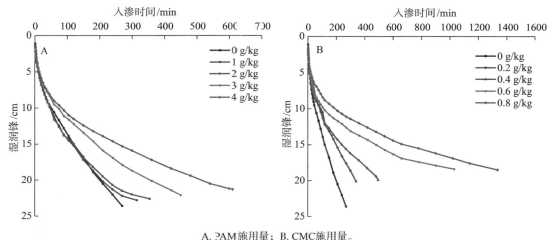

A. PAM施用量；B. CMC施用量。

图 2-16　高分子保水剂施用量对砂性土土壤湿润锋的影响

砂性土土壤水分入渗时间和砂性土湿润锋距离之间的动态过程，可采用幂函数进行描述：

$$F = at^b \qquad (2-4)$$

式中　F——湿润锋距离（cm）；

　　　　t——水分入渗时间（min）；

　　a 和 b——拟合参数，a 值表示湿润锋在第一次测定的单位时间内的迁移距离，b 值表示湿润锋推进过程的衰减速率。

　　随着 PAM 施用量从 1 g · kg⁻¹ 增加至 4 g · kg⁻¹，拟合参数 a 值先从 1.625 增加至 1.849，然后下降至 1.624，再次增加至 1.955；拟合的参数 b 值由 0.468 下降至 0.371。当 CMC 施用量为 0.2~0.8 g · kg⁻¹ 时，拟合的参数 a 值先由 1.354 增加至 2.229 后降低至 1.958；b 值由 0.458 下降至 0.309，然后增加至 0.311(表 2-10)。施用 PAM 处理 a 的平均值(1.763)低于施用 CMC 处理 a 的平均值(1.878)。PAM 处理的拟合参数 b 的平均值(0.426)则高于 CMC 处理的拟合参数 b 的平均值(0.362)。

表 2-10　高分子保水剂(PAM 和 CMC)施用量对砂性土水分入渗参数的影响

处理	施用量/ (g · kg⁻¹)	a	b	R^2
CK	0	1.327	0.511	0.99
PAM	1	1.625	0.468	0.99
	2	1.849	0.437	0.99
	3	1.624	0.427	0.99
	4	1.955	0.371	0.99
	—	1.763*	0.426*	—
CMC	0.2	1.354	0.458	0.99
	0.4	1.971	0.370	0.99
	0.6	2.229	0.309	0.99
	0.8	1.958	0.311	0.99
	—	1.878*	0.362*	—

注：＊表示 4 个施用量处理拟合系数(a、b)的平均值。

第三章

苜蓿高效节水灌溉技术

　　全球水资源日益匮乏和用水需求不断加大之间的矛盾日趋尖锐，严重影响了世界经济的可持续发展，水资源高效利用已成为各国迫切需要解决的问题。我国水资源总量 28 亿 m³，人均水资源量约为 2200 m³，仅占全球平均水平的 1/4。此外，我国作为一个农业大国，农业生产耗水量巨大，占总用水量的 70%~80%。当前，我国农业水分利用效率和水分生产率较世界先进水平还有较大差距，据悉我国农业灌溉用水效率仅为 30%~45%，远低于发达国家的 70%~80%，水分生产率不足 1.2 kg·m⁻³，也远低于世界先进水平的 2.0 kg·m⁻³，这是导致我国农业水资源紧张的另一原因。因此，发展节水灌溉农业是必然选择，对我国农业发展具有极其重要的经济和生态意义。

　　紫花苜蓿被誉为"牧草之王"，是世界上最重要、种植面积最广泛的一种高产优质多年生豆科牧草，具有营养价值高、耐刈割、产量高和适应性强等特点。它既是我国北方现代牧业的重要生产资料，也是防风固沙、改良土质和植被修复等的首选地被作物。苜蓿与其他作物相比是高耗水的作物，其全生育期的耗水量可达 2250 mm；并且苜蓿的产量和品质对土壤水分供应响应敏感，较多的降水或充足灌溉能提升苜蓿的生产力。为了保证土壤中的含水量能满足作物的生长需要，灌溉是最有效的方法，不同的灌水量和作物对土壤中水分不同利用率将造成土壤的含水量长期处于波动的状态，而这种长期的波动状态必定会对作物的生长造成影响。有研究表明，增加灌水量可显著或极显著提高苜蓿鲜草、干草产量。灌水可以显著增加苜蓿产量，产量随灌溉量的增加呈线性增长，直至灌溉量达到作物理论灌溉需要量的 115% 后不再增长。苜蓿干草产量的形成虽然得益于灌水量的增加，但灌水大于一定量时也会使产量增加效果不明显，还有可能导致苜蓿的减产。

　　为实现苜蓿科学灌溉，本章总结了灌溉定额分配优化技术，梳理了苜蓿优质高产的滴灌指标体系，分析了灌溉模式与苜蓿产量之间的关系，以期为实现苜蓿高效节水灌溉提供技术支撑。

第一节　灌溉定额分配优化技术

　　灌溉定额分配优化技术是基于石河子大学两年的试验结果总结而来。试验采用完全随机区组设计，灌溉量设 3 个灌溉梯度，分别为：3750 m³·hm⁻²（W_1）、4500 m³·hm⁻²（W_2，当地滴灌苜蓿高产田的实际灌水量）、5250 m³·hm⁻²（W_3），苜蓿生长第一年共灌水 6 次，具体灌溉时间根据田间生长及天气情况在刈割前 8~10 d、刈割后 5~6 d 进行灌溉，2014 年和 2015 年的前两次灌溉均为苗期灌水，灌溉量依次为 300 m³·hm⁻²、450 m³·hm⁻²。同时，在灌水量为 4500 m³·hm⁻²（W_2）的情况下，假设每茬苜蓿生长所需的水量相同，将每茬刈割前后的灌溉量设 3 种定额分配模式，分别为：①刈割前灌溉本茬次总灌水量的 35%+刈割后灌溉本茬次总灌水量的 65%（Q_1）；②刈割前灌溉本茬次总灌水量的 50%+刈割后灌溉本茬次总灌水量的 50%（Q_2）；③刈割前灌溉本茬次总灌水量的 65%+刈割后灌溉本茬次总灌水量的 35%（Q_3），3 种灌溉模式的灌溉量均相同，3 次重复。苜蓿建植当年苗期充分灌溉，当 50%的幼苗从其基部叶腋产生侧芽，并形成分枝时开始进行灌溉处理。不同灌溉定额分配见表 3-1 所列。

表 3-1   不同灌溉定额分配 $m^3 \cdot hm^{-2}$

处理	第 1 茬		第 2 茬	
	刈割前	刈割后	刈割前	刈割后
Q_1	787.5	1462.5	787.5	1462.5
Q_2	1125	1125	1125	1125
Q_3	1462.5	787.5	1462.5	787.5

一、苜蓿植株生长性状

由于苜蓿种植当年苗期持续时间长且苜蓿生长缓慢，不能准确界定苜蓿第 1 茬生长速率的初始测定高度，故试验只从第 1 茬刈割后开始计算第 2 茬苜蓿的生长速率。刈割第 1 茬与第 2 茬苜蓿表现出相同的规律：滴灌苜蓿种植当年，随灌溉量增加苜蓿的株高、茎叶比、茎粗、生长速率均逐渐增加，且 W_3 处理显著大于 W_1 处理（$P<0.05$），但与 W_2 处理差异不显著（$P>0.05$）（表 3-2）。这表明当灌水量增加至一定额度时苜蓿的株高、茎叶比、生长速率虽然有所增加，但增加效果并不明显。不同灌溉定额分配处理条件下，苜蓿的株高、茎叶比、茎粗、生长速率均以 Q_1 最高，Q_3 处理最低，且第 1 茬各项性状指标均为 Q_1、Q_2 显著大于 Q_3 处理，第 2 茬均为 Q_1 显著大于 Q_3 处理（$P<0.05$），可见，刈割前（8~10 d）灌溉本茬次总灌水量的 35%+刈割后（5~6 d）灌溉本茬次总灌水量的 65%（Q_1）有利于苜蓿各生长性状指标的形成，在刈割前 8~10 d 灌溉量越大或刈割后 5~6 d 灌溉量越小均不利于苜蓿生长性状各指标的良好发挥。

二、苜蓿干草产量

不同灌溉定额分配条件下，苜蓿生长第一年，除 2014 年第 1 茬外，苜蓿不同茬次干草产量均随灌溉量的增大呈增加的趋势，总干草产量大小顺序均为 $W_3>W_2>W_1$，W_2、W_3 处理显著大于 W_1 处理（$P<0.05$），W_2、W_3 处理间差异不显著（$P>0.05$）（表 3-3）。这说明灌溉量的增加有利于苜蓿生长第一年干草产量的形成，但当灌溉定额超过一定量时产量增加效果不明显。

不同灌溉定额分配条件下，除 2015 年第 1 茬外，苜蓿生长第一年不同茬次干草产量大小顺序均为 $Q_1>Q_2>Q_3$ 处理，且 Q_1、Q_2、Q_3 处理间均差异显著（$P<0.05$），总干草产量表现出相同的规律。这说明刈割前（8~10 d）灌溉本茬次总灌水量的 35%+刈割后（5~6 d）灌溉本茬次总灌水量的 65%（Q_1）有利于苜蓿生长第一年总干草产量的形成，而刈割前 8~10 d 灌溉量越大或刈割后 5~6 d 灌溉量越小均不利于苜蓿干草产量的形成。

表 3-2 不同处理下苜蓿生长性状

年份	处理	第1茬			第2茬			
		株高/cm	茎叶比/%	茎粗/mm	株高/cm	茎叶比/%	生长速率/$(cm \cdot d^{-1})$	茎粗/mm
2014	W_1	57.9±1.7[b]	1.33±0.03[b]	2.23±0.01[b]	59.2±1.5[b]	1.08±0.01[b]	0.81±0.01[b]	2.26±0.02[b]
	W_2	60.6±1.8[ab]	1.43±0.04[ab]	2.31±0.02[a]	65.5±1.3[ab]	1.14±0.01[ab]	0.93±0.03[a]	2.35±0.01[a]
	W_3	62.9±1.3[a]	1.58±0.02[a]	2.36±0.01[a]	66.1±1.9[a]	1.18±0.03[a]	0.95±0.01[a]	2.37±0.02[a]
2015	W_1	62.5±2.2[b]	1.33±0.01[b]	2.25±0.02[b]	63.4±1.2[b]	1.07±0.02[b]	0.83±0.01[b]	2.27±0.01[b]
	W_2	65.5±1.9[ab]	1.38±0.02[ab]	2.34±0.03[a]	66.7±1.8[ab]	1.16±0.01[ab]	0.95±0.02[a]	2.36±0.02[a]
	W_3	68.7±1.7[a]	1.44±0.01[a]	2.37±0.03[a]	69.8±1.4[a]	1.21±0.01[a]	0.97±0.01[a]	2.39±0.03[a]
2014	Q_1	62.2±2.1[a]	1.49±0.03[a]	2.27±0.01[a]	68.3±1.2[a]	1.38±0.05[a]	0.98±0.02[a]	2.41±0.03[a]
	Q_2	61.4±1.2[a]	1.42±0.01[a]	2.21±0.04[b]	64.1±1.3[b]	1.20±0.07[b]	0.89±0.01[a]	2.35±0.01[a]
	Q_3	58.2±1.6[b]	1.16±0.01[b]	2.08±0.03[b]	59.5±1.4[c]	1.01±0.04[c]	0.73±0.01[b]	2.19±0.02[b]
2015	Q_1	65.7±1.5[a]	1.46±0.02[a]	2.41±0.05[a]	70.1±1.6[a]	1.39±0.02[a]	1.01±0.03[a]	2.46±0.05[a]
	Q_2	65.0±1.8[a]	1.34±0.02[b]	2.38±0.03[a]	67.9±1.5[b]	1.22±0.03[b]	0.97±0.02[a]	2.44±0.03[a]
	Q_3	61.4±1.4[b]	1.12±0.01[c]	2.29±0.02[b]	65.4±1.1[c]	1.03±0.01[c]	0.86±0.01[b]	2.39±0.02[b]

注：同列不同小写字母表示不同处理差异显著（$P<0.05$）。

表 3-3 不同处理下苜蓿干草产量 $kg \cdot hm^{-2}$

年份	处理	第1茬	第2茬	总产量	处理	第1茬	第2茬	总产量
2014	W_1	3614±108[b]	4537±124[b]	8151[b]	Q_1	4338±131[a]	5834±156[a]	10172[a]
	W_2	4450±156[a]	5407±135[a]	9858[a]	Q_2	4106±105[b]	5206±145[b]	9312[b]
	W_3	4420±144[a]	5592±167[a]	10012[a]	Q_3	3750±116[c]	4402±108[c]	8152[c]
2015	W_1	3734±119[b]	4273±104[c]	8007[b]	Q_1	3883±145[a]	6033±139[a]	9916[a]
	W_2	4268±167[a]	5372±159[b]	9640[a]	Q_2	3633±94[b]	5305±116[b]	8938[b]
	W_3	4349±179[a]	5695±147[a]	10044[a]	Q_3	3510±177[b]	4313±131[c]	7822[c]

注：同列不同小写字母表示不同处理差异显著（$P<0.05$）。

可见，灌溉定额分配对苜蓿干草产量具有重要的影响。滴灌能够增加苜蓿干草产量，提高苜蓿营养品质，减少灌溉量并降低农业生产成本。通过在新疆北部对苜蓿灌溉制度的长期试验发现，当苜蓿全生育期的畦灌灌水次数达15次，收获3茬的灌溉定额为8041 $m^3 \cdot hm^{-2}$ 时，苜蓿干草产量能够达到最大。研究结果表明，随灌水量的增加，苜蓿干草产量呈增加的趋势，但当灌水量增加至一定额度时（W_3）苜蓿干草产量增产效果不明显，而 W_3 与 W_2 处理的茎叶比、茎粗差异不显著，但与 W_1 处理差异显著，说明随灌水量的增加，茎叶比、茎粗差异不大，进而导致苜蓿干草产量增产效果不显著，过多的灌溉量只能造成水资源的大量浪费，且随灌水量的增加，水分利用效率明显下降，综合整体经济效益来看，适宜的灌溉量（4500 $m^3 \cdot hm^{-2}$，W_2）不仅具有较高的水分利用效率，而且有利于苜蓿干草产量的提高。刈割前灌溉本茬次总灌水量的35%+刈割后灌溉本茬次总灌水量的65%有利于苜蓿各生长性状指标及干草产量的形成，其主要原因可能是苜蓿在刈割后为了能够快速分枝，长出新的茎叶以进行光合作用合成更多的光合物质而需要充足的水量；同时，苜蓿刈割后裸露土壤的面积增大，在阳光照射下土壤蒸发强烈，蒸发损失的水分需通过灌溉补充，进而导致刈割后需要灌溉更多的水分，而刈割前由于苜蓿植株在地表形成遮阴，土壤水分蒸发非常小甚至可以忽略不计，土壤水分损失较小，且刈割前 8~10 d 进行大量的灌溉会使苜蓿茎秆内水分含量迅速升高而容易发生倒伏，甚至出现苜蓿植株腐烂或者霉变，使苜蓿品质下降，并导致在刈割后苜蓿植株水分含量太高，使其叶片与茎秆无法同步干燥，造成打捆时茎秆水分过高或落叶损失。

滴灌技术在苜蓿生产中的大面积运用使苜蓿干草产量有了较大的提高，尤其是在干旱区增产效果更为明显。研究表明，滴灌处理苜蓿干草产量达到 21 030 kg·hm^{-2}，与喷灌、漫灌处理相比干草产量分别提高了 10.5%、21.6%。相对于喷灌、漫灌，滴灌提高苜蓿干草产量的主要原因为由于滴灌方式供水强度较低，土壤孔隙水流速度慢，使土壤结构破坏程度较小，土壤含水量变化较稳定，作物根区土壤始终保持疏松状态，其根系活力较强，进而提高苜蓿干草产量。可见，合理的灌溉定额分配是滴灌苜蓿干草产量进一步提高的一项关键灌溉措施。同时，刈割前灌溉本茬次总灌水量的 35%、刈割后灌溉本茬次总灌水量的 65% 能够明显提高苜蓿的水分利用效率，在相同灌溉量条件下，使苜蓿对水分达到更高效的利用，这可能是因为刈割后苜蓿根系急需水分以缓解刈割对苜蓿造成的伤害，并恢复苜蓿植株再生性，而刈割前苜蓿对水分的需求仅为维持正常生长发育所需的水量，故需水量较少。

三、苜蓿生长性状与干草产量之间的关系

为了分析苜蓿各生长性状与干草产量之间的关系，明确苜蓿干草产量构成中各生长性状的贡献率，选取第 2 茬苜蓿各生长性状与产量数据的平均值并将其拟合。结果表明（图 3-1），在相同灌溉量条件下，苜蓿建植当年相同生长性状指标与干草产量的拟合中二次方程的决定系数（R^2）均高于线性方程的 R^2，苜蓿第 1 茬和第 2 茬表现出相同的规律。两种拟合方程中各生长性状的决定系数大小均为茎叶比>茎粗>株高，茎叶比、茎粗的决定系数显著大于株高的决定系数（$P<0.05$）。表明二次方程的拟合程度好于线性方程，在苜蓿各生长性状与干草产量的模型拟合中应首选二次方程模型；各茬次中茎叶比和茎粗与苜蓿干草产量形成更相关。

四、不同灌溉定额分配对苜蓿营养品质的影响

不同灌溉定额分配条件下苜蓿不同茬次营养品质见表 3-4 所列，苜蓿生长第一年，不同茬次苜蓿粗蛋白质含量随灌水量的增加均呈逐渐增大的趋势，且不同年份 W_3 处理两茬苜蓿的粗蛋白质含量均显著大于 W_1、W_2 处理（$P<0.05$）。不同茬次苜蓿中性洗涤纤维、酸性洗涤纤维含量均随灌溉量的增加呈先降低后增加的趋势，且不同年份 W_3 处理两茬苜蓿的中性洗涤纤维、酸性洗涤纤维含量均显著高于 W_1、W_2 处理（$P<0.05$），表明在 3750~5250 m^3·hm^{-2} 范围内随灌溉量的增加有利于粗蛋白质含量的形成，灌溉量越小或越大均有利于苜蓿纤维含量的形成。不同灌溉定额分配条件下，苜蓿生长第一年不同处理下第 1 茬、第 2 茬苜蓿粗蛋白质含量的大小顺序均为 $Q_1>Q_2>Q_3$，且 Q_1、Q_2 处理显著大于 Q_3 处理（$P<0.05$）；第 1 茬、第 2 茬苜蓿中性洗涤纤维、酸性洗涤纤维含量的大小顺序均为 $Q_1<Q_2<Q_3$，Q_1 与 Q_2 处理、Q_2 与 Q_3 处理间差异不显著（$P>0.05$），而 Q_1 与 Q_3 处理间差异显著（$P<0.05$），表明 Q_1 处理有利于提高滴灌苜蓿生长第一年粗蛋白质含量，并有利于降低苜蓿的中性洗涤纤维、酸性洗涤纤维含量。

可见，灌溉定额分配对苜蓿营养品质改善具有重要的影响。研究表明，地下滴灌条件

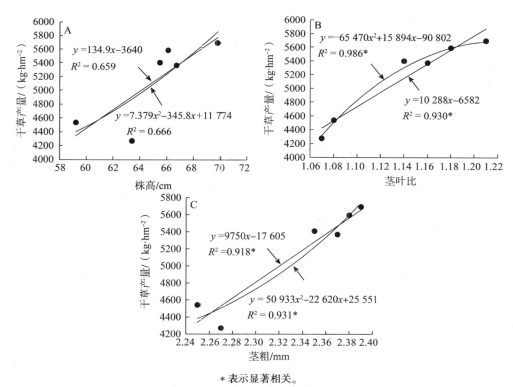

*表示显著相关。

图 3-1　苜蓿生长性状与第 2 茬干草产量之间的关系

表 3-4　不同灌溉定额分配对苜蓿营养品质的影响　　　%

年份	处理	第1茬			第2茬		
		粗蛋白质含量	中性洗条纤维含量	酸性洗涤纤维含量	粗蛋白质含量	中性洗涤纤维含量	酸性洗涤纤维含量
2014	W₁	18.01 ± 0.26^{b}	49.08 ± 2.45^{b}	38.86 ± 1.67^{a}	14.45 ± 0.13^{c}	48.04 ± 1.64^{a}	36.26 ± 1.35^{ab}
	W₂	18.26 ± 0.34^{b}	48.34 ± 2.19^{b}	38.21 ± 1.08^{b}	15.35 ± 0.17^{b}	45.77 ± 2.06^{b}	35.85 ± 1.14^{b}
	W₃	18.87 ± 0.19^{a}	52.67 ± 2.35^{a}	39.08 ± 1.52^{a}	16.38 ± 0.24^{a}	48.38 ± 1.82^{a}	36.68 ± 1.29^{a}
2015	W₁	18.23 ± 0.15^{b}	47.56 ± 2.43^{b}	37.89 ± 1.43^{b}	14.61 ± 0.12^{c}	45.26 ± 1.67^{b}	35.21 ± 1.24^{b}
	W₂	18.41 ± 0.19^{b}	46.23 ± 1.98^{b}	37.15 ± 1.35^{b}	15.43 ± 0.18^{b}	44.61 ± 1.91^{b}	35.01 ± 1.19^{b}
	W₃	19.04 ± 0.23^{a}	50.06 ± 2.16^{a}	38.24 ± 1.13^{a}	16.74 ± 0.14^{a}	47.86 ± 2.08^{a}	36.14 ± 1.25^{a}
2014	Q₁	19.54 ± 0.21^{a}	49.50 ± 2.34^{b}	39.18 ± 1.09^{b}	17.71 ± 0.23^{a}	46.14 ± 1.59^{b}	36.19 ± 1.07^{b}
	Q₂	19.47 ± 0.32^{a}	51.36 ± 2.17^{ab}	39.65 ± 1.26^{ab}	17.08 ± 0.18^{a}	46.54 ± 2.14^{b}	36.67 ± 1.21^{ab}
	Q₃	19.03 ± 0.16^{b}	52.52 ± 1.86^{a}	40.08 ± 1.46^{a}	15.42 ± 0.19^{b}	47.78 ± 1.67^{a}	37.52 ± 1.43^{a}
2015	Q₁	19.62 ± 0.24^{a}	48.06 ± 1.38^{b}	37.46 ± 1.35^{b}	17.88 ± 0.16^{a}	44.29 ± 1.36^{b}	34.98 ± 1.05^{b}
	Q₂	19.45 ± 0.18^{a}	48.92 ± 1.35^{ab}	38.45 ± 1.09^{ab}	17.14 ± 0.21^{a}	45.76 ± 1.59^{ab}	35.67 ± 1.14^{ab}
	Q₃	18.89 ± 0.11^{b}	49.85 ± 1.67^{a}	39.76 ± 1.28^{a}	15.69 ± 0.17^{b}	46.53 ± 1.76^{a}	36.48 ± 1.21^{a}

注：同列不同小写字母表示不同处理差异显著($P<0.05$)。

下亏水灌溉会导致苜蓿的干重茎叶比下降，粗蛋白质含量增加，从而提高苜蓿品质，但是亏缺灌溉的同时会导致苜蓿产量大幅度下降，最终使整体粗蛋白质产量降低。研究结果表明，在一定的灌溉量范围内，苜蓿粗蛋白质含量随灌溉量的增加而升高，说明灌水量的增加对提高苜蓿粗蛋白质含量具有一定的潜力，其原因是苜蓿本身为喜水作物，在干旱区农田土壤缺水严重，土壤水分蒸发速度快，苜蓿整个生育期需水量较多，故随灌水量的增加苜蓿粗蛋白质含量呈增加趋势。随灌水量的进一步增大，苜蓿植株地上生物量也随之进一步增大，茎秆占据整个苜蓿植株的比例升高，茎粗明显增大，进而导致中性洗涤纤维、酸性洗涤纤维含量升高，苜蓿营养品质下降，适口性降低。

综上所述，单从苜蓿干草产量及粗蛋白质含量角度考虑，高灌溉量（5250 $m^3 \cdot hm^{-2}$，W_3）有利于苜蓿干草产量及粗蛋白质含量的提高，但 W_3 与 W_2 处理苜蓿干草产量无显著差异（$P>0.05$），单从纤维素含量的角度考虑，灌溉量为 4500 $m^3 \cdot hm^{-2}$（W_2）时，苜蓿中性洗涤纤维、酸性洗涤纤维含量最低，在实际生产中可以结合苜蓿不同的利用方式进行灌溉量的制订。

五、苜蓿生长性状与营养品质之间的关系

苜蓿生长性状与营养品质之间存在一定关系，明确影响苜蓿营养品质的各项具体生长性状指标，对苜蓿田的田间管理具有重要的指导意义。在相同灌溉量条件下，苜蓿建植当年相同生长性状指标与粗蛋白质、中性洗涤纤维含量的拟合中二次方程的决定系数（R^2）均高于线性方程的 R^2，苜蓿第 1 茬和第 2 茬表现出相同的规律。苜蓿第 2 茬各生长性状指标与粗蛋白质含量的拟合中，拟合方程中各生长性状指标的决定系数大小顺序为茎叶比>茎粗>生长速率>株高，茎叶比、茎粗、生长速率的决定系数显著大于株高的决定系数（$P<0.05$）（图 3-2）。苜蓿第 2 茬各生长性状指标与中性洗涤纤维含量拟合差异不显著（$P>$

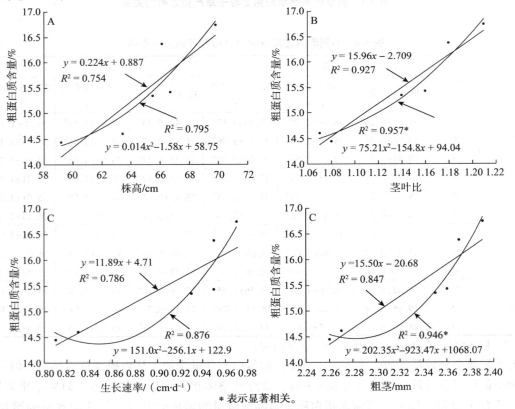

* 表示显著相关。

图 3-2　苜蓿生长性状与粗蛋白质含量之间的关系

0.05），且线性方程与二次方程的决定系数变化规律不一致，以二次方程为例，拟合方程中各生长性状指标的决定系数大小顺序为茎粗>生长速率>株高>茎叶比(图3-3)。

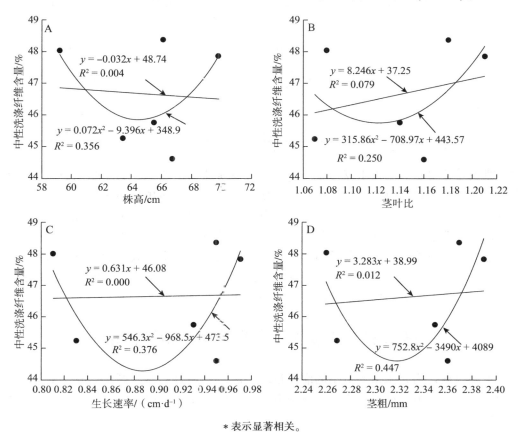

* 表示显著相关。

图 3-3 苜蓿生长性状与中性洗涤纤维含量之间的关系

六、苜蓿水分利用效率

在 $3750 \sim 5250$ m³·hm⁻² 的灌溉量范围内，随灌水量的增加苜蓿的水分利用效率逐渐降低，W_3 处理显著低于 W_1、W_2 处理($P<0.05$)，W_1 与 W_2 处理差异不显著($P>0.05$)(表3-5)。不同灌溉定额处理条件下，苜蓿的水分利用效率大小顺序均为 $Q_1>Q_2>Q_3$ 处理，且 Q_1 处理显著大于 Q_3 处理($P<0.05$)，而 Q_1 与 Q_2 处理、Q_2 与 Q_3 处理差异不显著($P>0.05$)。不同灌溉量及灌溉定额处理条件下，两年间苜蓿的水分利用效率变化表现出相同的规律。

研究结果表明，灌溉显著影响苜蓿的水分利用效率，苜蓿全年收获 3 茬，均采用作物蒸发蒸腾量80%的灌水量可获得产量和水分利用效率的最佳组合。随灌水量的增加，苜蓿的水分利用效率逐渐降低，这可能是由于随着灌水量的增加苜蓿干草产量增加差异不明显所致。而在相同灌溉量条件下，不同灌溉定额分配苜蓿的水分利用效率差异显著，刈割前灌溉本茬次总灌水量的 35%+刈割后灌溉本茬次总灌水量的 65%(Q_1)的水分利用效率显著高于刈割前灌溉本茬次总灌水量的 65%+刈割后灌溉本茬次总灌水量的 35%(Q_3)，可能原

表 3-5　不同处理下苜蓿水分利用效率　　　　　　　　　　$kg \cdot mm^{-1} \cdot hm^{-2}$

年份	处理	水分利用效率	处理	水分利用效率
2014	W_1	4.35 ± 0.06^a	Q_1	3.39 ± 0.07^a
	W_2	4.38 ± 0.09^a	Q_2	3.10 ± 0.06^{ab}
	W_3	3.81 ± 0.05^b	Q_3	2.72 ± 0.04^b
2015	W_1	4.27 ± 0.07^a	Q_1	3.31 ± 0.08^a
	W_2	4.28 ± 0.09^a	Q_2	2.98 ± 0.03^{ab}
	W_3	3.83 ± 0.04^b	Q_3	2.61 ± 0.05^b

注：同列不同小写字母表示不同处理差异显著$(P<0.05)$。

因为刈割前苜蓿对水分的需求仅为维持正常生长发育所需的水量，需水量较少，而刈割后苜蓿根系急需水分以缓解刈割对苜蓿造成的伤害，并恢复苜蓿植株再生性，水分利用效率较高且需水量大。不同灌溉方式对苜蓿的水分利用效率具有重要影响。研究表明，滴灌的水分利用效率明显大于常规漫灌，其主要原因是滴灌技术能够精确控制灌溉水量和灌溉方向，使灌溉水尽可能集中滴在苜蓿植株根部，由于滴灌条件下地表沿滴头处土壤湿润锋基本呈圆形分布，致使滴灌灌溉水在根系周围分布较为均匀，有利于根系对水分的良好吸收，进而使苜蓿产量大幅度增加的同时，提高苜蓿的水分利用效率。

第二节　苜蓿优质高产的滴灌指标体系

地下滴灌被认为是未来最节水的灌溉技术，确定其适宜的灌溉指标是指导其科学灌溉的基础，基于此本节列举了关于地下滴灌下苜蓿的灌溉指标，以期为苜蓿地下滴灌的大面积应用提供参考。

一、土壤含水率及苜蓿生长性状指标变化

灌溉 5 d 后土壤含水率呈下降趋势，方差分析表明随时间推移土壤含水率显著降低$[F_{(5,17)}=37.34, P<0.01]$。灌水后 5~10 d 土壤含水率下降最快，10~20 d 次之，20 d 后土壤含水率趋于平稳降低趋势(图 3-4)。

灌溉后 5~10 d 植株鲜、干重无显著增长，10~20 d 植株鲜、干重增长最快，20 d 后(5 月 30 日)植株干、鲜重停止增长(图 3-5A)。灌溉后 5~20 d 植株含水量即呈递减趋势，灌溉后 20~30 d 内植株含水量略有波动，土壤含水率无显著差异$(P>0.05)$(图 3-5B)。

苜蓿不同部位叶片叶绿素相对含量(SPAD)值随水分亏缺变化趋势不同(图 3-6A)。上部叶片 SPAD 值灌溉后 5~15 d 无明显变化，15~25 d 后呈显著增加，25 d 后又趋于降低；中部叶片 SPAD 值表现为灌溉后 10~20 d 迅速递增，20 d 达到峰值，20 d 后逐渐降低；下部叶片 SPAD 值表现为 5~15 d 下降，15~20 d 呈现显著

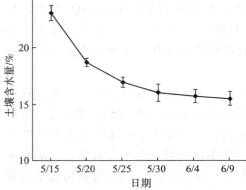

图 3-4　土壤含水率变化趋势

增大趋势，20~30 d 又呈现下降趋势的周期性变化。

　　苜蓿上部叶片颜色青、黄和黑 3 种指标[试验中品红(M)参数均为 0]变化趋势不同。方差分析表明 3 种颜色指标随水分亏缺均呈显著变化($P<0.01$)。各颜色指标均表现为随水分亏缺先升高后下降趋势，峰值均出现在灌溉后第 20 天(图 3-6B)。

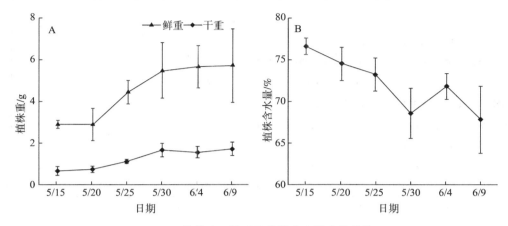

图 3-5　苜蓿干、鲜重及植株含水量变化趋势

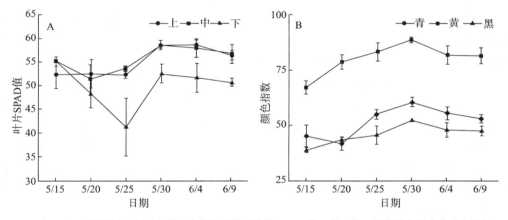

　　上、中、下分别表示植株上部、中部和下部叶片的 SPAD 值，青、黄、黑分别表示叶片对应比色卡上的相应颜色指标。

图 3-6　苜蓿叶片 SPAD 值及叶片颜色指标变化趋势

二、土壤含水率、苜蓿叶片颜色、叶绿素相对含量及其生长指标的相关性

　　土壤含水率和植株含水量呈极显著正相关性($P<0.01$)，与植株干鲜重呈极显著负相关性($P<0.01$)；青色和黑色与植株含水量呈现极显著负相关($P<0.01$)，且青色与植株含水量的皮尔逊相关系数大于黑色；苜蓿上部和中部叶片 SPAD 值与植株含水量呈极显著负相关关系($P<0.01$)，与植株干、鲜重呈现极显著正相关性($P<0.01$)，且上部叶片 SPAD 值与苜蓿生长指标之间的皮尔逊相关系数大于中部叶片 SPAD 值。此外，土壤含水率与上部叶片 SPAD 值、中部叶片 SPAD 值、青色和黑色均呈现极显著负相关关系($P<0.01$)；上部叶片 SPAD 值、中部叶片 SPAD 值、青色和黑色之间呈现极显著正相关性($P<0.01$)(表 3-6)。

表 3-6　土壤含水率、苜蓿叶片颜色、SPAD 值及其生长指标的相关性

指标		土壤含水率/%	上部叶片SPAD 值	中部叶片SPAD 值	下部叶片SPAD 值	植株鲜重/g	植株干重/g	植株含水量/%	苜蓿叶片颜色		
									青	黄	黑
土壤含水率/%		1.000									
上部叶片 SPAD 值		-0.300**	1.000								
中部叶片 SPAD 值		-0.154**	0.616**	1.000							
下部叶片 SPAD 值		0.047	-0.014	-0.008	1.000						
植株鲜重/g		-0.311**	0.314**	0.189**	-0.037	1.000					
植株干重/g		-0.393**	0.377**	0.257**	-0.037	0.915**	1.000				
植株含水量/%		0.414**	-0.245**	-0.229**	0.030	0.022	-0.235**	1.000			
苜蓿叶片颜色	青	-0.357**	0.328**	0.306**	-0.024	0.175**	0.231**	-0.196**	1.000		
	黄	-0.041	0.124*	0.073	-0.018	0.009	0.031	-0.076	0.656**	1.000	
	黑	-0.160**	0.258**	0.214**	-0.001	0.059	0.105	-0.170**	0.469**	0.573**	1.000

注：* 表示 $P<0.05$，** 表示 $P<0.01$。负值表示二者之间呈负相关，正值表示二者之间呈正相关。

　　通过适宜灌溉指标预判作物水分亏缺来决策灌溉是提高水分利用效率，解决我国水资源短缺的有效途径之一。在选择灌溉指标时，除考虑土壤含水率指标外，还应综合作物自身指标来确定适宜的灌溉指标体系。本研究除选择土壤含水率，还选择了测定简单、便于操作的叶片颜色和叶片 SPAD 值作为苜蓿灌溉指标，以期能够提出一套土壤指标和苜蓿本身性状相结合的灌溉指标体系，从而为苜蓿田高效节水灌溉提供科学依据。

　　土壤含水率与作物生长密切相关，研究发现土壤含水率与植株鲜、干重和植株含水量呈极显著相关。当土壤含水率介于作物生长阻滞含水率和田间含水量之间时，作物正常生长，低于阻滞含水率即处于受旱状态。通过确定土壤水分的下限指标，可有效指导灌溉时期和灌溉频次，进而达到高效节水灌溉。研究发现当土壤体积含水率低于 16.1% 时，苜蓿鲜干重增长停滞，植株含水量降到最低，且叶片颜色指标、叶片 SPAD 值的转折点均出现在该时期，推测该土壤含水率是该地苜蓿阻滞含水率，生产中应使土壤含水率高于或不使土壤含水率长期低于该值。

三、土壤含水率与苜蓿叶片颜色、叶片 SPAD 值回归分析

　　随土壤含水率降低，叶片青色参数呈递增趋势。回归分析表明，叶片青色参数和土壤含水率呈指数函数关系，方程为 $y=361.82x-0.68$，$R^2=0.540$（x 为土壤含水率，y 为青色指标）。随土壤含水率降低，叶片 SPAD 值呈递减趋势，土壤含水率和上部叶片 SPAD 之间的关系呈指数函数关系，方程为 $y=119.3x-0.27$，$R^2=0.518$（x 为土壤含水率，y 为上部叶片 SPAD 值）（图 3-7）。

　　植物生长环境中光照、温度、水分和土壤营养元素的缺乏，会通过植物叶片的叶绿素含量、颜色、形态表现出来，在实际生产中，分析植物叶片颜色和形态数据对于适时灌溉和合理施肥都有重要的参考价值。叶片 SPAD 值是用来预测植物叶绿素含量的指标，因其具有快速、简便和无损监测的优点，除用来预测叶片叶绿素含量外，还应用于预测作物水分和氮素的亏缺。研究表明，羊草叶片 SPAD 值和水分梯度显著相关，研究发现苜蓿上部

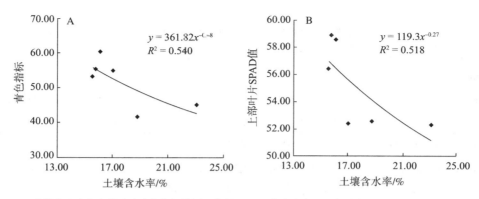

A. 土壤含水率与上部叶片青色指标的回归分析；B. 土壤含水率和上部叶片 SPAD 值的回归分析。

图 3-7　土壤含水率和叶片颜色青色指标、上部叶片 SPAD 值的回归分析

和中部叶片 SPAD 值和土壤含水率、植株干鲜重和植株含水量相关性显著，当水分亏缺到一定程度，叶片 SPAD 值显著增加。叶片颜色也是反映作物生长状况的重要指标，研究表明，棉花叶片颜色参数可准确进行植株叶绿素、氮、磷、钾含量估测，可对籽棉产量进行准确估测。利用比色卡研究苜蓿水分缺失的研究鲜有报道，叶片颜色青色和黑色参数与土壤含水率和植株含水量呈极显著相关，随水分亏缺叶片颜色呈加深趋势，且以青色指标与苜蓿干、鲜重，植株含水量相关性最高。

第三节　灌溉模式与苜蓿产量之间的关系

一、田间滴灌带优化布置

滴灌带间距对滴灌苜蓿干草产量的影响见表 3-7 所列，随滴灌带间距的增加，苜蓿产量逐渐降低，且降低幅度较大，滴灌带间距 40 cm、60 cm 的苜蓿各茬次及总干草产量差异不显著（P>0.05），但均显著高于滴灌带间距 80 cm 的苜蓿干草产量（P<0.05），滴灌带间距 80 cm 的苜蓿干草产量仅为每亩 1097.8 kg。表明适宜的滴灌间距（40~60 cm）有利于滴灌苜蓿产量的积累，40 cm 的滴灌带间距会大幅度增加种植成本，且在滴灌带破损后人为修复时大量增加人力成本，其适用性有待进一步的探讨研究。间距 80 cm 的苜蓿干草产量较低，主要是因为灌溉时湿润锋连接不上，导致两条滴灌带中间的 1~2 行苜蓿供水不足而干旱减产，不适于在苜蓿生产中使用。可见，60 cm 间距在节省种植成本的同时，对苜蓿产量提高具有重要作用。

滴灌技术能使作物主根系区形成脱盐区，为作物生长提供一个良好的水盐环境，对盐碱地区水土资源开发利用及土壤改良提供了新的研究思路和方法。与大水漫灌方式相比，滴灌技术不仅节水而且能够起到较好的驱盐效果。研究表明，滴灌条件下土壤水平方向的湿润锋距滴头的距离为 40~60 cm，水分渗透的交互作用可以将湿润锋处的盐分向垂直方向"驱赶"，起到较好的驱盐效果。

在实际生产中常见 1 管 6 行的种植模式（节省成本效果明显），在管道压力及植株行距恒定的情况下，两条滴灌带的湿润锋不能重叠，甚至还存在一定的距离，每次灌水后则正

表 3-7　不同滴灌带间距下滴灌苜蓿干草亩产量　　　　　　　　　　kg

行距	第 1 茬	第 2 茬	第 3 茬	第 4 茬	总产量
40 cm	546.6[a]	404.6[a]	361.3[a]	284.1[a]	1596.6[a]
60 cm	524.1[a]	336.2[a]	323.2[a]	257.8[a]	1441.2[a]
80 cm	370.1[b]	270.9[b]	252.8[b]	203.9[b]	1097.8[b]

注：同列不同小写字母表示不同处理间差异显著（$P<0.05$）。

好将土壤盐分"驱赶"至离滴灌带最远处的苜蓿植株行附近，导致盐分在此区域大量聚集，形成一个高含盐带，严重影响离滴灌带最远处苜蓿植株的正常生长发育。在新疆绿洲区棉田中的研究表明，滴灌技术只在作物生长季使农田土壤盐分在空间位置上的分布产生差异，有助于作物避盐，但是一旦经过下茬耕作，土壤盐分重新进行分布；而苜蓿为多年生植物，在苜蓿建植 3~5 年甚至更长时期内并不存在下茬耕作而使盐分重新分布的问题。

因此，苜蓿生产中，在水压恒定的条件下，适当缩小滴灌带的间距，采用 1 管 4 行或小于 1 管 4 行的种植模式，能起到更好的驱盐作用。综合考虑灌溉成本与产出的综合经济效益，当滴灌灌水量达到 3000 $m^3 \cdot hm^{-2}$ 时，盐碱苜蓿地可达到最佳的"节水+驱盐+高产"效果。

二、地下调亏滴灌技术

调亏灌溉可以促进作物对水分的高效利用，调亏灌溉结合地下滴灌可进一步激发苜蓿的节水潜力，实现灌溉水的高效利用。为此，本节梳理了地下调亏滴灌技术对苜蓿节水及饲草生产的影响，试验地设在呼图壁县种牛场新疆农业大学草地生态试验站（86°7′E，44°8′N），该地区为典型的大陆性干旱气候，年均降水量 163.1 mm，年蒸发量 2312.7 mm；试验地土壤主要为盐化灰漠土，pH 值为 8.12，有机质 1.96%，碱解氮 21.73 $mg \cdot kg^{-1}$，速效磷 12.33 $mg \cdot kg^{-1}$，速效钾 144.54 $mg \cdot kg^{-1}$。试验苜蓿品种为'新牧 4 号'紫花苜蓿（*Medicago sativa* L. cv. 'Xinmu NO.4'），由新疆农业大学草业与环境科学学院提供；于 2016 年 5 月播种，播种方式为条播，播量为 19.5 $kg \cdot hm^{-2}$；灌溉采用地下滴灌，滴灌带为内镶贴片式滴灌带，滴灌带间距为 60 cm，埋深 15 cm；试验小区面积 30 m^2（5 m×6 m），2016 年度以建植为主，所有小区常规田间管理。2017 年设置 3 个灌水下限处理，田间持水量的 70% 为正常灌溉水平，田间持水量的 50% 和 60% 均为调亏灌溉处理，每个处理 3 次重复。土壤含水量用 MP-406 土壤水分测定仪测定（体积含水量），试验地田间持水量为 38.8%，土壤体积含水量每 3 d 测定 1 次，达到或低于设置的灌溉下限时进行灌溉，每次灌溉量为 600 $m^3 \cdot hm^{-2}$。2017 全年共收获 3 茬，收获期测定株高、叶片 SPAD 值、茎叶比和产量等指标。

（一）苜蓿株高对地下调亏滴灌的响应

地下调亏滴灌条件下，第 1 茬和第 2 茬均表现出随灌溉下限提高株高呈增加趋势，第 1 茬株高间无显著差异（$P>0.05$），这可能和初春积雪融水较多、土壤基础含水量高有关，第 2 茬灌溉下限 70% 和 60% 处理显著高于 50% 灌溉下限处理（$P<0.05$）。灌溉下限对苜蓿第 3 茬株高无显著影响（$P>0.05$），且无明显规律。3 个茬次间株高比较表明，第 1 茬株高最高,第2茬次之,第3茬最低,第1茬70%灌溉下限处理株高最高,为 105.08 cm(图3-8)。

(二)苜蓿叶绿素含量对地下调亏滴灌的响应

3种灌溉下限在第1茬和第2茬对苜蓿叶绿素含量没有显著性影响($P>0.05$),但整体表现出70%灌溉下限处理叶片SPAD值高于其他处理。第3茬表现出与前两茬不同的趋势,灌溉下限 70%和60%之间无显著差异($P>0.05$),这两种灌溉下限处理显著高于50%灌溉下限处理。叶片SPAD值在第2茬70%灌溉下限处理最高,为 65.55(图3-9)。

(三)苜蓿茎叶比对地下调亏滴灌的响应

在同一茬次,处理间苜蓿茎叶比无显著差异($P>0.05$),3种灌溉处理下均表现出第1茬最高,第3茬次之,第2茬最低的趋势。其中,第1茬和第2茬60%灌溉下限处理下的茎叶比低于其他两种灌溉下限处理(图3-10)。

(四)苜蓿产量对地下调亏滴灌的响应

第1茬,灌溉下限 70%处理显著高于50%处理($P<0.05$),产量提高26.23%;第2茬,变化趋势与第1茬相似,灌溉下限70%处理显著高于50%处理($P<0.05$),产量提高65.7%;第3茬,3种灌溉处理干草产量没有显著差异($P>0.05$)。总产量比较表明,70%灌溉下限显著高于50%处理,产量增加40.66%,60%灌溉下限处理与其余两种灌溉处理没有显著差异($P>0.05$)。不同灌溉下限处理各茬次占总产量的比例也存在差异,灌溉下限为50%处理时,3茬产量占总产量的比例分别为 68.80%、10.40%和20.80%;灌溉下限为60%处理时,3茬产量占总产量的比例分别为62.55%、20.88%和16.67%;灌溉下限为70%处理时,3茬产量占总产量的比例分别为 61.87%、21.61%和16.52%。灌溉下限为田间持水量的60%干草产量和灌溉下限为田间持水量的70%不存在

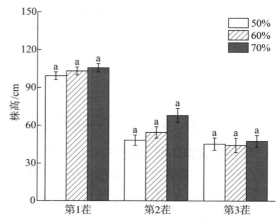

不同字母表示相同茬次下不同灌溉处理间存在显著差异($P<0.05$)。

图 3-8　地下调亏滴灌下苜蓿株高

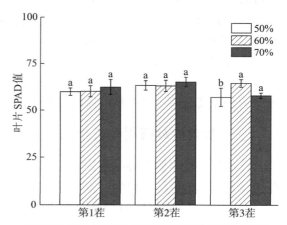

不同字母表示相同茬次下不同灌溉处理间存在显著差异($P<0.05$)。

图 3-9　地下调亏滴灌下苜蓿叶绿素含量

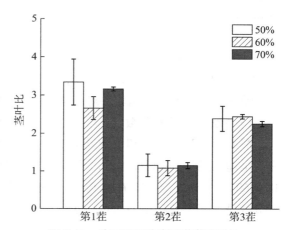

图 3-10　地下调亏滴灌下苜蓿茎叶比

表 3-8   地下调亏滴灌对苜蓿产量的影响   t·hm^{-2}

处理	第 1 茬	第 2 茬	第 3 茬	总产量
50%	5.49±0.15^b	0.83±0.37^b	1.66±0.05^a	7.98±0.41^b
60%	6.23±0.15^{ab}	2.08±0.39^{ab}	1.66±0.15^a	9.96±0.31^{ab}
70%	6.93±0.42^a	2.42±0.43^a	1.85±0.32^a	11.20±1.02^a

注：同列不同小写字母表示在 0.05 水平存在显著差异。

显著差异，灌溉下限为田间持水量的 50%干草产量显著低于对照灌溉处理（$P<0.05$）（表 3-8）。

在生产中灌溉是维系苜蓿栽培、草地稳产和高产的主要措施之一，灌水量不足会减弱苜蓿的生产潜力，而降水或灌水量过高也会引起苜蓿减产，甚至死亡。株高是反映牧草产量的重要指标之一，本研究结果表明第 1 茬和第 2 茬株高均表现出随灌溉下限增加而增加，但 60%调亏灌溉处理与 70%灌溉处理差异不显著。

选择适宜的灌溉指标是进行合理灌溉的关键所在，在各种灌溉指标中土壤含水率指标是目前比较成熟的可行指标，通过调亏灌溉试验确定灌溉下限可有效指导苜蓿节水灌溉生产。研究表明，苜蓿轻度水分调亏（田间持水量的 60%）处理较充足灌溉（田间持水量的 70%）处理苜蓿干草产量差异不显著，一定灌水范围内苜蓿干草产量随灌水量增加而增加，轻度水分调亏不会引起苜蓿干草产量的降低。本研究结果表明，田间持水量的 60%调亏灌溉处理与 70%灌溉下限处理干草产量无显著差异，但均显著高于 50%灌溉下限处理，且随灌溉下限提高苜蓿干草产量呈递增趋势。

三、灌溉量对苜蓿生长指标及木质素的影响

苜蓿生长及木质素等品质性状均会受到灌溉等田间管理的影响，为探究灌溉处理对苜蓿生长及木质素特征的影响，本节以大田条件下生长第 3 年的'新牧 1 号'杂花苜蓿（*Medicago varia* cv. 'xinmu No.1'）为试验材料，试验地点设在新疆农业大学呼图壁生态站，试验地小区面积为 35 m^2（5 m×7 m），行距 0.15 m。试验设置 600 m^3·hm^{-2}、750 m^3·hm^{-2} 和 900 m^3·hm^{-2} 共 3 个灌水处理，每茬灌溉 3 次，每个处理 3 次重复。于苜蓿 2 茬初花期选取生长一致的 5 个主枝对其株高和节数进行测定，并选取第 3、5、7 节间（由再生枝条基部算起）制作临时切片。

首先对选取好的节间制作徒手切片，然后对两种木质素单体单独进行染色处理。G 木质素［愈创木基（G）］用间苯三酚–盐酸染液染色，G 木质素存在的部位被染成红色；S 木质素［紫丁香基（S）］利用莫氏染色法，S 木质素存在的部位被染成红色。制作好的切片利用显微镜观测、拍照，运用软件对苜蓿节间直径和木质化厚度进行测定，并计算木质化比例。

（一）苜蓿株高和节数

灌溉量对苜蓿株高和节数均具有显著影响（$P<0.05$）（图 3-11）。随着灌溉量的增加，株高呈递增趋势。900 m^3·hm^{-2} 处理显著高于 750 m^3·hm^{-2} 处理，750 m^3·hm^{-2} 处理显著高于 600 m^3·hm^{-2} 处理（$P<0.05$）；节数也表现为随灌溉量增加而增多，900 m^3·hm^{-2} 处理节数显著高于 600 m^3·hm^{-2} 处理，750 m^3·hm^{-2} 处理与其他两个灌溉处理差异不显著（$P>0.05$）。

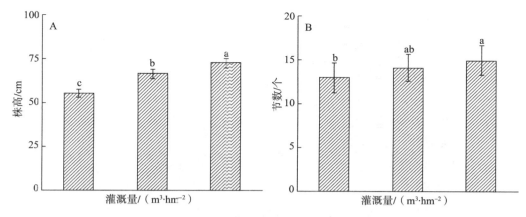

图 3-11 不同灌溉量下苜蓿株高和节数

（二）苜蓿半径及木质素单体分布

苜蓿半径由第 3 节间至第 7 节间呈显著递减趋势，灌溉量对于同一节间半径影响较小，除第 5 节间 900 $m^3 \cdot hm^{-2}$ 处理半径显著高于其他灌溉处理外（$P<0.05$），灌溉量对第 3、7 节间的半径无显著影响（$P>0.05$）（表 3-9）。

表 3-9 不同灌溉量下两种木质素单体分布厚度及其比例

节间	灌溉量/ ($m^3 \cdot hm^{-2}$)	半径/mm	木质化环厚度/mm		木质化比例/%	
			G 木质素	S 木质素	G 木质素	S 木质素
3	600	1.18±0.04[a]	0.35±0.02[b]	0.36±0.01[bc]	29.91±1.73[bc]	30.60±1.64[c]
	750	1.19±0.05[a]	0.52±0.06[a]	0.63±0.13[a]	42.56±3.16[a]	49.27±10.42[ab]
	900	1.23±0.05[a]	0.47±0.04[a] *	0.60±0.04[a]	38.37±2.90[ab] *	48.71±1.73[ab]
5	600	0.99±0.07[b]	0.35±0.01[b]	0.37±0.03[bc]	35.79±2.73[ab]	39.25±5.54[bc]
	750	0.95±0.09[b]	0.32±0.04[b]	0.54±0.09[a]	34.04±2.18[ab] *	56.38±6.56[a]
	900	1.15±0.05[a]	0.37±0.04[b]	0.39±0.04[b]	31.50±2.56[bc]	33.85±2.88[c]
7	600	0.61±0.03[c]	0.07±0.03[e] *	0.17±0.01[d]	12.25±4.61[e] *	28.15±2.03[c]
	750	0.66±0.01[c]	0.15±0.03[e]	0.23±0.02[cd]	22.26±4.38[cd] *	34.59±2.98[c]
	900	0.65±0.04[c]	0.10±0.02[e] *	0.19±0.02[d]	16.64±3.66[de] *	31.20±5.34[c]

注：＊表示两种木质素间在 0.05 水平存在显著差异。同列不同小写字母表示在 0.05 水平存在显著差异。

G 木质素主要分布在苜蓿茎的初生木质部、次生木质部和初生韧皮部纤维细胞，不同节间比较表明由上及下木质化面积呈递增趋势（图 3-12）。灌溉量仅对第 3 节间的 G 木质素分布厚度有显著影响，表现为 750 $m^3 \cdot hm^{-2}$ 和 900 $m^3 \cdot hm^{-2}$ 灌溉量处理的 G 木质素厚度显著高于 600 $m^3 \cdot hm^{-2}$ 灌溉量处理（$P<0.05$）；灌溉量对 G 木质素木质化比例的影响，第 3、7 节间均表现为 750 $m^3 \cdot hm^{-2}$ 处理显著高于 600 $m^3 \cdot hm^{-2}$ 处理（$P<0.05$）。

由图 3-13 可知，S 木质素也主要分布在初生木质部、次生木质部和初生韧皮部纤维细胞，与 G 木质素单体的不同在于在苜蓿茎的髓薄壁细胞有 S 木质素分布。不同节间比较，由上至下 S 木质素分布面积逐渐增加。不同灌溉量对 S 木质素的影响表现为各节间 750 $m^3 \cdot hm^{-2}$ 灌溉处理 S 木质素厚度和木质化比例均最高。统计分析表明，第 3 节间 750 $m^3 \cdot hm^{-2}$ 和 900 $m^3 \cdot hm^{-2}$ 处理的 S 木质素厚度和比例均显著高于 600 $m^3 \cdot hm^{-2}$ 处理（$P<0.05$），第 5 节间表现为 750 $m^3 \cdot hm^{-2}$ 处理的木质化厚度和比例显著高于 600 $m^3 \cdot hm^{-2}$

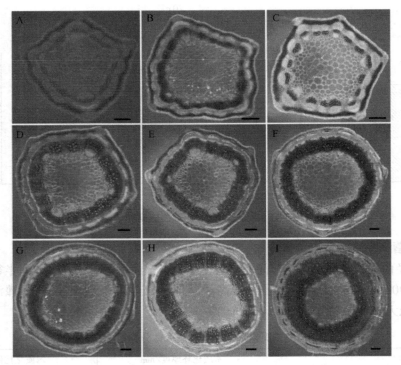

A~C. 第 7 节间，D~F. 第 5 节间，G~I. 第 3 节间；A、D、G.600 m³·hm⁻² 处理，B、E、
H.750 m³·hm⁻² 处理，C、F、I.900 m³·hm⁻² 处理；图中标尺为 200 μm。

图 3-12   不同灌溉量下苜蓿愈创木基木质素分布

处理（$P<0.05$），灌溉量对第 7 节间 S 木质素的厚度和比例均无显著影响（$P>0.05$）。

两种木质素单体比较，S 木质素分布厚度和比例均高于 G 木质素。统计分析表明，600 m³·hm⁻² 灌溉处理的第 7 节间和 900 m³·hm⁻² 处理第 3、7 节间，S 木质素的分布厚度和木质化比例均显著高于 G 木质素（$P<0.05$），750 m³·hm⁻² 灌溉处理的 G 木质素第 5 和第 7 节间仅木质化比例存在显著差异（$P<0.05$）（表 3-9）。

木质素是植物体内的必需大分子物质，其主要作用是为植物的直立生长提供机械支撑。本研究结果表明，由下至上木质素分布随节间呈递减趋势，木质素在各节间的这种分布差异和其作用密切相关，苜蓿底部节间承受力最大，中部节间次之，上部节间最小，为保证苜蓿足够的机械支撑，底部节间木质素沉积最多，分布最广，符合力学规律。

灌溉量影响作物的水分利用效率，进而影响其产量和品质，通过调控灌溉量来获得理想的产量和品质是当前农业生产中常用的技术手段之一。研究表明，灌溉量对于苜蓿的产量和品质均具有显著影响。研究发现，干旱胁迫处理的苜蓿与对照相比产量和细胞壁含量显著下降，而对纤维素和木质素无显著影响。本研究发现灌溉量对木质素单体厚度和比例均具有显著影响，750 m³·hm⁻² 灌溉量下表现出较高的木质化环厚度和比例。木质化比例和消化率之间存在相关关系，研究发现木质化组织所占比例不同的苜蓿种质其消化率存在显著差异。鉴于此，可通过灌溉水平调控木质素在苜蓿茎中的分布，进而获得高消化率的饲草产品。

苜蓿中的木质素主要由 G 木质素和 S 木质素单体组成，而两种木质素单体在结构上存

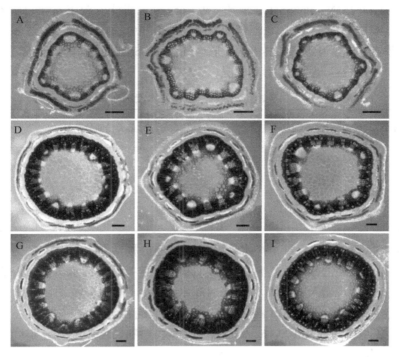

A~C. 第 7 节间，D~F. 第 5 节间，G~I. 第 3 节间；A、D、G. 600 m³·hm⁻² 处理，
B、E、H. 750 m³·hm⁻² 处理，C、F、I. 900 m³·hm⁻² 处理；红色为 S 木质素分布部
位；图中标尺为 200 μm。

图 3-13　不同灌溉量下苜蓿紫丁香基木质素分布

在一定差异（图 3-14），G 木质素单体苯环 5 号碳为游离的碳，能够和其他基团结合为稳定的碳链，而 S 木质素单体 5 号碳位置为甲氧基，不能与其他基团结合，这种结构的差异使 G 木质素单体较 S 木质素单体更易形成较复杂的碳链结构，从而难以消化降解。鉴于此，改变木质素单体比例（S/G 比）被认为是提高苜蓿饲草利用效率或糖化效率的另一有效途径。本研究表明两种木质素单体分布上存在差异，S 木质素单体的分布厚度和比例均高于 G 木质素，

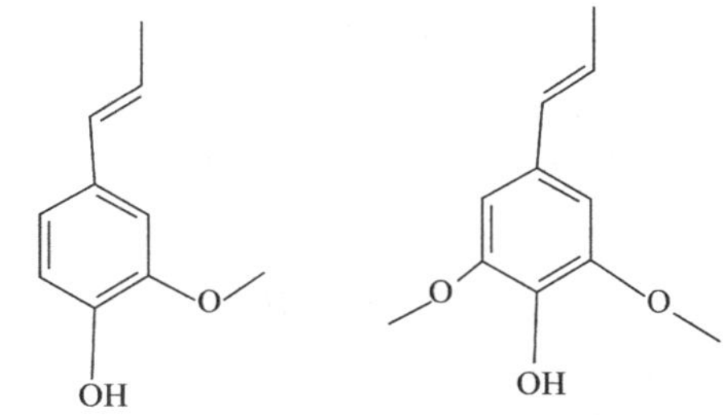

愈创木基　　　紫丁香基

图 3-14　两种木质素单体化学结构示意

这主要体现在髓薄壁细胞分布较多的 S 木质素，这种分布差异可能是引起髓薄壁细胞更易降解的原因。在自然界中较难获得单一的木质素单体结构，当前只能得到木质素的结构模型，未能获得天然木质素单体结构。本研究发现的这种木质素单体在组织间的分布差异，为获取单一木质素单体，进而为研究木质素单体之间的异同和作用提供了可能。

四、土壤水分的空间变化特征

探明不同灌溉模式下水分的空间分布是确定灌溉水能否利用的基础，本试验于 2003—2004 年在呼图壁种牛场草地生态站进行。该站位于呼图壁河冲洪积扇缘与冲积平原交错地

带，地理位置约 44°15′N，86°55′E，海拔 439~454 m，光能资源丰富年总辐射量为 5.56×10² kJ·cm⁻²，年日照时数 3110 h，年日照百分率 70%。年降水 155.2 mm，年蒸发量 2300 mm，冬季有积雪，生长季(4~9 月)平均气温 18.5℃。试验区内地形平整土层深厚，测定了试验地 0~80 cm 土层土壤物理状况(表 3-10)。

表 3-10 试验地土壤基本状况

土壤层次/cm	土壤质地	土壤密度/ (g·cm⁻³)	最大田间持水量/%	土壤孔隙度/%
0~20	壤土	1.54	29.34	43.13
20~40	粉质壤土	1.66	30.13	39.18
40~60	黏壤土	1.71	32.7	37.51
60~80	壤黏土	1.83	35.7	33.56

按不同灌水时间和次数设计 7 个水分处理，T_1 为分枝期灌水 1 次，T_2 为现蕾至初花期灌水 1 次，T_3 为结荚期灌水 1 次，T_4 为分枝期和现蕾至初花期灌水 2 次，T_5 为分枝期和结荚期灌水 2 次，T_6 为现蕾至初花期和结荚期灌水 2 次，CK 为分枝期、现蕾至初花期和结荚期灌水 3 次，每次灌水量为 240 mm。每个处理小区面积为 9 m²(3 m×3 m)，重复 3 次，共 21 个小区。各小区间地下 100 cm 及地上 30 cm 用塑料防渗膜隔开。小区灌水采用输水管地面漫灌，灌水量由水表计量。

在 0~80 cm 的土层中，用土钻分层取土(每 20 cm 为一层)测定试验区的土壤机械组成；用环刀取土测定各层土壤容重、土壤孔隙度；采用 Wilcox 环形法测定最大田间持水量。土壤含水量测定：用土钻取土烘干法测定 0~80 cm(每 20 cm 为一层)的土壤含水量，10 d/次，降水、灌溉前后加测 1 次。

(一)土壤水分变化规律

各处理 0~50 cm 及 50~80 cm 土层平均相对含水量从返青期到结荚后期随时间变化呈动态变化。每次灌水后各土层土壤相对含水量出现峰值，其峰值的高低随季节、生育期的变化呈递减的趋势，其中 0~50 cm 土层的变化幅度大于 50~80 cm 土层(表 3-11)。

在返青期至分枝期(4 月至 5 月初)，由于前一年的冬灌水及早春的融雪水补给土壤相对含水量较高(均在 60%以上)，该阶段由于气温较低(平均气温为 14.8℃)，苜蓿植株较小苜蓿地耗水主要以土壤蒸发为主，土壤水分损耗很少。5 月中旬随着气温逐渐升高，土壤表面蒸发强烈，土壤水分损失较快，土壤相对含水量曲线呈下降的趋势，但仍保持在 55%以上。此时灌水表现为大幅度上升，出现最大的峰值。到现蕾至初花期灌水的 T_2、T_4、T_6 和 CK 由于前期灌水基础不同，波动幅度略有不同，而后土壤含水量呈大幅度下降趋势。此阶段平均气温达 25.4℃，苜蓿日均蒸散量最大，达 7.4 mm·d⁻¹，是土壤水分大量消耗的阶段，土壤水分波动较大，灌水后土壤水分下降较快。6 月中旬到 7 月，苜蓿处在生长最旺盛的阶段，植被覆盖率增大，几乎完全覆盖地面，地表蒸腾减少，日均蒸散量 5.3 mm·d⁻¹，土壤水分损失相对较少，各处理土壤水分波动趋缓。

(二)土壤含水量的空间分布

苜蓿灌水量设置 W_1(保持在田间相对持水量的 65%~80%)、W_2(保持在田间相对持水量的 50%~65%)、W_3(保持在田间相对持水量的 35%~50%)3 个水平，各小区设置水阀，

表 3-11　各灌水处理不同土层土壤相对含水量时间变化　　　　　%

处理	土壤层次/cm	取土日期									
		4/12	4/22	5/2	5/12	5/22	6/2	6/12	6/21	7/3	7/13
T₁	0~20	67.78	64.30	56.63	69.20	49.18	46.67	43.98	41.37	39.36	35.46
	20~40	71.26	68.90	61.30	78.69	61.19	54.73	48.84	47.12	44.74	40.53
	40~60	76.65	73.09	72.36	74.54	62.94	60.84	56.70	57.43	47.80	43.40
	60~80	75.00	71.13	68.50	73.96	71.50	67.42	64.01	62.74	56.31	48.82
T₂	0~20	65.60	64.73	56.91	50.70	43.45	65.39	47.94	45.20	42.16	41.23
	20~40	69.32	68.17	60.60	58.70	55.50	70.60	49.90	50.86	47.89	45.85
	40~60	74.00	73.84	70.42	70.76	66.42	72.30	58.96	55.49	51.29	42.83
	60~80	70.08	69.73	69.54	66.07	67.39	78.75	64.03	63.90	57.34	50.13
T₃	0~20	63.06	63.04	56.83	49.86	43.51	45.34	40.95	38.95	54.96	43.91
	20~40	69.12	64.85	60.36	58.80	55.70	53.00	49.70	49.13	61.30	49.08
	40~60	71.40	74.91	67.83	68.73	56.13	59.90	62.39	55.03	59.18	46.25
	60~80	67.40	70.42	69.15	71.24	62.27	63.34	65.87	65.30	65.92	52.16
T₄	0~20	63.86	60.29	56.21	68.36	48.15	66.63	51.71	47.96	45.70	41.38
	20~40	69.60	63.87	59.47	80.53	58.27	70.80	58.92	53.30	51.12	49.48
	40~60	72.61	73.87	63.87	70.64	58.38	73.80	63.26	57.36	52.97	48.16
	60~80	68.70	71.20	69.20	72.74	64.00	75.12	65.67	63.90	58.19	52.69
T₅	0~20	63.18	61.41	56.67	67.85	53.60	51.04	48.00	45.67	53.51	44.70
	20~40	70.51	66.12	59.25	75.61	58.52	57.30	54.52	52.73	59.74	50.14
	40~60	73.79	72.90	67.25	68.14	55.98	53.40	63.39	56.50	60.89	49.95
	60~80	68.90	70.74	68.93	70.30	64.86	65.07	65.78	63.35	67.26	51.20
T₆	0~20	67.40	59.91	52.75	47.52	43.27	65.51	47.59	43.40	53.36	43.46
	20~40	70.76	67.60	59.02	58.05	54.80	70.03	57.05	50.76	59.31	48.48
	40~60	74.59	74.74	65.40	64.27	59.84	70.47	62.75	49.20	57.73	58.84
	60~80	79.69	86.40	75.32	74.30	61.71	76.73	74.65	56.18	68.24	69.07
CK	0~20	64.59	58.75	49.74	70.30	48.27	65.95	47.68	44.81	53.61	43.15
	20~40	70.50	66.35	57.28	74.74	59.75	70.06	53.06	51.14	60.16	49.59
	40~60	74.54	73.86	63.98	74.57	65.49	68.27	60.36	48.07	62.46	54.54
	60~80	75.24	73.04	68.51	76.68	67.06	75.30	70.08	61.90	65.47	58.97

通过水表计量。当根系层(地面下 20~30 cm)含水量低于下限时，开始灌水，高于上限时，停止灌水，以漫灌为对照(CK)。结果表明，地下滴灌结束 24 h 后，土壤水分的空间分布呈以滴头为中心的椭球形湿润本，水平延伸的距离大于垂直距离。在 W_1 处理水量下，表层(0~10 cm)和第 4 层(30~40 cm)的湿润锋水平运动半径为 40 cm，第 2 层(10~20 cm)和第 3 层(20~30 cm)的水平运动半径为 50 cm。垂直方向，湿润锋向上可运动到地表(0 cm)，向下达地面以下 40 cm；W_2 处理水量下，表层的水平运动半径为 30 cm，第 2 层水平运动半径为 50 cm，第 3 层水平运动半径为 40 cm，第 4 层水平运动半径为 20 cm。垂直方向，湿润锋可达地表，向下可达地面以下 40 cm；W_3 处理水量表层和第 4 层的湿润锋水平运动半径不到 10 cm，只浸润到了滴头垂直位置的地表，第 2 层和第 3 层的水平运动半径为 20 cm，垂直方向上湿润锋向上可运动到地表，向下运动到 30 cm 处。从 3 种水量湿浸体的大小看，湿润体大小与灌水量呈正相关，灌水量大的在地下形成的湿润体大，反之则

小。漫灌方式下，各土层土壤含水量接近饱和(图3-15)。

　　因地下滴灌系统首次引入苜蓿种子生产，而苜蓿种子生产为宽行种植作物，为了尽可能缩小滴灌带与苜蓿的距离，所以采用宽行80 cm、窄行40 cm播种。同时，为了便于铺管机械作业和对苜蓿植株的保护，在滴灌带铺设过程中，要注意避免因距离苜蓿过近而造成对苜蓿根系的损伤或把苜蓿苗翻出土壤，选择在苜蓿两行中间铺设滴灌带。

　　0~5 cm土壤含水量较低，主要因为滴头上方的土壤水分运输是通过土壤的毛细作用与土壤水势差进行，水分运输较慢。而苜蓿的根系主要集中于地面下30 cm附近，在0~10 cm土层内的土壤水分被苜蓿利用较少，这样可以减少水分的无效蒸发。此外，5~30 cm的土层为水分的主要集中区，并与苜蓿根系重合，从而实现了苜蓿根区灌水，减少水的浪费。在对照处理中，整个试验小区内各土层土壤含水量接近饱和，使大量的水分以蒸发的形式散失，从而造成水的浪费。

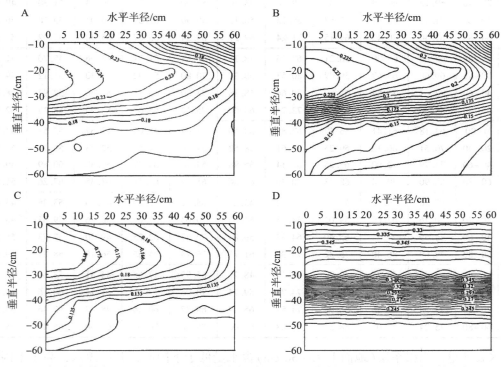

A. 相对田间持水量65%~80%的土壤水分分布；B. 相对田间持水量50%~65%的土壤水分分布；
C. 相对田间持水量35%~50%的土壤水分分布；D. 漫灌(CK)土壤水分分布。

图3-15　灌水后土壤含水量分布

　　漫灌条件下，因供水无法实现精确定量化，所以往往削弱了水分对苜蓿生长的调控。地下滴灌系统通过阀门控制，能够有效地控制水分的供应量，引入苜蓿种子生产后，解决了灌水的精量化技术问题，从而能够有效控制水分对苜蓿生长的调控。

　　地下滴灌系统的灌溉过程是通过阀门的开闭操作进行灌溉，这样也可节约大量的劳动力。在苜蓿收获后，地下滴灌系统可及时启动灌溉系统，相对于漫灌缩短了苜蓿收获后的灌水间隔，等于增加了苜蓿生长时间，可能使生长到两年以后的苜蓿在种子收获后，还可收获牧草。

五、灌溉处理对苜蓿根系、株高和叶片相对含水量的影响

灌溉水平会影响苜蓿的根系特征、株高和叶片相对含水量，本试验选择的参试材料为'新牧1号'杂花苜蓿，由新疆农业大学提供。于2008年9月9日播种，10月28日进行冬灌，安全越冬。滴灌试验于2009年5月14日至10月25日进行。

试验小区采用随机排列，3次重复。小区面积为15 m²(3 m×5 m)，播量为3.0 kg·hm⁻²，各小区四周用宽1 m的大棚塑料膜隔离(地下部分为70 cm，地上部分为30 cm)，以防止水分渗漏。苜蓿采用40 cm×80 cm宽窄行播种，滴灌带铺设于窄行中间地面以下20 cm处。苜蓿灌水量设置W₁(保持在田间相对持水量的65%~80%)、W₂(保持在田间相对持水量的50%~65%)、W₃(保持在田间相对持水量的35%~50%)3个水平，各小区设置水阀，通过水表计量。当根系层(地面下20~30 cm)含水量低于下限时，开始灌水，高于上限时，停止灌水，以漫灌为对照(CK)。在灌水时期上，苜蓿返青至种子成熟阶段的灌溉为：苗期、现蕾期和结荚期进行灌溉；苜蓿种子收获后，地下滴灌灌水量均保持在W₁水平；冬灌时所有处理灌水量180 mm(表3-12)。

表3-12　灌水方案

田间相对持水量	灌水方案			
	W₁	W₂	W₃	CK
上限	80%	65%	50%	—
下限	65%	50%	35%	—
灌水量/(m³·hm⁻²)	1244.99	824.87	404.75	5400

土壤水分分布和土壤含水量测定：灌水24 h后，测定0~60 cm土层内的土壤含水量，之后每2 d测定1次土壤含水量，1周后每5 d测定1次土壤含水量，降水、灌溉前后加测1次。

取样方法：在水平方向上，分别距滴灌带0 cm、10 cm、20 cm、30 cm、40 cm、50 cm和60 cm处共7个取样点取土样，在每点的垂直方向按照0~10 cm、10~20 cm、20~30 cm和30~40 cm的层次取土样，共计4个土层。采用烘干法测定土壤含水率。

苜蓿的根系分布：苜蓿种子收获后，采用切片法测定苜蓿根系分布。根系水平方向取样方法：以滴灌带为中心，沿一侧每10 cm挖取一样方(取样宽度为10 cm)，挖至两滴灌带中间；根系垂直方向取样方法：在取样点每10 cm为1层向下挖取样方，共计4层。所取土样用水冲洗，剔除杂质后烘干称重，并记录根重。

苜蓿生长高度：在各小区内选取具代表性的植株5株定株，每5 d测量1次株高。

叶片相对含水量(RWC)的测定：

$$叶片相对含水量 = [(鲜重-干重)/(饱和重-干重)] \times 100\%$$

其中，鲜重为新鲜叶片质量(g)；干重为85℃的烘箱中烘24 h的质量(g)；饱和重为叶片在水中浸泡数小时充分饱和后，吸干表面水分后测得的质量(g)。分别在分枝期和现蕾-初花期选取晴天，于8：00、14：00和20：00 3个时段取同一部位苜蓿叶片进行测定。

(一)灌溉处理对苜蓿根系生长的影响

3种水量下苜蓿的根量W₁>W₂>W₃处理($P<0.01$)，表明地下滴灌条件下，根量随水

量的增加均呈显著增加趋势；W_1 处理所得根干物质积累量最高，为 25.09 g，极显著高于其他试验处理（$P<0.01$）。CK 处理（漫灌）次之，为 23.58 g。表明 W_1 处理下，苜蓿根系发育受影响最大。又因 CK 处理高于 W_2、W_3 处理下的根量，表明根量的生长与水分有关，但不呈正相关，水分过多反而抑制根系生长发育。

地下滴灌试验根系分布主要集中在第 1 层（0~10 cm）和第 2 层（10~20 cm）。各试验处理第 1 层根量占总根量的 32.37%~35.95%，主要由于苜蓿根系为直根型，上部粗下部细，加之根颈在近地表处，所以第 1 层根系所占比例最大；第 2 层根系量较大，所占比例在32.88%~38.87%，其主要因为这一层主根较粗，并大量着生侧根，使此区根系分布较大；第 3 层（20~30 cm）、第 4 层（30~40 cm）由于土壤含水量的减少和根系的细弱，所占比例较小。漫灌情况下，根干物质主要集中于第 1 层和第 2 层，共占根总量的 74.45%，由于水分充足，下层不利于呼吸，所以下层根量分布相对较少。

根系水平方向的分布上，地下滴灌条件下，由于水分的不均匀性，导致苜蓿根系在土壤中的水平分布不均匀。苜蓿行这一空间内苜蓿根量最大，占全部根量的 45.97%~55.04%，其原因是苜蓿主根在这一空间。苜蓿行近水源一测，由于根系的趋水性，滴灌带一侧的根系量高于另一侧，近滴灌带一侧根量明显高于另一侧，是其另一侧根量的 2.5~6.4 倍，根系趋水性表现明显；漫灌的水分相对均匀，根量主要集中于苜蓿主根所在的位置，并向两侧逐渐减少。

(二) 灌溉处理对苜蓿株高的影响

从 5 月 10 日至 6 月 25 日，所有试验处理的株高均明显增高，6 月 25 日苜蓿开花后，高度增长缓慢（图 3-16）。5 月 10 日至 6 月 10 日，由于气温低，蒸腾、蒸发强度较弱，苜蓿生长速率缓慢；6 月 10 日灌水后，随着气温的升高，新陈代谢作用增强，苜蓿生长速率加快；6 月 25 日苜蓿进入盛花期，此时处于高温期，虽进行了人工灌水，但是苜蓿的株高几乎没有增加。此阶段苜蓿由营养生长向生殖生长转换，营养生长减弱，生殖生长增强，积累的营养物质主要用于生殖生长。此时灌水有利于苜蓿种子产量的增加。

所有试验处理，为剔除肥料因素的干扰，所以未进行施肥，导致苜蓿生长相对缓慢。6 月 10 日前，苜蓿对水分的要求不强烈，加之温度较低，生长速率平稳缓慢，此时期根和芽生长旺盛。苜蓿现蕾至开花，为苜蓿的快速生长期。此后，生长速率缓慢，营养生长向生殖生长转换，茎叶储存积累的养分供应种子发育，营养生长基本停止。

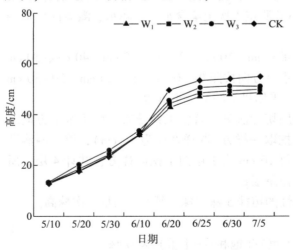

图 3-16　不同处理下苜蓿株高

(三) 灌溉处理对苜蓿叶片相对含水量的影响

叶片相对含水量是通过在干旱胁迫下，植物表现出体内含水量下降来反映植物体内水分状况的参数。从苜蓿分枝期与开花期灌水 24 h 后的苜蓿叶片相对含水量的日变化可以看出（图 3-17），叶片相对含水量 14:00 低于 8:00 与 20:00。在分枝期叶片相对含水量日变化幅度较小，中午比早晨和傍晚降低 0.73%～3.43%，所有试验处理平均下降 2.20%。由于土壤水分供应相对充足，各处理所受水分胁迫较低，苜蓿叶片相对含水量保持在较高水平上(图 3-17A)。在苜蓿开花期，苜蓿叶片相对含水量日变化幅度增大，所有试验处理平均下降 4.05%，降幅在 1.74%～5.89%(图 3-17B)。漫灌在试验处理中降幅最小，分枝期中午比早晨和傍晚分别降低 0.90% 和 0.73%，开花期分别降低 2.69% 和 1.74%。表明漫灌水量充足，未受到水分胁迫。

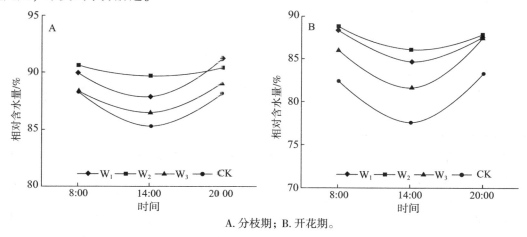

A. 分枝期；B. 开花期。

图 3-17 苜蓿叶片相对含水量日变化

本研究灌水次数与灌水量，只是在传统制种苜蓿按生育期进行灌水的基础上略有改动。而在地下滴灌条件下，玉米(*Zea mays*)、棉花(*Gossypium* spp.)等作物灌水次数为 12～15 次，采用少量多餐的方式进行灌溉，并且取得了好的效果。所以，苜蓿灌溉制度也应以地下滴灌玉米、棉花等作物的灌溉制度为参照进行相应变革，以充分利用地下滴灌系统能够有效控制灌水量的优点。

肥料是影响苜蓿种子产量的重要因素。苜蓿种子生产是一个水肥综合调控过程，漫灌条件下，因供水无法实现精确定量化，所以往往削弱了水分对苜蓿生长的调控。地下滴灌系统能够有效地控制水分的供应量，加之肥料可通过地下滴灌直接施入，所以地下滴灌能够按苜蓿的需求进入水肥供应，解决了水肥量化施入的技术问题。

本试验主要研究地下滴灌条件下，水分对苜蓿种子产量的影响，剔除了肥料因子对苜蓿种子产量的贡献。随着制种苜蓿地下滴灌技术研究的不断拓展与深入，水肥结合对苜蓿生长调控方面的研究有必要尽快开展。

地下滴灌系统能够实现精量化灌溉，引入苜蓿种子生产后，解决了灌水精量化技术问题。相对于漫灌，地下滴灌能够有效控制水分对苜蓿生长的调控。同时，地下滴灌为作物根区供水，减少了无效水的供应及水分散失造成的浪费。

六、不同灌溉处理对苜蓿种子产量的影响

(一)苜蓿种子产量变化

水分是影响苜蓿种子生产的主要影响因子之一，本节设置试验在新疆农业大学呼图壁草地生态站进行。参试材料为'新牧 1 号'杂花苜蓿，由新疆农业大学提供。2008 年 9 月初

播种，2009 年 8 月第 1 次收获，10 月冬灌，2010 年 4~8 月观察、取样和收种。

设置 W_1、W_2、W_3、W_4、W_5、W_6 6 种灌水方案，以漫灌为对照。在灌水时期上，苜蓿现蕾期至结荚期每隔 10 d 进行一次灌溉，冬灌以漫灌方式进行，具体灌水方案见表 3-13。

表 3-13　灌水方案　　　　　　　　　　　　　　　　$m^3 \cdot hm^{-2}$

日期	W_1	W_2	W_3	W_4	W_5	W_6	CK
5/29	150	300	450	600	750	900	2400
6/10	150	300	450	600	750	900	—
6/20	150	300	450	600	750	900	—
6/30	150	300	450	600	750	900	—
7/10	150	300	450	600	750	900	2400
7/20	150	300	450	600	750	900	—
总计	900	1800	2700	3600	4500	5400	4800

经方差分析表明，W_3、W_4、W_5 与 CK 处理的种子产量有极显著差异（$P<0.01$），W_2、W_3、W_4、W_5 处理与漫灌均有显著差异（$P<0.05$）。

从产量上分析，漫灌处理在苜蓿的结荚期至现蕾期有 2 次灌水，产量为 457.16 kg·hm^{-2}，明显低于铺设地下滴灌的处理。地下滴灌的各处理在现蕾至结荚期共有 6 次灌水，其中每次灌水量为 600 $m^3 \cdot hm^{-2}$ 的 W_4 处理产量最高，达 832.51 kg·hm^{-2}，其次为 W_3、W_5 处理，产量分别为 773.79 kg·hm^{-2} 和 766.06 kg·hm^{-2}，产量较低的 3 个处理是 W_2、W_1、W_6 处理，产量分别为 659.16 kg·hm^{-2}、613.56 kg·hm^{-2} 和 610.59 kg·hm^{-2}，各处理间大小关系为 $W_4 > W_3 > W_5 > W_2 > W_1 > W_6$。从水分利用效率上分析 W_1、W_2、W_3、W_4、W_5 灌水处理的总灌水量均低于漫灌水平，只有 W_6 处理的总灌水量高于漫灌。其中，W_1 处理的总灌水量仅为漫灌的 3/16，其产量比漫灌要多 156.4 kg·hm^{-2}；而 W_4 处理的总灌水量为漫灌的 3/4，产量约为漫灌的 1.8 倍。这表明地下滴灌在苜蓿种子生产中既能节省灌溉用水，又能提高苜蓿种子产量（图 3-18）。

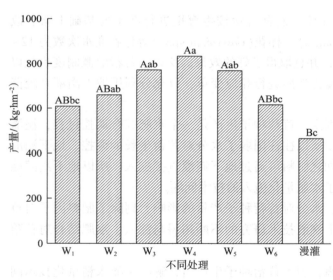

不同大写字母表示差异极显著（$P<0.01$），不同小写字母表示差异显著（$P<0.05$）。

图 3-18　不同灌水量的种子产量与方差

（二）苜蓿种子产量构成因子

苜蓿种子产量的构成因子包括单株花序数、每花序小花数、每花序荚果数、每荚果种子数和种子质量等。对苜蓿产量构成因子进行方差分析表明（表 3-14），不同灌水量处理下，苜蓿单株花序数呈极显著差异（$P<0.01$）；每花序小花数（$P<0.05$）、每荚果种子

表 3-14　地下滴灌下苜蓿产量构成因子

灌水处理	有效分枝数	单株花序数	小花数/花序	荚果/花序	种子数/荚果	种子质量
W$_1$	21.2^{Aa}	120.25^{BCbc}	11.62^{AabAa}	3.92^{AaAa}	1.94^{Ab}	1.69^{Bbc}
W$_2$	22.4^{Aa}	142.34^{A3CabAa}	12.23^{Aa}	4.24^{Aa}	2.30^{AabAab}	2.62^{ABabc}
W$_3$	23.2^{Aa}	161.53^{Aa}	12.54^{Aab}	4.51^{Aa}	2.44^{Aa}	3.12^{ABab}
W$_4$	23.6^{Aa}	148.72^{ABa}	11.73^{Aab}	4.74^{Aa}	3.02A^{ab}	3.87^{Aa}
W$_5$	22.8^{Aa}	117.02^{BCbc}	11.32^{Ab}	4.33^{Aa}	2.41^{Aab}	2.13^{ABbc}
W$_6$	21.0^{Aa}	106.43^{Cc}	10.57^{Ab}	4.05^{Aa}	1.95^{Ab}	1.51^{Bc}
漫灌	21.8^{Aa}	116.32^{BCbc}	12.68^{Aa}	4.23^{Aa}	1.63^{Ab}	1.37^{Bc}
F 值	0.875	4.397**	1.835*	0.67	1.58*	2.863*

注：$*$ 表示差异显著（$P<0.05$），$**$ 表示差异极显著（$P<0.01$）。同列不同大写字母表示在 0.05 水平差异显著，同列不同小写字母表示在 0.05 水平差异显著。

数（$P<0.05$）、单株粒重（$P<0.05$）存在显著差异；有效分枝数和每花序荚果数的差异不显著。

在单株花序上 W$_3$、W$_4$ 与 W$_6$ 处理之间有显著差异，单株花序数分别为 161.53 个、148.34 个和 106.43 个，W$_3$ 与 W$_6$ 处理存在极显著差异（$P<0.01$）；在每花序小花上 CK、W$_2$、W$_3$ 与 W$_6$ 处理有显著差异（$P<0.05$），前 3 个处理约比后者每花序多 1.9 小花；在每荚果种子数上，W$_4$ 与 W$_1$、W$_6$、CK 处理存在显著差异，分别为 3.02 粒、1.94 粒、1.95 粒和 1.63 粒；在单株粒重上，W$_4$ 与 W$_1$、W$_5$、W$_6$、CK 处理有显著差异（$P<0.05$），W$_4$ 与 W$_1$、W$_7$、CK 处理存在极显著差异（$P<0.01$），前者的单株粒重约为后三者之和。W$_4$ 处理的有效分枝数、每花序小花数与 W$_2$、W$_3$、CK 处理差异不明显，但在单株花序数、每花序荚果数、每荚果种子数上均高于其他处理，经相关性分析，这 3 个因素均与单株产量形成呈极显著相关性，所以 W$_4$ 处理产量较高。反之，W$_1$、W$_6$、漫灌处理的这 3 个因素较低，这是造成其单株产量较低的主要原因。

（三）单株种子产量及其构成因子的相关性

把构成苜蓿单株种子产量的影响因子进行相关分析，结果表明，苜蓿单株种子产量与单株花序数、每花序荚果数、每荚果种子数呈极显著相关性，相关系数分别为 0.492、0.519 和 0.872。另外，单株花序数与单株有效分枝有极显著正相关性，单株花序数与每花序小花数呈显著正相关（表 3-15）。说明要提高苜蓿种子的产量就要从提高苜蓿的单株花序数、每花序荚果数和每荚果种子数入手。增加苜蓿的有效分枝数，可以有效地增加苜蓿的单株花序数。增加苜蓿单株花序数可提高每花序小花数。

在苜蓿现蕾期至结荚期采用漫灌方式灌溉，由于灌水量较大，灌水间隔时间较长，因此苜蓿经历过涝、适中、过旱 3 个过程，过涝会造成苜蓿疯长，过旱会导致苜蓿叶片缩小和出现落花落荚现象，这是苜蓿种子产量不高的主要原因。采用地下滴灌方式灌溉，灌水次数多，水量较少，避免过涝和过旱现象出现，能有效促进苜蓿营养生长和生殖生长平衡，可以达到节水和增产效果。

在苜蓿种子生产中，现蕾期至盛花期的生殖生长需要适当的干旱胁迫，同时该阶段水

表 3-15　单株籽粒产量与其构成因素的相关系数

相关系数	X_1	X_2	X_3	X_4	X_5	X_6	Y
有效分枝数 X_1	1.000	0.516**	0.033	0.196	0.010	-0.255	0.219
单株花序数 X_2		1.000	0.364*	0.072	0.214	-0.278	0.492**
小花数/花序 X_3			1.000	0.093	-0.258	-0.093	-0.061
荚果/花序 X_4				1.000	0.230	-0.284	0.519**
种子数/荚果 X_5					1.000	-0.204	0.872**
千粒重 X_6						1.000	-0.270
单株籽粒产量 Y							1.000

注：＊表示差异显著（$P<0.05$），＊＊表示差异极显著（$P<0.01$）。

分蒸散量不大，灌水量保持在 W_3 水平即可；但在末花期苜蓿生殖生长旺盛，水分蒸散量增大，灌水量需保持在 W_4 水平以上，才可保证苜蓿有较多的单株花序数、每花序荚果数、每荚果种子数，并获得种子高产。

　　试验虽然验证了地下滴灌对苜蓿种子生产有较好的节水和增产作用，但在推广应用时应根据不同地区的气候条件、土壤条件和苜蓿生长发育特点等因素，对灌水时期、灌水次数和灌水量做出相应的调整。

第四章

苜蓿高效施肥技术

第一节 常规肥料及微肥优化施肥技术

肥料是农业生产中作物生长不可或缺的重要物质，能为作物提供必需的营养元素。作物生长中的肥料所含的营养元素大体分为16种三大类：大量元素（碳、氢、氧、氮、磷、钾等），在作物生长过程中吸收量最多，是农业生产中应用最广泛的营养元素；中量元素（钙、镁、硫等），在作物生长过程中吸收量一般；微量元素（铁、锰、铜、锌、硼、氯、钼等），是在作物生长中不可或缺、有"画龙点睛"之功的营养元素。

大量元素肥中氮、磷、钾的应用更普遍于其他类大量元素肥，故也称常量元素肥。中量元素是在作物生长过程中需要的量仅次于氮、磷、钾，但高于微量元素的营养元素。通常指的是钙、镁和硫这3种元素。这3种元素虽然有时会被归类为大量元素，但由于其在作物体内的重要性，特别是在某些特定情况下，它们的吸收量可能超过大量元素。中量元素在作物体内扮演着重要且不可替代的生理功能，如钙元素能够稳定生物膜结构、保持细胞的完整性，并且是构成细胞壁的重要成分，大部分钙元素存在于细胞壁中。镁元素则是叶绿素的组成成分之一，对作物的光合作用至关重要。硫元素则是构成蛋白质和酶的关键成分，参与氧化还原过程。中量元素的缺乏会导致作物生长发育受阻，影响作物产量和质量，严重时可能导致绝收。因此，中量元素对于农作物的正常生长至关重要。微量元素肥料简称微肥，是指含有微量营养元素的肥料，作物吸收消耗量少（相对于常量元素肥料而言）。作物对微量元素需要量虽然很少，但是它们同常量元素一样，对作物是同等重要的，不可互相代替。微肥的施用，一般要在氮、磷、钾肥应用的基础上才能发挥其肥效。同时，在不同的氮、磷、钾水平下，作物对微量元素的吸收反应也各不相同。

一、磷肥施用效果

1. 磷肥施用对苜蓿植株叶片、茎秆磷含量的影响

苜蓿施磷量设置：CK（不施磷）、P_1（50 kg·hm^{-2}）、P_2（100 kg·hm^{-2}）、P_3（150 kg·hm^{-2}）。研究发现苜蓿叶片磷含量随施磷量的增加呈先增加后降低的趋势，在施磷（P_2O_5）量为100 kg·hm^{-2}时达到最大值外，不同施磷处理其最大磷含量在0.224%～0.292%波动。不同茬次均为施磷处理显著大于不施磷处理（$P<0.05$），施磷量为50 kg·hm^{-2}、150 kg·hm^{-2}时在第1茬、第3茬、第4茬差异均不显著（$P>0.05$）。不同茬次间，随刈割茬次的递进，苜蓿叶片磷含量呈先增加后降低的趋势，均在第3茬达到最大值。相同施磷处理及刈割茬次间，苜蓿植株叶片磷含量大于茎秆中磷含量（表4-1）。

苜蓿植株茎秆中磷含量均表现为随着施磷量的增加呈先增加后降低的趋势，其中 4 茬均在施磷量为 100 kg·hm^{-2} 时达到最大值，不同施磷处理其最大磷含量在 0.151% ~ 0.223% 波动。除第 3 茬施磷与不施磷差异不显著外，其他茬次施磷处理苜蓿植株茎秆磷含量均显著大于不施磷处理（$P<0.05$）。随着茬次的递进苜蓿茎秆磷含量呈先增后减的趋势。不施磷在第 3 茬取得最大值，数值为 0.151%；施磷量为 50 kg·hm^{-2}、100 kg·hm^{-2} 时苜蓿植株磷含量在第 2 茬达到最大值，分别为 0.187%、0.223%；施磷量为 150 kg·hm^{-2} 时在第 3 茬达到最大值，为 0.184%。

表 4-1　不同施磷条件下滴灌苜蓿叶片和茎秆磷含量　　　　　　　　　%

部位	处理	第 1 茬	第 2 茬	第 3 茬	第 4 茬
叶片	CK	0.149±0.001^{Cc}	0.214±0.006^{Ca}	0.224±0.011^{Ca}	0.168±0.004^{Cb}
	P$_1$	0.183±0.012^{Bc}	0.231±0.002^{Bb}	0.267±0.008^{Ba}	0.190±0.007^{Bc}
	P$_2$	0.223±0.018^{Ab}	0.275±0.018^{Aa}	0.292±0.001^{Aa}	0.218±0.008^{Ab}
	P$_3$	0.188±0.009^{Bb}	0.268±0.013^{Aa}	0.266±0.007^{Ba}	0.183±0.005^{BCb}
茎秆	CK	0.117±0.011^{Cb}	0.111±0.004^{Cb}	0.151±0.013^{Ba}	0.111±0.003^{Cb}
	P$_1$	0.172±0.011^{Ba}	0.187±0.019^{Ba}	0.157±0.005^{Bab}	0.129±0.006^{Bb}
	P$_2$	0.202±0.005^{Ab}	0.223±0.008^{Aa}	0.201±0.004^{Ab}	0.146±0.001^{Ac}
	P$_3$	0.156±0.001^{Ba}	0.165±0.009^{Ba}	0.184±0.20A^{Ba}	0.122±0.001^{Bb}

注：同列不同大写字母表示在 0.05 水平差异显著，同行不同小写字母表示在 0.05 水平差异显著。

2. 磷肥施用对苜蓿植株吸磷量的影响

与不施磷处理相比，施磷处理下苜蓿植株的吸磷量均显著大于不施磷处理（$P<0.05$），且各茬次苜蓿植株的吸磷量均为随施磷量的增加呈先增加后降低的趋势，在施磷量为 100 kg·hm^{-2} 时达到最大值，第 1 茬至第 4 茬苜蓿植株的吸磷量最大值分别为 13.78 kg·hm^{-2}、14.31 kg·hm^{-2}、13.22 kg·hm^{-2} 和 6.76 kg·hm^{-2}，且前三茬苜蓿植株的吸磷量显著大于第 4 茬（$P<0.05$）（表 4-2）。

表 4-2　苜蓿植株吸磷量　　　　　　　　　　　　　　　　kg·hm^{-2}

处理	第 1 茬	第 2 茬	第 3 茬	第 4 茬	总吸磷量
CK	6.8±0.01^{Cb}	7.55±0.25^{Da}	7.67±0.14^{Ca}	2.75±0.11^{Dc}	24.77±1.31^{C}
P$_1$	10.35±0.24^{Ba}	11.08±0.29^{Ca}	10.7±0.03^{Ba}	5.58±0.01^{Bb}	37.69±1.46^{B}
P$_2$	13.78±0.95^{Aa}	14.31±0.18^{Aa}	13.22±0.11^{Aa}	6.76±0.09^{Ab}	48.07±1.43^{A}
P$_3$	11.15±0.02^{Ba}	12.03±0.19^{Ba}	10.73±0.75^{Bb}	4.41±0.19^{Cc}	38.28±1.21^{A}

注：同列不同大写字母表示在 0.05 水平差异显著，同行不同小写字母表示在 0.05 水平差异显著。

3. 磷肥施用对苜蓿干草产量的影响

随施磷量的增加，滴灌苜蓿干草产量各茬次间呈先增加后降低的趋势，均在施磷量为 100 kg·hm^{-2} 时达到最大，第 1 茬苜蓿的干草产量在施磷量为 100 kg·hm^{-2} 与 150 kg·hm^{-2} 时显著高于 100 kg·hm^{-2} 及不施磷处理（$P<0.05$），但 100 kg·hm^{-2} 与 150 kg·hm^{-2} 处理间差异不显著（$P>0.05$）。施磷处理苜蓿干草产量均显著高于不施磷处理（$P<0.05$）（表 4-3）。滴灌苜蓿总干草产量在施磷量为 100 kg·hm^{-2} 时达到最大，为 21.24 t·hm^{-2}。不同茬次

表 4-3　苜蓿干草产量　　　　　　　　　　　　　　t·hm⁻²

处理	第 1 茬	第 2 茬	第 3 茬	第 4 茬	总干草产量
CK	5.13±0.01^{Ca}	4.87±0.08^{Cb}	4.14±0.18^{Cc}	1.98±0.04^{Cd}	16.11±0.22^{C}
P$_1$	5.84±0.02^{Ba}	5.32±0.08^{Bb}	4.95±0.19^{Bc}	3.43±0.01^{Ad}	19.54±0.12^{B}
P$_2$	6.54±0.27^{Aa}	5.81±0.7^{Ab}	5.45±0.11^{Ab}	3.59±0.03^{Ac}	21.24±0.45^{A}
P$_3$	6.47±0.18^{Aa}	5.57±0.3^{ABb}	4.75±0.15^{Bc}	2.78±0.17^{Bd}	19.57±0.17^{B}

注：同列不同大写字母表示在 0.05 水平差异显著，同行不同小写字母表示在 0.05 水平差异显著。

间，相同施磷条件下，随着刈割茬次的递进，不同施磷处理的苜蓿干草产量均呈逐渐降低的趋势。

4. 磷肥施用对苜蓿磷素利用率的影响

施磷条件下，随施磷量的增加，滴灌苜蓿磷素利用效率呈逐渐降低的趋势（CK 处理为不施磷处理，故不计算苜蓿磷素利用效率）（表 4-4），除第 4 茬外，其他各茬次施磷量为 50 kg·hm⁻² 与 100 kg·hm⁻² 时苜蓿的磷素利用效率差异均不显著（$P>0.05$），且施磷量为 50 kg·hm⁻² 与 100 kg·hm⁻² 时显著大于 150 kg·hm⁻² 处理（$P<0.05$）。在各茬次间，施磷量为 50 kg·hm⁻² 与 100 kg·hm⁻² 时苜蓿植株的磷素利用效率范围为 16.05%~28.37%，施磷量为 150 kg·hm⁻² 时苜蓿植株的磷素利用效率均不到 15%，至第 4 茬苜蓿植株的磷素利用效率仅为 4.43%。不同茬次间，施磷量为 50 kg·hm⁻² 与 100 kg·hm⁻² 时苜蓿的磷素利用效率均为第 1 茬最大，随着茬次的递增呈现逐渐减小的趋势。施磷量为 150 kg·hm⁻² 时随着茬次的递增呈先增加后降低的趋势。总的磷素利用效率为施磷量 50 kg·hm⁻² 与 100 kg·hm⁻² 时显著大于 150 kg·hm⁻² 处理（$P<0.05$），且数值均小于第 1 茬。

表 4-4　苜蓿植株磷素利用效率　　　　　　　　　　　%

处理	第 1 茬	第 2 茬	第 3 茬	第 4 茬	总磷素利用效率
CK	—	—	—	—	—
P$_1$	28.37±5.13^{Aa}	28.2±2.15^{Aa}	24.17±1.36^{Ab}	22.65±0.04^{Ac}	25.85±2.87^{A}
P$_2$	27.92±3.79^{Aa}	27.07±0.73^{Aa}	22.21±0.45^{Ab}	16.05±0.35^{Bc}	23.37±1.33^{A}
P$_3$	11.58±0.06^{Ba}	11.96±0.51^{Ba}	8.16±2.00^{Bb}	4.43±0.52^{Cc}	9.04±0.78^{B}

注：同列不同大写字母表示在 0.05 水平差异显著，同行不同小写字母表示在 0.05 水平差异显著。

施磷对苜蓿植株的叶片和茎秆磷含量具有显著影响，随着施磷量的增加，苜蓿叶片和茎秆的磷含量呈先增加后降低的趋势，在施磷量为 100 kg·hm⁻² 处理下达到最大值，苜蓿植株含磷量受施入土壤中磷素含量多少的影响，土壤磷含量过高，反而不利于植物的生长。苜蓿植株叶片、茎秆中的磷含量随着刈割茬次的递进，呈现出先增加后降低的趋势，其中不施磷、50 kg·hm⁻² 与 100 kg·hm⁻² 施磷量条件下，苜蓿植株叶片、茎秆中的磷含量在第 2 茬或第 3 茬中达到最大值。可见，苜蓿植株在经过在多次刈割后，超补偿性生长现象更加明显，表现出随着刈割茬次的增加，地上部分的生物量逐渐积累。多次刈割能使苜蓿在生长发育过程中强化了从土壤中吸收磷的功能，进而导致苜蓿植株中叶、茎的磷含量上升，而最后 1 茬苜蓿植株磷含量下降，可能是因为多次刈割后导致根系活力下降，抑制根系生长，同时也抑制苜蓿根系对磷的吸收，使植株含磷量降低。

　　通过在新疆滴灌条件下对紫花苜蓿'巨能'品种进行施磷处理发现，施磷与未施磷处理苜蓿干草产量与苜蓿吸磷量差异显著，且随着施磷量的增加苜蓿干草产量与苜蓿吸磷量呈先增加后降低的趋势。苜蓿吸磷量是由干草产量和植株磷含量两部分因素构成，而施磷肥能够显著增加苜蓿叶片中的叶绿素含量，提高苜蓿光合作用速率，促进苜蓿植株生长，进而提高苜蓿干草产量，且在一定的施磷量范围内，施磷能够促进苜蓿吸磷量的累积并提高苜蓿产量。刘焕鲜等研究表明苜蓿干草含量随着施磷量的增加而增加，施磷量对苜蓿干物质的累积有一定的促进作用，但施磷量过多反而造成干物质含量的降低，是由于苜蓿植株吸收磷具有一定的阈值，当达到一定阈值前能够促进其生长发育，而当吸收过饱和超过了苜蓿吸收磷的最大值时，苜蓿植株磷含量反而降低。苜蓿生长初期，需要施较多的磷以满足苜蓿正常生长发育，而在生长后期，由于施入土壤中的磷被土壤中的金属离子所固定，导致土壤中的磷不断累积，进而抑制了苜蓿根系对磷的吸收，使苜蓿产量逐渐下降。苜蓿干草产量与吸磷量呈极显著正相关，两者随着刈割茬次的递进呈逐渐降低的趋势，可能是由于入秋后气温降低，苜蓿植株生命力及光合作用减弱，干物质产量减少，吸磷量也随之降低。

　　施磷对磷素利用效率具有重要影响，各施磷处理苜蓿的磷素利用效率均为第1茬最大，其中各施磷处理随着刈割茬次的递进，苜蓿磷素利用效率呈逐渐降低的趋势。在生长发育时期，植物生长需要大量的营养物质。随着茬次的递进促进土壤对磷的吸附作用使土壤中的磷被固定而不能被植物吸收利用，未被利用的部分留于土壤之中并不断累积，进而使磷素利用效率降低。国内外研究表明，磷肥具有后效作用，当年施入的磷肥未能被利用，会在以后的年份缓慢地释放出来，被植物吸收利用。植物对施入土壤中的磷肥利用率在5%～25%。孙艳梅等（2019）研究认为，滴灌苜蓿不同茬次间的磷素利用效率在4.43%～28.37%，总的磷素利用效率在9.60%～25.84%，表明滴灌条件下分次施磷肥能使苜蓿植株的磷素利用效率提高，当时提高的效率并不是很理想。因此，在苜蓿生产中利用滴灌技术改善磷素利用效率仍有很大的提升空间。

　　5. 磷肥施用对土壤全磷、速效磷含量的影响

　　与不施磷处理相比，同一深度土层下，随施磷量的增加，滴灌苜蓿田土壤全磷、速效磷含量均呈逐渐增加的趋势，在150 kg·hm^{-2}（P$_3$）施磷量下达到最大（表4-5）；0～60 cm土层土壤全磷含量均为100 kg·hm^{-2}、150 kg·hm^{-2}处理显著大于50 kg·hm^{-2}、不施磷处理（$P<0.05$）。相同土壤深度及施磷处理下，不同茬次间，0～20 cm土层土壤全磷含量为第1茬>第4茬>第3茬>第2茬；20～60 cm土层土壤全磷含量均随刈割茬次的增加呈逐渐增大的趋势，且第4茬显著大于第1茬（$P<0.05$）。

　　0～60 cm土层土壤速效磷含量为150 kg·hm^{-2}处理显著大于其他处理（$P<0.05$），相同土壤深度及施磷处理下，不同茬次间，0～20 cm土层土壤速效磷含量为第1茬>第3茬>第2茬>第4茬，且各茬次间均差异显著（$P<0.05$），20～60 cm土层土壤速效磷含量均随刈割茬次的增加呈逐渐降低的趋势，且各茬次间均差异显著（$P<0.05$）。

　　相同施磷处理及刈割茬次下，土壤全磷、速效磷含量均为0～20 cm土层含量最高，随土壤深度的增加，其含量逐渐降低，至地下60 cm深度时其含量降至最低，且0～20 cm土层土壤全磷、速效磷含量显著大于20～40 cm及40～60 cm土层（$P<0.05$）。

表 4-5　土壤全磷和速效磷的含量

深度/cm	处理	全磷/(g·kg⁻¹)				速效磷/(mg·kg⁻¹)			
		第1茬	第2茬	第3茬	第4茬	第1茬	第2茬	第3茬	第4茬
0~20	CK	0.170±0.001^{Ba}	0.100±0.011^{Cc}	0.110±0.001^{Dc}	0.121±0.001^{Cb}	15.87±0.48^{Ca}	10.08±0.32^{Dc}	12.16±0.20^{Cb}	6.25±0.9^{Dd}
	P₁	0.177±0.002^{Ca}	0.112±0.002^{Bd}	0.125±0.001^{Cc}	0.141±0.001^{Bb}	17.55±0.09^{Ca}	11.30±0.46^{Cc}	12.66±0.20^{Cb}	7.96±0.34^{Cd}
	P₂	0.232±0.002^{Aa}	0.116±0.001^{ABd}	0.131±0.001^{Bc}	0.151±0.003^{Ab}	31.18±1.32^{Ba}	14.05±1.21^{Bd}	24.02±0.30^{Bb}	17.94±0.22^{Bc}
	P₃	0.233±0.003^{Aa}	0.126±0.001^{Ad}	0.139±0.003^{Ac}	0.152±0.003^{Ab}	43.11±0.09^{Aa}	24.02±0.23^{Ac}	30.14±0.26^{Ab}	23.52±0.59^{Ac}
20~40	CK	0.045±0.001^{Cc}	0.102±0.001^{Ba}	0.103±0.00?^{Ba}	0.110±0.015^{Ba}	8.63±0.11^{Da}	7.30±0.33^{Db}	5.53±0.20^{Bc}	6.02±0.93^{Bb}
	P₁	0.043±0.002^{Cb}	0.107±0.001^{Ba}	0.113±0.00?^{Ba}	0.115±0.001^{Ba}	16.13±0.18^{Ca}	11.03±0.01^{Cb}	6.52±0.71^{Bc}	5.95±1.49^{Bc}
	P₂	0.056±0.001^{Bc}	0.121±0.002^{Ab}	0.119±0.001^{Ab}	0.145±0.003^{Aa}	19.18±0.46^{Ba}	15.71±0.73^{Bb}	13.92±0.12^{Ac}	7.74±2.00^{Bd}
	P₃	0.083±0.002^{Ac}	0.123±0.001^{Ab}	0.121±0.003^{Ab}	0.155±0.003^{Aa}	34.11±0.24^{Aa}	20.74±0.82^{Ab}	18.62±0.81^{Ac}	13.19±0.82^{Ad}
40~60	CK	0.036±0.001^{Bc}	0.095±0.001^{Ba}	0.080±0.001^{Db}	0.098±0.011^{Ca}	8.83±2.12^{Ca}	5.45±0.24^{Db}	4.93±0.20^{Cc}	4.46±0.46^{Cc}
	P₁	0.037±0.001^{Bb}	0.093±0.012^{Ba}	0.099±0.001^{Ca}	0.103±0.008^{Ca}	10.87±0.55^{Ba}	7.09±0.00^{Cb}	5.66±0.41^{Cc}	4.68±0.34^{Cd}
	P₂	0.049±0.000^{Ac}	0.104±0.002^{Bb}	0.107±0.001^{Bb}	0.131±0.02^{Ba}	11.98±0.16^{Ba}	11.03±0.69^{Bb}	7.97±0.30^{Bc}	4.76±0.22^{Bd}
	P₃	0.051±0.001^{Ac}	0.122±0.003^{Ab}	0.124±0.001^{Ab}	0.149±0.005^{Aa}	17.70±0.42^{Aa}	12.65±0.46^{Ab}	11.54±0.61^{Ac}	11.34±0.23^{Ac}

注：同列不同大写字母表示在 0.05 水平差异显著，同行不同小写字母表示在 0.05 水平差异显著。

施磷对不同土层深度土壤全磷和速效磷含量变化具有重要影响。滴灌苜蓿田土壤全磷、速效磷含量随着土层深度的增加而减小，0~20 cm 土层显著大于 20~60 cm。赵庆雷等（2014）研究表明，土壤当中的全磷和速效磷在 0~20 cm 为累积层，而 20~60 cm 土层为微增亏损层，将磷肥施入土壤中会加速土壤中有机物的循环使用，可以降低 0~20 cm 土层土壤对磷的吸附作用，促进土壤中磷的解离，进而改善土壤的磷素肥力，提高 0~20 cm 土壤全磷和速效磷的含量。磷肥随水进入土壤，易于在表面聚集；前茬作物腐化后将养分释放在表层，也是 0~20 cm 土壤全磷和速效磷的含量高的原因。

与不施磷处理相比，同一深度土层下，随施磷量的增加，滴灌苜蓿田土壤全磷、速效磷含量均呈逐渐增加的趋势，20~60 cm 土层土壤全磷含量均为随刈割茬次的增加呈逐渐增大的趋势，表层土壤磷含量越多，磷肥随着水施入土壤当中，由于养分具有迁移性，使磷素往下迁移，20~60 cm 土层土壤全磷含量和速效磷增加，这在一定程度上可以印证土壤全磷在土壤中是一个逐渐累积的过程。

通过相关性分析发现，土壤速效磷与全磷含量虽然存在正相关关系，但并不显著，0~20 cm 土层土壤速效磷含量随着茬次的递进呈先降后增的趋势，且各茬次施磷处理与未施磷处理间均差异显著，表明随着苜蓿植株的生长发育及刈割茬次的递进，苜蓿植株对速效磷的吸收在逐渐增加。当植物吸收的磷达到饱和状态时，施入的多出来可溶性磷肥易与土壤中某些离子结合，使速效磷的含量随着茬次的递进反而不断减小。

6. 苜蓿各指标相关性

通过皮尔逊相关性分析表明（表 4-6），不同施磷肥条件下，茎秆磷含量与叶片磷含量呈正相关（$P<0.05$），干草产量与茎秆磷含量呈显著正相关（$P<0.01$），苜蓿植株吸磷量与叶片磷含量呈显著正相关（$P<0.05$），与茎秆磷含量、干草产量呈极显著正相关（$P<0.01$）；速效磷与全磷呈极显著正相关（$P<0.01$）；全磷、速效磷与叶片磷含量呈负相关。全磷和磷

表 4-6　不同施磷处理下各指标相关性分析

指标	叶片磷含量	茎秆磷含量	干草产量	吸磷量	磷素利用效率	全磷
茎秆磷含量	0.636*					
干草产量	0.274	0.722**				
吸磷量	0.641*	0.910**	0.898**			
磷素利用效率	0.126	0.531	0.446	0.461		
全磷	−0.555	−0.072	0.404	0.073	−0.061	
速效磷	−0.092	0.082	0.428	0.259	−0.511	0.721**

注：* 表示在 0.05 水平(双侧)显著相关，** 表示在 0.01 水平(双侧)显著相关。

素利用效率呈负相关，其他各指标之间均为正相关。

7. 最优施磷模式评价

模糊相似优先比法是以众多样品与一个固定最优样品做比较，筛选出目标样本与固定样本最相似的一个或几个样品，其结果为相似度越低评价效果越好。通过模糊相似优先比评价结果表明：综合滴灌苜蓿干草产量、磷素利用效率、土壤全磷及速效磷含量指标，按照不同茬次间的施磷量进行最优组合相似度排序，各茬次中施磷最优排序均为 100 kg·hm⁻² > 50 kg·hm⁻² > 150 kg·hm⁻²，且各茬次最优组合相似度最小值均为 100 kg·hm⁻² 处理(表 4-7)。这表明不同茬次间施磷模式为：施 P_2O_5 为 100 kg·hm⁻² 时，有利于促进滴灌苜蓿对土壤速效磷的吸收，提高磷素利用效率，进而提高滴灌苜蓿干草产量。

表 4-7　最佳施磷模式的模糊相似优先比法评价

处理		干草产量/ (t·hm⁻²)	磷素利用效率/ %	全磷/ (g·kg⁻¹)	速效磷/ (mg·kg⁻¹)	最优组合相似度		排序
第1茬	P₁	5.84	28.37	0.177	17.55	第1茬P₂	4.25	1
	P₂	6.54	27.92	0.232	31.18	第2茬P₂	4.50	2
	P₃	6.47	11.58	0.233	43.11	第2茬P₁	5.00	3
第2茬	P₁	5.32	28.2	0.112	11.3	第1茬P₁	5.25	4
	P₂	5.81	27.07	0.116	14.05	第2茬P₃	5.50	5
	P₃	5.57	11.96	0.126	24.02	第3茬P₂	5.50	6
第3茬	P₁	4.95	24.17	0.125	12.66	第1茬P₃	6.25	7
	P₂	5.45	22.21	0.131	24.02	第3茬P₁	6.25	8
	P₃	4.75	8.16	0.139	30.14	第3茬P₃	7.25	9
第4茬	P₁	3.43	22.65	0.141	7.96	第4茬P₂	8.00	10
	P₂	3.59	16.05	0.151	17.94	第4茬P₁	8.75	11
	P₃	2.78	4.43	0.152	23.52	第4茬P₃	9.50	12
—	固定最 优样品	7.00	29.00	0.120	44.00	—		—

通过一个指标来评价最优施磷模式并不能全面说明施磷在各茬次的优劣，而采用模糊相似优先比法能够综合多项指标来进行最优施磷模式的评价。按照不同茬次间的施磷量进行最优组合相似度排序，滴灌苜蓿各茬次最优组合相似度的最小值均为 100 kg·hm⁻² 处

理，表明当施 P_2O_5 为 100 kg·hm^{-2} 时，能够有效提高滴灌苜蓿干草产量，促进苜蓿植株对速效磷的吸收，并提高磷素利用效率。第 1 茬施磷量为 150 kg·hm^{-2} 条件下，苜蓿干草产量（6.47 t·hm^{-2}）与 100 kg·hm^{-2} 处理的干草产量（6.54 t·hm^{-2}）差异不显著，表明施磷只能在一定范围内影响苜蓿干草产量。从总体经济效益来看，过多的施磷在增加种植成本的同时，会造成土壤环境污染及肥料资源的极大浪费。

二、氮、磷配施技术

1. 氮、磷配施对苜蓿生长特性的影响

氮磷配施对苜蓿生长特性具有显著的影响。氮磷配施试验设置了 N_1（105 kg·hm^{-2}）、N_2（210 kg·hm^{-2}）、P_0（0 kg·hm^{-2}）、P_1（50 kg·hm^{-2}）、P_2（100 kg·hm^{-2}）和 P_3（150 kg·hm^{-2}）。不同处理下苜蓿株高、茎粗、茎叶比、生长速率在各茬次的变化为（表4-8）：在施氮量为 105 kg·hm^{-2} 条件下，前三茬中，随着施磷量的增加，苜蓿的株高、茎粗、生长速率呈先增加后降低的趋势，在施磷量为 100 kg·hm^{-2} 处理下达到最高值；在施氮量为 210 kg·hm^{-2} 条件下，在施磷量为 50 kg·hm^{-2} 处理下达到最高值。不同处理下苜蓿的茎叶比在各茬次的变化为：在施氮量为 105 kg·hm^{-2} 条件下，前三茬中，随着施磷量的增加，茎叶比呈先降低后增加的趋势，在施磷量为 100 kg·hm^{-2} 处理下达到最小值。第 1 茬和第 4 茬中，各处理之间的株高均无显著差异（$P>0.05$）。

各茬次中，施氮、氮磷互作处理对苜蓿的株高均无显著影响；不同施磷处理对苜蓿的茎粗均有显著影响；氮磷互作处理对第 1 茬、第 3 茬和第 4 茬苜蓿的茎粗有显著影响；施氮处理对第 2 茬和第 3 茬苜蓿的茎叶比有显著影响；施磷、氮磷互作处理对第 3 茬和第 4 茬苜蓿的茎叶比有显著影响。

2. 氮、磷配施对苜蓿干草产量的影响

不同氮磷处理条件下滴灌苜蓿的总干草产量在 22416.72~25103.19 kg·hm^{-2}（表4-9）。在施氮量为 105 kg·hm^{-2} 条件下，前三茬中，随着施磷量的增加，苜蓿的干草产量呈先增加后降低的趋势，在施磷量为 100 kg·hm^{-2} 时达到最高值；在施氮量为 210 kg·hm^{-2} 条件下，前三茬中，均为施磷量为 50 kg·hm^{-2} 时苜蓿的干草产量最高，第 4 茬中，当施磷量为 100 kg·hm^{-2} 时达到最高值。施氮条件下，除第 3 茬以外，在施磷量为 100 kg·hm^{-2} 时苜蓿的干草产量与不施磷处理之间存在显著差异（$P<0.05$）。

不同氮磷耦合处理滴灌苜蓿干草产量的大小顺序为 $N_1P_2>N_1P_3>N_2P_1>N_2P_2>N_1P_1>N_2P_3>N_1P_0>N_2P_0$ 处理。施氮处理除第 2 茬外均对苜蓿的干草产量存在显著影响；在各茬次中，施磷处理对苜蓿的干草产量均有显著影响（$P<0.05$）；在各茬次中，氮磷互作处理仅对第 1 茬和第 2 茬苜蓿的干草产量有显著影响（$P<0.05$）。

氮肥和磷肥在苜蓿生长发育过程中起着至关重要的作用，在滴灌条件下苜蓿的生产性能受到不同施肥量和施肥方式的影响，而苜蓿的生产性能主要表现在干草产量上，株高、茎粗和生长速率与干草产量呈正相关。施磷处理和氮磷互作处理对苜蓿的茎粗影响较大，而且根据灰色关联度分析，对苜蓿干草产量的提高贡献率较大的是生长速率与茎粗，因此在苜蓿的生长期，施适量的氮磷肥，更有助于提高产量；茎叶比是衡量苜蓿营养品质的重要指标，茎叶比越大，苜蓿的纤维素和木质素含量越高，粗蛋白质含量越低；反之，茎叶比越小，粗蛋白质含量越高。

表 4-8　不同处理下滴灌苜蓿生长性状指标

处理	株高/cm				茎粗/cm				茎叶比/%				生长速率/(kg·hm⁻²·d⁻¹)			
	第1茬	第2茬	第3茬	第4茬	第1茬	第2茬	第3茬	第4茬	第1茬	第2茬	第3茬	第4茬	第1茬	第2茬	第3茬	第4茬
N_1P_0	82.38±6.63^{Aa}	82.25±4.92^{Ab}	87.45±3.57^{Ab}	81.05±3.09^{Aa}	3.17±0.06^{Ac}	3.18±0.03^{Aa}	2.99±0.02^{Ab}	2.20±0.06^{Ac}	1.16±0.04^{Aa}	1.08±0.09^{Aa}	1.23±0.03^{Ba}	0.85±0.01^{Aa}	128.53±8.48^{Ab}	178.18±7.24^{Aa}	155.02±10.20^{Aa}	75.35±4.76^{Aa}
N_1P_1	83.25±5.44^{Aa}	84.28±1.69^{Bb}	89.00±2.62^{Aab}	81.42±3.87^{Aa}	3.24±0.05^{Bbc}	3.24±0.04^{Aa}	3.23±0.09^{Aa}	2.36±0.06^{Bab}	1.14±0.07^{Aa}	1.04±0.08^{Aa}	1.18±0.03^{Bab}	0.82±0.02^{Aa}	134.59±11.29^{Ab}	180.49±8.87^{Aa}	156.65±10.50^{Aa}	80.23±6.20^{Aa}
N_1P_2	83.46±4.38^{Aa}	90.25±2.25^{Aa}	91.48±2.80^{Aa}	84.33±3.40^{Aa}	3.43±0.04^{Aa}	3.25±0.04^{Aa}	3.28±0.06^{Aa}	2.43±0.02^{Aa}	1.10±0.03^{Aa}	0.96±0.02^{Ba}	1.11±0.04^{Bb}	0.81±0.04^{Aa}	146.69±5.93^{Aa}	188.75±9.28^{Aa}	164.41±8.37^{Aa}	82.60±6.11^{Aa}
N_1P_3	82.88±2.96^{Aa}	86.00±2.66^{Ab}	91.38±3.97^{Aa}	81.83±3.68^{Aa}	3.33±0.06^{Aab}	3.21±0.02^{Aa}	3.26±0.03^{Aa}	2.34±0.08^{Ab}	1.13±0.08^{Aa}	1.00±0.05^{Ba}	1.17±0.02^{Bab}	0.67±0.04^{Bb}	138.60±7.62^{Aab}	188.34±9.07^{Aa}	158.61±12.79^{Aa}	83.87±5.83^{Aa}
N_2P_0	81.63±3.73^{Aa}	81.38±3.88^{Ab}	85.88±2.90^{Ab}	79.90±3.03^{Aa}	3.09±0.05^{Ac}	3.16±0.02^{Aa}	2.87±0.06^{Bc}	2.18±0.07^{Ac}	1.24±0.08^{Aa}	1.17±0.03^{Aa}	1.58±0.05^{Aa}	0.86±0.03^{Aa}	125.74±8.32^{Ac}	174.25±11.44^{Aa}	149.59±8.60^{Aa}	73.40±5.07^{Aa}
N_2P_1	82.73±3.31^{Aa}	88.75±3.25^{Aa}	90.40±2.50^{Aa}	80.70±3.32^{Aa}	3.40±0.12^{Aa}	3.29±0.06^{Aa}	3.17±0.01^{Ba}	2.46±0.03^{Aa}	1.14±0.16^{Aa}	1.03±0.11^{Ab}	1.26±0.03^{Ab}	0.75±0.04^{Ab}	144.97±8.03^{Aa}	186.92±12.60^{Aa}	156.64±9.14^{Aa}	79.15±6.56^{Aa}
N_2P_2	82.3±3.14^{Aa}	88.63±3.25^{Aa}	90.33±2.95^{Aa}	82.63±2.23^{Aa}	3.26±0.03^{Bb}	3.21±0.05^{Ab}	3.05±0.06^{Bb}	2.34±0.02^{Bb}	1.16±0.13^{Aa}	1.08±0.08^{Aab}	1.28±0.02^{Ab}	0.66±0.04^{Bc}	139.25±7.58^{Aab}	183.94±8.15^{Aa}	154.75±8.24^{Aa}	81.82±3.48^{Aa}
N_2P_3	82.05±3.04^{Aa}	85.38±2.56^{Ab}	88.88±2.93^{Aa}	81.77±3.28^{Aa}	3.10±0.08^{Bc}	3.22±0.05^{Ab}	2.98±0.06^{Bb}	2.41±0.03^{Aab}	1.21±0.13^{Aa}	1.13±0.03^{Aab}	1.30±0.07^{Ab}	0.79±0.10^{Abc}	130.97±4.54^{Abc}	179.77±8.16^{Aa}	156.09±8.65^{Aa}	77.06±3.17^{Aa}
N	ns	ns	ns	ns	*	*	*	ns	ns	*	*	*	ns	ns	ns	ns
P	ns	*	*	ns	*	*	*	*	ns	ns	*	*	*	ns	ns	*
N×P	ns	*	*	ns	*	ns	*	*	ns	ns	*	*	*	ns	ns	*

注：表内 N、P 为数据处理系统中自动导出的。ns 表示差异不显著（$P>0.05$），* 表示差异显著（$P<0.05$）。同列不同大写字母表示在相同施磷条件下，不同氮肥水平之间的差异显著（$P<0.05$）；同列不同小写字母表示相同施氮条件下，不同磷肥水平之间差异显著（$P<0.05$）。

表4-9 不同处理下苜蓿干草产量 kg·hm^{-2}

处理	第1茬	第2茬	第3茬	第4茬	总干草产量
N_1P_0	6940.35±80.12^{Ad}	5879.78±143.59^{Ab}	6355.89±131.32^{Ab}	3842.88±104.80^{Ab}	23018.90
N_1P_1	7267.81±129.62^{Bc}	5956.04±139.19^{Bb}	6422.72±91.02^{Ab}	4091.91±112.27^{Aa}	23738.48
N_1P_2	7921.39±144.44^{Aa}	6228.66±110.77^{Aa}	6740.65±115.66^{Aa}	4212.49±107.70^{Aa}	25103.19
N_1P_3	7484.45±132.24^{Ab}	6215.07±102.33^{Aa}	6503.19±135.07^{Ab}	4277.13±99.62^{Aa}	24479.84
N_2P_0	6789.96±118.90^{Ad}	5750.41±89.26^{Ac}	6133.14±107.09^{Ab}	3743.21±106.31^{Ac}	22416.72
N_2P_1	7828.19±141.78^{Aa}	6168.29±96.38^{Aa}	6422.27±179.71^{Aa}	4036.49±130.62^{Aab}	24455.24
N_2P_2	7519.27±173.95^{Bb}	6070.04±115.98^{Aab}	6344.77±94.72^{Bab}	4172.79±177.72^{Aa}	24106.87
N_2P_3	7072.27±106.42^{Bc}	5932.4±106.24^{Bbc}	6399.68±151.01^{Aa}	3929.82±161.45^{Bbc}	23334.17
N	*	ns	*	*	—
P	*	*	*	*	—
N×P	*	*	ns	ns	—

注：ns表示差异不显著（$P>0.05$），＊表示差异显著（$P<0.05$）。同列不同大写字母表示在相同施磷条件下，不同氮肥水平之间的差异显著（$P<0.05$）；同列不同小写字母表示相同施氮条件下，不同磷肥水平之间差异显著（$P<0.05$）。

普遍认为，苜蓿在一般情况下不需要施氮肥，除非是针对含氮量低的土壤，在播种前作为基肥或者刈割之后施用少量氮肥以保证苜蓿的幼苗可以正常生长。但是，相对于高氮（N_2）处理，低氮（N_1）处理有利于滴灌苜蓿干草产量的提高，且除第3茬以外，P_0、P_2、P_3条件下，N_1处理苜蓿的干草产量均显著大于N_2处理，这可能是因为施低含量的氮促进了根瘤的形成并增加了其固氮能力，从而促进苜蓿的生长发育。同时，在一定施氮基础上，适量施磷不仅可以提高苜蓿的干草产量，而且有利于增强植物的抗旱性；而过量施磷则对植物生长发育产生抑制作用，引起生育期提前或早衰，从而降低牧草产量。在苜蓿生长过程中，根据各茬次的需肥规律，施适量的氮磷肥，有利于保持较高的苜蓿干草产量。

作为多年生豆科牧草，苜蓿以其高品质和高产量而闻名，其干草产量是生产性能的一个代表性指标。关于施肥对豆科牧草产量的影响，现有文献并不一致，尤其是苜蓿。一些研究发现豆科作物施氮肥没有好处，因为生物量产量或质量没有明显增加。但也有报道指出，适当的施氮可以调节植物地上部分的光同化物分布，从而提高苜蓿的产量和资源利用效率。因此，施氮、资源利用效率和生物量之间的关系在固氮植物和只依赖矿物氮的植物之间有所不同。氮肥和磷肥之间存在着一定的相互作用。当达到氮的阈值时，施用一定量的磷肥可以再次提高牧草的产量和质量。

3. 氮、磷配施对苜蓿粗蛋白质含量的影响

相同处理条件下滴灌苜蓿叶片的粗蛋白质含量比茎秆高将近2倍（表4-10）。N_1条件下，各茬次中，随着施磷量的增加，苜蓿叶片、茎秆的粗蛋白质含量均呈先增加后降低的趋势，在P_2处理下达到最高值，且P_2处理苜蓿叶片的粗蛋白质含量显著大于P_0处理（$P<0.05$）；N_2条件下，前三茬中，苜蓿叶片、茎秆的粗蛋白质含量P_1处理下最高，且P_1处理苜蓿叶片的粗蛋白质含量显著大于P_0处理，第4茬中，P_2处理最高。在各茬次中，苜蓿茎秆的粗蛋白质含量差异均不显著（$P>0.05$）。

各茬次中，施氮处理仅对第 4 茬苜蓿叶片的粗蛋白质含量有显著影响；施磷处理对苜蓿叶片的粗蛋白质含量均有显著影响；氮磷互作处理仅对第 3 茬苜蓿叶片的粗蛋白质含量有显著影响；施氮、施磷处理和氮磷互作处理对苜蓿茎秆的粗蛋白质含量均无显著影响。

表 4-10　不同处理下苜蓿粗蛋白质含量　　　　　　　　　　　　%

器官	处理	第 1 茬	第 2 茬	第 3 茬	第 4 茬
叶	N_1P_0	21.94±1.30^{Ab}	22.41±0.98^{Ac}	23.65±0.88^{Ab}	22.01±0.85^{Ab}
	N_1P_1	22.30±0.19^{Aab}	23.91±1.14^{Abc}	24.62±0.51^{Bb}	23.72±1.59^{Aab}
	N_1P_2	23.60±1.07^{Aa}	25.98±1.76^{Aa}	27.52±1.05^{Aa}	24.59±1.00^{Aa}
	N_1P_3	22.44±0.69^{Aab}	24.72±0.18^{Aab}	26.47±0.11^{Aa}	24.01±0.59^{Aa}
	N_2P_0	21.17±1.06^{Ab}	22.15±0.48^{Ab}	23.11±0.96^{Ab}	21.70±0.39^{Ab}
	N_2P_1	23.34±0.40^{Aa}	24.66±1.05^{Aa}	27.10±1.16^{Aa}	23.24±1.00^{Aab}
	N_2P_2	22.48±0.37^{Aab}	23.58±1.19^{Bab}	26.27±1.00^{Aa}	23.67±0.76^{Aa}
	N_2P_3	21.61±0.73^{Ab}	23.25±0.51^{Aab}	24.53±0.93^{Bb}	21.41±0.80^{Bb}
	N	ns	ns	ns	*
	P	*	*	*	*
	N×P	ns	ns	*	ns
茎	N_1P_0	10.57±0.18^{Aa}	9.94±0.35^{Aa}	10.14±1.07^{Aa}	10.13±0.19^{Aa}
	N_1P_1	11.27±1.01^{Aa}	10.49±0.28^{Aa}	10.33±0.04^{Aa}	10.50±1.33^{Aa}
	N_1P_2	11.76±0.50^{Aa}	10.80±0.92^{Aa}	11.14±1.32^{Aa}	11.07±1.08^{Aa}
	N_1P_3	11.01±1.50^{Aa}	10.57±0.17^{Aa}	10.80±0.77^{Aa}	10.57±1.63^{Aa}
	N_2P_0	10.33±0.51^{Aa}	9.80±0.54^{Aa}	10.09±0.36^{Aa}	10.01±0.19^{Aa}
	N_2P_1	11.40±0.68^{Aa}	10.70±0.73^{Aa}	11.07±1.25^{Aa}	10.45±1.06^{Aa}
	N_2P_2	10.85±1.10^{Aa}	10.63±0.35^{Aa}	10.84±0.64^{Aa}	10.87±0.53^{Aa}
	N_2P_3	10.62±0.44^{Aa}	10.53±0.78^{Aa}	10.72±1.26^{Aa}	10.49±0.81^{Aa}
	N	ns	ns	ns	ns
	P	ns	ns	ns	ns
	N×P	ns	ns	ns	ns

注：ns 表示差异不显著（$P>0.05$），＊表示差异显著（$P<0.05$）。同列不同大写字母表示在相同施磷条件下，不同氮肥水平之间的差异显著（$P<0.05$）；同列不同小写字母表示相同施氮条件下，不同磷肥水平之间差异显著（$P<0.05$）。

4. 氮、磷配施对苜蓿粗蛋白质产量的影响

在相同施氮条件下，滴灌苜蓿的粗蛋白质产量随着施磷量的增加呈先增加后降低的趋势（表 4-11）。N_1 条件下，前三茬中，P_2 处理苜蓿的粗蛋白质产量显著大于 P_0、P_1 与 P_3 处理（$P<0.05$）。N_2 条件下，前三茬中，P_1 处理显著大于 P_2 处理（$P<0.05$），施磷处理苜蓿的粗蛋白质产量显著大于未施磷处理（$P<0.05$）。P_2、P_3 条件下，前三茬中，N_1 处理显著大于 N_2 处理。在各茬次中，N、P 处理间苜蓿的粗蛋白质产量均差异显著（$P<0.05$），N×P 交互作用中，各茬次苜蓿的粗蛋白质产量均差异显著（$P<0.05$）。

表 4-11 不同处理下苜蓿粗蛋白质产量 kg·hm^{-2}

处理	第 1 茬	第 2 茬	第 3 茬	第 4 茬
N_1P_0	1098.45±17.16^{Ac}	936.99±15.64^{Ad}	1029.65±12.13^{Ad}	636.37±27.34^{Ac}
N_1P_1	1193.39±24.04^{Bb}	1017.00±21.24^{Bc}	1084.37±17.53^{Bc}	726.08±18.83^{Ab}
N_1P_2	1377.84±34.59^{Aa}	1154.47±16.94^{Aa}	1274.26±27.61^{Aa}	781.36±29.38^{Aa}
N_1P_3	1225.36±21.33^{Ab}	1095.74±15.50^{Ab}	1171.98±20.02^{Ab}	795.80±26.80^{Aa}
N_2P_0	1030.04±34.79^{Bd}	891.42±17.44^{Bd}	928.11±17.03^{Bd}	609.64±17.40^{Ad}
N_2P_1	1329.87±31.17^{Aa}	1084.44±14.32^{Aa}	1166.38±31.64^{Aa}	717.28±11.53^{Ab}
N_2P_2	1219.38±13.05^{Bb}	1022.72±16.94^{Bb}	1117.50±12.54^{Bb}	775.83±23.97^{Aa}
N_2P_3	1103.11±36.97^{Bc}	978.39±19.94^{Bc}	1070.99±13.26^{Bc}	652.00±10.74^{Bc}
N	*	*	*	*
P	*	*	*	*
N×P	*	*	*	*

注：ns 表示差异不显著（$P>0.05$），*表示差异显著（$P<0.05$）。同列不同大写字母表示在相同施磷条件下，不同氮肥水平之间的差异显著（$P<0.05$）；同列不同小写字母表示相同施氮条件下，不同磷肥水平之间差异显著（$P<0.05$）。

5. 氮、磷配施对苜蓿磷素利用效率的影响

磷素利用效率指苜蓿所能吸收磷素养分的比例，可以用来反映磷素的利用程度。N_1 条件下，苜蓿的磷素利用效率为 P_2 处理显著大于 P_1、P_3 处理（$P<0.05$）。N_2 条件下，除第 4 茬外，其他各茬次均为 P_1 处理最高，且 P_1、P_2 处理显著大于 P_3 处理（$P<0.05$）（表 4-12）。P_2、P_3 条件下，除第 4 茬外，N_1 处理显著大于 N_2 处理（$P<0.05$）。各茬次中，N、P 处理间、N×P 交互作用下苜蓿的磷素利用效率均差异显著（$P<0.05$）。

表 4-12 不同处理下苜蓿的磷素利用效率 %

处理	第 1 茬	第 2 茬	第 3 茬	第 4 茬
N_1P_0	—	—	—	—
N_1P_1	23.47±2.10^{Ab}	17.92±0.55^{Bb}	18.96±0.31^{Ab}	14.66±0.34^{Ab}
N_1P_2	25.62±1.48^{Aa}	20.01±0.79^{Aa}	20.93±0.48^{Aa}	16.19±0.57^{Aa}
N_1P_3	13.57±0.67^{Ac}	10.94±0.26^{Ac}	11.32±0.66^{Ac}	11.02±0.20^{Ac}
N_2P_0	—	—	—	—
N_2P_1	24.53±1.10^{Aa}	19.83±0.71^{Aa}	19.69±0.42^{Aa}	14.50±0.41^{Ab}
N_2P_2	23.68±0.94^{Ba}	17.22±0.68^{Bb}	18.3±1.07^{Bb}	15.68±0.55^{Aa}
N_2P_3	10.47±0.42^{Bb}	8.34±0.39^{Bc}	9.85±0.50^{Bc}	9.60±0.38^{Bc}
N	*	*	*	*
P	*	*	*	*
N×P	*	*	*	*

注：ns 表示差异不显著（$P>0.05$），*表示差异显著（$P<0.05$）。同列不同大写字母表示在相同施磷条件下，不同氮肥水平之间的差异显著（$P<0.05$）；同列不同小写字母表示相同施氮条件下，不同磷肥水平之间差异显著（$P<0.05$）。

6. 氮、磷配施条件下苜蓿磷素利用效率与粗蛋白质产量的关系

结合磷肥利用效率与苜蓿粗蛋白质产量的数据，分析不同施磷处理下的磷素利用效率(x)与粗蛋白质产量(y)的关系，根据决定系数(R^2)可以看出，磷素利用效率与苜蓿粗蛋白质产量的二次方程拟合度比一次方程拟合度更好。将 3 个施磷梯度条件下的数据整体进行拟合，磷素利用效率与粗蛋白质产量拟合的 R^2 较低（图 4-1A），为了进一步阐明磷素利用效率与粗蛋白质产量之间的关系，分别对不同施磷量下的磷肥利用效率与粗蛋白质产量进行单独拟合分析，结果表明，在 P_1、P_2 处理下，磷素利用效率与粗蛋白质产量的 R^2 较高，均在 0.8 以上（P_1 条件下 $R^2 = 0.9294$，P_2 条件下 $R^2 = 0.8388$）（图 4-1B、C），而在 P_3 处理下，磷素利用效率与粗蛋白质产量的决定系数比较低，仅为 0.5389（图 4-1D）。可见，相对于高施磷量（P_3），低施磷量（P_1、P_2）处理下苜蓿的磷素利用效率与粗蛋白质产量的关系更为密切，更有利于苜蓿粗蛋白质产量的形成。

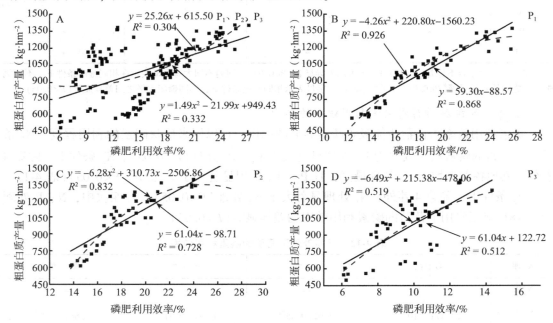

图 4-1　不同处理下苜蓿的磷素利用效率与粗蛋白质产量的关系

磷素利用效率是衡量施入磷肥对作物生长的一个指标，提高磷素利用效率可以显著增加作物的经济效益，但当施肥量达到一定水平的时候，磷素利用效率会随着施肥量的增加而降低。因此，只有合理施磷肥才能得到一个较高的磷素利用效率。随施磷量的增加，苜蓿磷素利用效率呈逐渐降低或先增加后降低的趋势，在低施磷条件下，根系分泌的糖类、有机酸和氨基酸数量增加，通过各种化学反应，溶解土壤中的难溶性的磷酸盐，从而增加了土壤磷的有效性，提高了植物对磷的吸收，而且当施磷量较低的条件下，土壤磷浓度偏低，可以减少磷与钙之间的化学反应，从而保持较高的磷素利用效率。同时，根系的分泌物会降低土壤 pH 值，会促进部分难溶态磷转化为可溶态磷，从而促进植物对磷的吸收。在施磷量 100 kg·hm^{-2} 时，苜蓿根系的长度、体积、表面积和有效吸收面积增大，从而增加了根系与土壤的接触面积，酸性磷酸酶也在不断增多，促进有机磷的转化与利用，提高磷素利用效率。

适宜磷浓度也能够促进根瘤形成和生长，并且可以使苜蓿长时间保持较强的根系活力，根系活力的增强可以促使磷在苜蓿体内向上运移加快，从而提高磷素利用效率。而当施磷量增加至 150 kg·hm^{-2} 时，其利用率反而降低，主要是由于大量磷肥施入土壤中迅速被土壤中的金属离子固定，土壤中磷素的积累过多，积累的磷素贮存土壤中，其肥效在当季利用不明显，进而导致各处理没有表现出明显的增产效果，这也表明在苜蓿生产过程中磷肥的施用量对苜蓿的磷素利用效率存在一定的阈值，并不是越多越好。而且过量施磷肥，会使有机酸代谢中酶的活性降低，有机酸的分泌量减少，从而降低磷的活化和扩散。

在一定范围内，磷肥利用率与氮肥施用量呈正相关关系。因此，氮肥能够促进苜蓿对磷素的吸收。而高氮条件下苜蓿的磷肥利用率显著低于低氮处理，这表明适宜的氮肥施用量能够提高苜蓿的磷素利用效率，而过量使用氮肥不利于苜蓿磷素利用效率的提高，这主要是由于高氮抑制蔗糖、葡萄糖、果糖的形成，从而导致碳水化合物供应不足，进而导致磷素利用效率降低，同时，苜蓿本身为豆科作物，自身有结瘤固氮功能，因此更容易受到磷的限制。

低施磷量(P_1、P_2)相对于高施磷量(P_3)处理，苜蓿的磷素利用效率与粗蛋白质产量的拟合度更高，因为在一定范围内，随着施磷量的增加，磷肥利用率与粗蛋白质产量都呈现增加的趋势，但当施磷量越高的情况下，磷素利用效率呈现显著的降低趋势，但是粗蛋白质产量并不是呈现显著的降低的趋势，所以它们之间的关系达不到较高的决定系数。因此，在滴灌条件下通过对施磷量、施肥时间以及调整氮磷比例进行合理安排，可作为今后提高磷肥利用率的优化施磷策略。

7. 氮、磷配施对苜蓿酸性洗涤纤维含量的影响

滴灌苜蓿茎秆的酸性洗涤纤维(ADF)含量比叶片高出 2~3 倍(表 4-13)。N_1、N_2 条件下，随着施磷量的增加，各茬次中苜蓿叶片、茎秆 ADF 含量均呈现先增加后降低的趋势，在 P_2 处理下达到最小值。各茬次中，相同施磷条件下，N_1 处理的苜蓿叶片、茎秆 ADF 含量小于 N_2 处理。N_1 条件下，除第 2 茬外，P_2 处理的苜蓿叶片的 ADF 含量与 P_1、P_3 处理之间无显著差异($P>0.05$)；N_2 条件下，第 1 茬、第 2 茬中，P_2 处理苜蓿叶片的 ADF 含量与 P_0 处理之间存在显著差异($P<0.05$)。各处理间茎秆的 ADF 含量第 1 茬、第 2 茬、第 4 茬均差异不显著($P>0.05$)。

各茬次中，施氮处理仅对第 3 茬苜蓿叶片的 ADF 含量有显著影响；施磷处理仅对第 2 茬苜蓿叶片 ADF 含量有显著影响；氮磷互作处理对苜蓿叶片的 ADF 含量均无显著影响；施氮、施磷处理仅对第 3 茬苜蓿茎秆的 ADF 含量有显著影响；氮磷互作处理对苜蓿茎秆的 ADF 含量均无显著影响。

8. 氮、磷配施对苜蓿中性洗涤纤维含量的影响

滴灌苜蓿茎秆的中性洗涤纤维(NDF)含量比叶片高出 2~3 倍(表 4-14)。N_1、N_2 条件下，各茬次中苜蓿叶片、茎秆的 NDF 含量的变化规律与 ADF 相同，即随着施磷量的增加呈先增加后降低的趋势，在 P_2 处理下达到最小值。各茬次中，相同施磷条件下，N_1 处理的苜蓿叶片、茎秆的 NDF 含量小于 N_2 处理。相同施磷条件下，除第 3 茬外，N_1 处理苜蓿叶片的 NDF 含量与 N_2 处理间无显著差异($P>0.05$)。施氮条件下，P_2 处理苜蓿茎秆的 NDF 含量与 P_0 处理之间存在显著差异($P<0.05$)。前三茬中，相同施磷条件下，N_1 处理苜蓿茎秆的 NDF 含量与 N_2 处理无显著差异($P>0.05$)。

表 4-13　不同处理下滴灌苜蓿酸性洗涤纤维含量　　　　　　　　%

器官	处理	第1茬	第2茬	第3茬	第4茬
叶	N_1P_0	19.94 ± 1.12^{Aa}	20.55 ± 0.56^{Aa}	16.03 ± 1.28^{Aa}	15.85 ± 0.58^{Aa}
	N_1P_1	18.81 ± 1.49^{Aa}	18.79 ± 0.65^{Ab}	14.53 ± 0.81^{Ba}	14.74 ± 0.98^{Aab}
	N_1P_2	17.41 ± 0.93^{Aa}	16.34 ± 1.17^{Ac}	14.15 ± 0.81^{Aa}	13.28 ± 1.02^{Ab}
	N_1P_3	18.53 ± 2.80^{Aa}	16.77 ± 0.99^{Bc}	15.21 ± 0.63^{Aa}	14.09 ± 1.63^{Aab}
	N_2P_0	20.84 ± 2.29^{Aa}	20.94 ± 0.38^{Aa}	16.82 ± 1.21^{Aa}	15.37 ± 1.20^{Aa}
	N_2P_1	18.09 ± 1.77^{Aab}	19.07 ± 0.97^{Ab}	16.62 ± 0.87^{Aa}	14.89 ± 1.48^{Aa}
	N_2P_2	17.40 ± 1.21^{Ab}	16.55 ± 1.11^{Ac}	15.35 ± 1.24^{Aa}	14.67 ± 0.26^{Aa}
	N_2P_3	19.83 ± 1.29^{Aab}	18.72 ± 1.49^{Ab}	16.44 ± 1.97^{Aa}	15.13 ± 1.96^{Aa}
	N	ns	ns	*	ns
	P	ns	*	ns	ns
	N×P	ns	ns	ns	ns
茎	N_1P_0	48.88 ± 1.14^{Aa}	52.01 ± 1.55^{Aa}	46.57 ± 1.49^{Aa}	40.91 ± 0.86^{Aa}
	N_1P_1	47.20 ± 1.89^{Aa}	51.95 ± 1.81^{Aa}	44.09 ± 1.31^{Aab}	40.04 ± 1.48^{Aa}
	N_1P_2	47.16 ± 0.80^{Aa}	47.21 ± 2.38^{Ab}	42.10 ± 0.86^{Bb}	38.63 ± 8.11^{Aa}
	N_1P_3	48.44 ± 1.12^{Aa}	50.40 ± 3.74^{Aa}	45.81 ± 2.01^{Aa}	39.49 ± 0.80^{Aa}
	N_2P_0	48.24 ± 1.90^{Aa}	52.73 ± 4.01^{Aa}	47.25 ± 1.44^{Aa}	44.26 ± 1.44^{Aa}
	N_2P_1	47.59 ± 1.40^{Aa}	50.29 ± 4.04^{Aa}	46.71 ± 1.61^{Aa}	42.88 ± 1.13^{Aa}
	N_2P_2	46.64 ± 1.25^{Aa}	49.31 ± 1.83^{Ab}	45.83 ± 0.55^{Aa}	40.47 ± 0.71^{Aa}
	N_2P_3	47.03 ± 0.31^{Aa}	51.63 ± 2.97^{Aa}	46.29 ± 2.14^{Aa}	41.81 ± 1.34^{Aa}
	N	ns	ns	*	ns
	P	ns	ns	*	ns
	N×P	ns	ns	ns	ns

注：ns 表示差异不显著（$P>0.05$），* 表示差异显著（$P<0.05$）。同列不同大写字母表示在相同施磷条件下，不同氮肥水平之间的差异显著（$P<0.05$）；同列不同小写字母表示相同施氮条件下，不同磷肥水平之间差异显著（$P<0.05$）。

　　各茬次中，施氮处理对第1茬、第4茬苜蓿叶片的 NDF 含量有显著影响；施磷处理对第1茬、第2茬和第4茬苜蓿叶片 NDF 含量有显著影响；氮磷互作处理对苜蓿叶片的 NDF 均无显著影响；施磷处理对苜蓿茎秆的 NDF 含量均有显著影响；氮磷互作处理对苜蓿茎秆的 NDF 含量均无显著影响。

　　苜蓿中的粗蛋白质含量、ADF 含量和 NDF 含量是评定其营养品质的重要指标。不同施肥处理对苜蓿器官（叶、茎）营养成分有明显差异，叶片中的粗蛋白质含量明显高于茎秆中的粗蛋白质含量，而叶中 NDF 和 ADF 含量低于茎秆中 NDF 和 ADF 的含量将近 2 倍，表明叶片对牧草品质的影响大于茎秆对牧草品质的影响。随着施氮量的增加，粗蛋白质含量有所降低，可能是因为苜蓿本身具有固氮功能，生长过程中不需要太多的氮肥，如果氮肥添加过多，苜蓿将丧失固氮功能，而且高氮与低氮处理之间的粗蛋白质含量差异并不显著。所以，过量施用氮肥不仅不能有效提高苜蓿的品质，而且造成肥料的浪费。将不同施肥模式与滴灌相结合，而且肥料在每次刈割后随水滴施，更能提高肥料利用率。

表4-14　不同处理下滴灌苜蓿中性洗涤纤维含量　%

器官	处理	第1茬	第2茬	第3茬	第4茬
叶	N_1P_0	26.27±1.32^{Aa}	23.28±1.30^{Aa}	21.50±1.93^{Aa}	24.75±1.03^{Aa}
	N_1P_1	24.53±1.38^{Aa}	21.69±1.81^{Aab}	21.21±2.03^{Aa}	23.93±1.32^{Ba}
	N_1P_2	18.18±2.31^{Ab}	19.23±1.13^{Ab}	19.91±1.31^{Aa}	22.93±3.59^{Aa}
	N_1P_3	23.60±1.61^{Aa}	21.94±1.45^{Aab}	20.80±0.51^{Aa}	23.99±1.46^{Aa}
	N_2P_0	26.95±1.34^{Aa}	24.23±2.45^{Aa}	22.88±1.07^{Aa}	27.29±1.82^{Aa}
	N_2P_1	25.05±1.14^{Aa}	20.75±0.38^{Ab}	21.42±2.83^{Aa}	26.50±1.49^{Aa}
	N_2P_2	20.60±2.65^{Ab}	20.35±3.06^{Ab}	20.34±2.11^{Aa}	23.49±0.50^{Ab}
	N_2P_3	25.72±1.51^{Aa}	20.46±1.13^{Ab}	20.86±0.65^{Aa}	26.13±1.48^{Aa}
	N	*	ns	ns	*
	P	*	*	ns	*
	N×P	ns	ns	ns	ns
茎	N_1P_0	56.55±0.67^{Aa}	59.11±1.27^{Aa}	62.49±1.25^{Aa}	52.52±2.14^{Ba}
	N_1P_1	56.22±1.21^{Aa}	57.98±3.48^{Aab}	60.17±0.17^{Aab}	51.78±1.94^{Bab}
	N_1P_2	52.56±2.65^{Ab}	54.75±3.49^{Ab}	58.76±1.66^{Ab}	49.53±1.32^{Bb}
	N_1P_3	54.51±1.38^{Aab}	57.66±1.43^{Aab}	59.83±1.22^{Aab}	51.63±1.07^{Bab}
	N_2P_0	56.75±1.08^{Aa}	59.42±2.67^{Aa}	62.64±2.93^{Aa}	60.65±0.72^{Aa}
	N_2P_1	55.33±0.95^{Aa}	58.24±0.71^{Aab}	60.76±1.85^{Aab}	59.55±1.08^{Aa}
	N_2P_2	52.78±2.17^{Ab}	55.26±3.13^{Ab}	59.62±0.88^{Ab}	54.28±1.09^{Ab}
	N_2P_3	53.01±0.69^{Ab}	53.32±1.36^{Aab}	60.18±1.58^{Aab}	58.22±1.32^{Aa}
	N	ns	ns	ns	*
	P	*	*	*	*
	N×P	ns	ns	ns	ns

注：ns表示差异不显著（$P>0.05$），*表示差异显著（$P<0.05$）。同列不同大写字母表示在相同施磷条件下，不同氮肥水平之间的差异显著（$P<0.05$）；同列不同小写字母表示相同施氮条件下，不同磷肥水平之间差异显著（$P<0.05$）。

由于各营养指标提高程度不同，因此采用模糊相似优先比法进行综合评价，选出最佳的施肥模式。在本试验中，只有施磷处理对各茬次苜蓿叶片的粗蛋白质含量有显著影响，表明磷肥对于苜蓿的粗蛋白质含量的影响大于氮肥以及氮、磷肥交互作用对其的影响，增施氮肥对苜蓿饲草品质的提高有限，粗蛋白质含量在不同处理间差异不显著，当氮肥施用量为210 kg·hm^{-2}时，苜蓿的粗蛋白质含量较105 kg·hm^{-2}施用量无显著差异，表明过量施氮肥不能提高苜蓿的品质，低氮条件下反而更有利于提高营养品质。

施用磷肥对提高滴灌苜蓿营养品质具有重要影响，在氮水平相同的条件下，在一定范围内，增施磷肥，降低了苜蓿粗纤维含量。在一定范围内，随着施磷量的增加，苜蓿粗蛋白质含量不断增加，苜蓿ADF、NDF含量均呈现降低的趋势，但是当施磷量为150 kg·hm^{-2}时，粗蛋白质含量却有所下降，苜蓿的ADF、NDF含量均呈现增加的趋势，这表明过量的施磷可能会抑制苜蓿对氮素的吸收和利用，从而增加苜蓿中的纤维含量，降低粗蛋白质含量。

9. 氮、磷配施对苜蓿相对饲喂价值的影响

相同施氮处理下，各茬次中，滴灌苜蓿的相对饲喂价值随施磷量的增加呈先增加后降低的趋势，在 P_2 处理下达到最高值(图4-2)，且 P_2 处理显著大于 P_0 处理($P<0.05$)，除第1茬外，P_1 与 P_3 处理之间差异不显著($P>0.05$)。相同施磷处理下，除前两茬外，N_1 处理滴灌苜蓿的相对饲喂价值显著大于 N_2 处理($P<0.05$)。

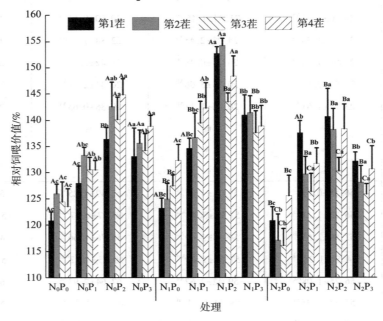

不同大写字母表示在相同施磷条件下，不同氮肥水平之间的差异显著($P<0.05$)；不同小写字母表示相同施氮条件下，不同磷肥水平之间差异显著($P<0.05$)。

图4-2　不同处理下苜蓿的相对饲喂价值

10. 氮、磷配施条件下苜蓿各生长性状与干草产量的相关性分析及评价

为了进一步明确不同氮、磷处理下滴灌苜蓿各生长性状指标与干草产量的相关性，以及对苜蓿干草产量的贡献率，将不同茬次的苜蓿的株高、茎粗、生长速率及茎叶比与苜蓿干草产量进行灰色关联度分析，结果表明(表4-15)，第1茬、第3茬、第4茬的关联系数大小顺序为生长速率>茎粗>株高>茎叶比，表明生长速率、茎粗与干草产量的相关性较大，对苜蓿干草产量的贡献率较大，株高和茎叶比与干草产量的相关性较小，对苜蓿干草产量的贡献率较小。

表4-15　不同处理下各茬次苜蓿生产性状与干草产量的灰色关联度分析

茬次	株高	茎粗	茎叶比	生长速率
第1茬	0.7750	0.8854	0.5686	0.9975
第2茬	0.8286	0.7460	0.5926	0.9948
第3茬	0.8093	0.8113	0.7090	0.9943
第4茬	0.7134	0.7434	0.5558	0.9956

由于苜蓿生产经济性状是多指标的综合，因此，为了进一步说明滴灌苜蓿各茬次的最优施肥模式，将滴灌苜蓿的干草产量、相对饲喂价值进行模糊相似优先比法评价(表4-16)，

相比于以单一指标为评价方法，可得出更加具有综合经济性状的一个排序结果，处理所对应的相似度越低，则表明该处理与理想处理的综合经济性状越接近。相似度最低的是第 4 茬 N_1P_3 处理，且前 10 个处理的排序中，N_1P_2 处理占了 3 个，可见，N_1P_2 处理更有利于促进苜蓿干草产量的形成及营养品质的提高。

表 4-16　不同处理下苜蓿各茬次最优组合相似度排序

排序	处理	相似度	排序	处理	相似度
1	第 4 茬 N_1P_3	31	6	第 1 茬 N_1P_2	38
2	第 4 茬 N_2P_2	31	7	第 4 茬 N_2P_3	38
3	第 4 茬 N_1P_2	32	8	第 1 茬 N_2P_2	39
4	第 3 茬 N_1P_2	34	9	第 4 茬 N_2P_1	40
5	第 4 茬 N_1P_1	38	10	第 3 茬 N_1P_3	41

三、苜蓿粗蛋白质组分和非结构性碳水化合物对氮磷配施的响应

1. 氮素分布

氮肥和磷肥对苜蓿的粗蛋白质（CP）、可溶性蛋白（SOLP）、中性洗涤不溶蛋白（NDIP）和非蛋白氮（NPN）含量有明显影响（$P<0.05$）。在相同的氮处理下，CP、SOLP、NDIP 和 NPN 含量呈现先增加后下降的趋势，而酸性洗涤不溶蛋白（ADIP）含量随着施用磷肥的增加呈现先下降后增加的趋势。同时，P_{100} 处理的 CP、SOLP、NDIP 和 NPN 含量明显大于 P_0 处理（分别在 6.79%～9.54%、11.00%～19.40%、3.46%～8.54% 和 11.18%～15.73%，$P<0.05$）。此外，磷肥处理下，CP、SOLP、NDIP 和 NPN 的含量均有明显差异（$P<0.05$），而 ADIP 的含量没有明显差异（$P>0.05$）。相同磷肥处理下，CP、SOLP、NDIP 和 NPN 的含量随着氮肥的增加呈上升趋势（分别在 2.50%～6.81%、3.48%～9.70%、2.75%～5.89% 和 4.56%～14.09%，$P<0.05$），而 ADIP 含量呈下降趋势（0.56%～5.06%，$P>0.05$）（图 4-3）。

2. 粗蛋白质组分

可溶解蛋白（PA）、快速降解蛋白（PB_1）和慢速降解蛋白（PB_3）含量随着施磷量的增加呈先增加后降低的趋势，中速降解蛋白（PB_2）和结合蛋白（PC）含量呈现先降低后增加趋势（图 4-4）。N_{60} 条件下 P_{50} 处理的 PA 和 PB_3 含量显著高于 P_0 处理（分别在 4.09%～6.40% 和 2.81%～9.69%，$P<0.05$），PB_2 和 PC 含量显著低于 P_0 处理（分别在 4.23%～6.61% 和 6.85%～13.30%，$P<0.05$）。同一施磷处理下，N_{120} 处理下 PA 和 PB_3 含量显著高于 N_{60} 处理（分别在 2.37%～8.93% 和 2.81%～9.69%，$P<0.05$），PB_2 和 PC 含量显著低于 N_{60} 处理（分别在 1.53%～6.98% 和 2.07%～10.28%，$P<0.05$）。N 处理间 PA、PB_2、PB_3 和 PC 含量差异显著（$P<0.05$），PB_1 含量差异不显著（$P>0.05$）。

氮化合物占原生质干物质的 40%～50%，是构成蛋白质的氨基酸的成分。在有利的生长条件下，SOLP 含量和营养品质会因供氮而改善。在相同的磷肥量下，NPN 和 SOLP 含量随着氮含量的增加而增加。这是因为氮肥水平增加了植物中硝酸盐的积累被植物吸收并还原成氨，氨是氨基酸和蛋白质合成的底物，增加了植物 NPN 含量。在氮处理中，120 kg N·hm^{-2} 是最佳的饲料营养量。CP 和 SOLP 含量与施用磷的增加呈抛物线关系，在最高的磷施用率

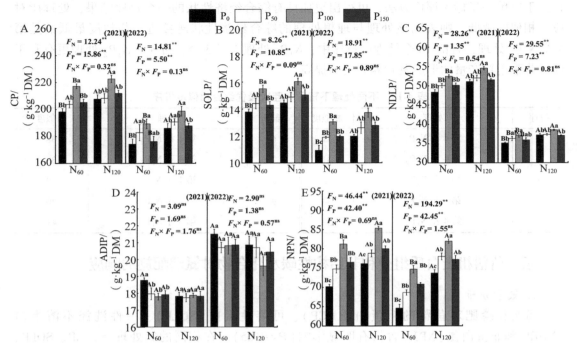

图 4-3　不同氮磷配施对苜蓿氮素分布的影响

下其含量下降。这可能是由于高磷处理对苜蓿产生了胁迫作用, 降低了其营养价值。高矿物质氮率限制了根系结核的发育, 降低了豆科植物 120 kg N·hm^{-2} 的固定率, 从而限制了氮化合物的合成。

康奈尔净碳水化合物-蛋白质体系直观地反映了饲料在动物瘤胃中对每种蛋白质组分的利用情况。真正的蛋白质在瘤胃中被广泛降解, 有助于瘤胃微生物的氮供应, 并被纳入碳骨架中。然而, 由于使用这些馏分限制了蛋白质的降解, 该馏分的易降解蛋白质会导致肽的构建和逃逸到肠道中。蛋白组分 PA、PB$_1$ 和 PB$_3$ 的含量随着氮肥的增加而增加, 可能是因为氮肥增加了组织中的氮化合物和植物的蛋白质合成。蛋白组分 PB$_1$ 和 PB$_3$ 随着施用磷的增加呈先增加后减少的趋势, 可能是因为添加磷促进苜蓿对氮肥的吸收和利用, 且进一步增加了植物中的 NPN 含量。然而, 该部分的快速瘤胃蛋白分解会导致肽的构建和逃逸到肠道, 因为这些成分的使用对蛋白质的降解是有限的。

动物的表现取决于微生物蛋白质的生产, 这可以通过更多的可溶性氮来优化。然而, 蛋白组分 PA 和 PB$_1$ 部分是可取的, 因为这部分在瘤胃中迅速降解, 从而影响瘤胃的平衡, 可能影响反刍动物的生长表现。蛋白组分 PC 对应的是与木质素、单宁-蛋白质复合物和美拉德产品相连的氮, 它们对瘤胃中微生物产生的酶有很强的抵抗力, 被认为是动物不能使用的。蛋白组分 PC 随着氮肥水平的增加而减少。然而, 随着磷肥增加, 蛋白组分 PC 的含

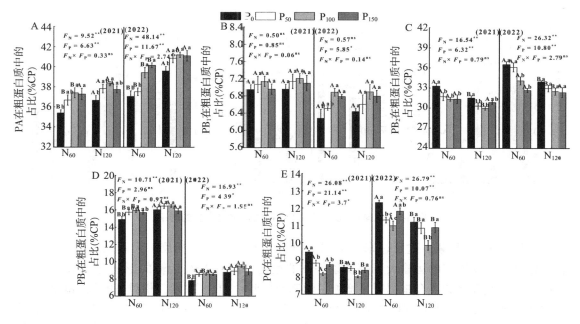

图 4-4 氮磷配施对苜蓿蛋白组分的影响

量呈现先增加后减少的趋势，因为施用磷后，苜蓿中的酸性洗涤纤维含量减少，这反过来又降低了蛋白组分 PC 的含量。因此，良好的氮磷联合施用策略可以增加蛋白组分 PA 和 PB 部分的含量，减少蛋白组分 PC 的含量，提高苜蓿的蛋白质有效性，进而有利于反刍动物的生长和发育。

3. 非结构性碳水化合物

碳水化合物的分配在植物生产力中起着重要的作用，并且会随着具体的生命形式而变化。植物中的碳水化合物有结构性和非结构性两种。结构性碳水化合物是多糖，是细胞壁的组成部分，为植物提供结构支持，而非结构性碳水化合物在植物中充当代谢、能量运输和储存的媒介。非结构性碳水化合物总量（NSC）通常被用作衡量饲料作物质量的指标。其中，NSC 主要包括可溶性糖（SS）和淀粉（ST），它们是植物组织中的能量储备物质。相同施氮下，SS、ST 和 NSC 含量随施磷量的增加呈先增加后降低的趋势（图 4-5）。同时，P_{50} 处理的可溶性糖（SS）和 NSC 含量显著高于 P_0 处理（分别在 5.68% ~ 10.61% 和 11.00% ~ 19.40%，$P < 0.05$）。施磷处理间 NSC 差异显著（$P < 0.05$）。在相同磷处理下，随着施氮量的增加，苜蓿 SS、ST 和 NSC 含量逐渐增加，N_{120} 处理的 ST 和 NSC 含量显著高于 N_{60} 处理（分别在 2.23% ~ 6.75%、3.65% ~ 6.17% 和 3.48% ~ 9.70%，$P < 0.05$），而各处理间苜蓿 SS 无显著差异（$P > 0.05$）。

总的 NSC 浓度随着施氮量的增加而略有下降，而 ST 则随着施氮量的增加而下降。相反，对水稻的研究发现，植物 NSC 含量随着氮肥量的增加而增加，过低或过高的氮肥都会导致其抽穗期 ST 和 NSC 含量的下降。在相同的磷处理下，ST 和 SS 随着施氮量的增加而略有增加，而 NSC 则明显增加。这可能是由于苜蓿在初花期对氮肥的需求较低，而且氮的同化作用对碳水化合物的消耗相对较低。因此，供氮可以提高叶片 NSC 的水平。

磷是许多植物功能的关键元素，包括碳水化合物的代谢和运输。较低的磷施用会减少

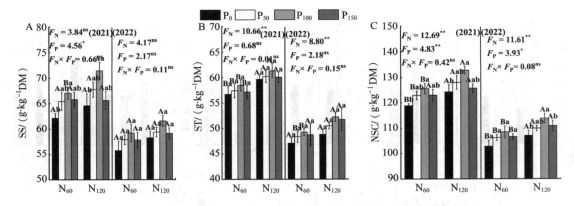

图 4-5　氮磷配施对苜蓿非结构性碳水化合物的影响

花和幼果中 ST 的积累，这反过来又会减少植物 NSC 的含量。相反，无磷条件下，NSC 从营养器官向生殖器官的运输大于高磷条件下的运输，氮对 NSC 运输的影响与磷水平有关。有趣的是，氮和磷的混合施肥明显增加了油麻花后叶片的 SS 浓度，相对高的氮和磷混合施肥明显增加了花后叶片的 ST 浓度和含量。然而，高氮和磷处理的花前叶 ST 浓度和含量最低，SS 和 ST 含量随着氮肥的增加呈现先增加后减少的趋势。一旦施肥量过高，就会限制氮磷肥对苜蓿的生长，降低 SS、ST 和 NSC 含量。在相同的氮肥处理下，SS 和 NSC 含量随着施磷量的增加呈先增加后减少的趋势，而 ST 略有增加。在磷限制的情况下，ST 的积累将支持这样的观点，即一个依赖磷酸盐的易位器调节三磷酸酯从叶绿体中的移动。因此，当磷酸盐受限时，三糖磷酸盐在束状鞘叶绿体中积累，导致 PGA/PI 比值升高，ADP 葡萄糖焦磷酸化酶相应激活，导致 ST 的积累。我们假设，合理的氮磷配施策略有助于增加苜蓿中 SS 和 ST 的积累，从而提高其干草产量。

4. 苜蓿各指标与磷的关系

蛋白质成分、干草产量和施磷量的回归分析表明，在低或高施磷量下，PA、PB_1、PB_2、PP_3、PC 和干草产量与施磷量呈抛物线关系。在低氮条件下，PA、PB_2 和干草产量的含量与施磷量呈显著正相关，决定系数（R^2）分别为 0.47、0.39 和 0.63。然而，PB_2 和 PC 含量表现出显著的负相关，R^2 分别为 0.45 和 0.76（图 4-6）。在高氮条件下，PA 和干草产量含量与施磷量呈显著正相关，R^2 分别为 0.45 和 0.59。然而，PB_2 含量显示出显著的负相关关系，R^2 为 0.49（图 4-7）。我们的结果还表明 PA、PB_1、PB_2、PP_3、PC 和 NSC 与干草产量之间存在抛物线关系。

5. 主成分分析与综合评价

为了研究不同氮磷联合施肥策略对初花期苜蓿干草产量和质量的影响，通过主坐标分析（PCA）评估了 NSC、氮素分布和蛋白质组分对苜蓿干草产量的反应。提取主成分特征值大于 1，得到两个主成分（表 4-17），发现第一和第二坐标轴解释了总变异的 90.5%（图 4-8）。分析结果可用于用两个主成分变量 PCA_1 和 PCA_2 代替原来的 14 个指标，得到每个主成分的特征向量如下。

$$PC_1 = 0.270MX_1 + 0.275MX_2 + 0.286MX_3 - 0.224MX_4 + 0.283MX_5 + 0.273MX_6 + 0.249MX_7 - 0.274MX_8 + 0.270MX_9 - 0.279MX_{10} + 0.274MX_{11} + 0.249MX_{12} + 0.283MX_{13} + 0.243MX_{14}$$

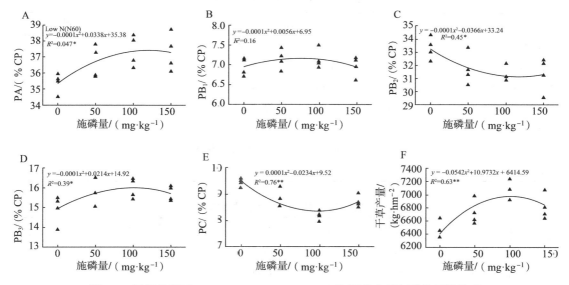

图 4-6　低氮条件下 PA、PB$_1$、PB$_2$、PP$_3$、PC 和干草产量与磷处理的关系

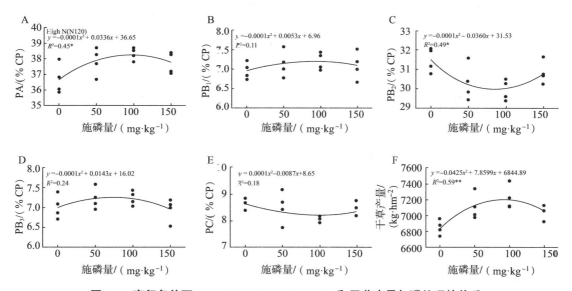

图 4-7　高氮条件下 PA、PB$_1$、PB$_2$、PP$_3$、PC 和干草产量与磷处理的关系

$$PC_2 = 0.293MX_1 + 0.317MX_2 + 0.144MX_3 + 0.637MX_4 + 0.122MX_5 - 0.186MX_6 + 0.331MX_7 + 0.281MX_8 - 0.333MX_9 + 0.061MX_{10} + 0.153MX_{11} - 0.069MX_{12} + 0.073MX_{13} + 0.032MX_{14}$$

通过使用第一主成分 A$_1$(84.7%)和第二主成分 A$_2$(5.8%)的选定方差贡献率(图 4-8A)作为权重,构建一个综合评价模型。PC$_3$ = A$_1$PC$_1$ + A$_2$PC$_2$。主成分分析显示,在 60 kg N·hm^{-2} 或 120 kg N·hm^{-2} 的 100 kg P·hm^{-2} 施用处理下,获得的总分最高(表 4-18 和图 4-8B)。因此,120 kg N·hm^{-2} 加上 100 kg P·hm^{-2},在实现与提高饲料营养价值一致的最佳饲料产量方面显示出最有希望的效果。

表 4-17　主成分得分系数矩阵

指标	主成分 1（PC₁）	主成分 2（PC₂）	指标	主成分 1（PC₁）	主成分 2（PC₂）
粗蛋白质	0.270	0.293	蛋白组分 B_2	−0.274	0.281
可溶性蛋白	0.275	0.317	蛋白组分 B_3	0.270	−0.333
中性洗涤不溶蛋白	0.286	0.144	蛋白组分 C	−0.279	0.061
酸性洗涤不溶蛋白	−0.224	0.637	可溶性糖	0.274	0.153
非蛋白氮	0.283	0.122	淀粉	0.249	−0.069
蛋白组分 A	0.273	−0.186	非结构性碳水化合物	0.283	0.073
蛋白组分 B_1	0.249	0.331	干草产量	0.243	0.032

表 4-18　主成分得分系数矩阵

处理		主成分 1（PC₁）	主成分 2（PC₂）	综合得分（PC₃）	排序
N_{60}	P_0	−1.804	1.405	−0.398	5
	P_{50}	−0.529	−0.260	−0.789	6
	P_{100}	0.532	0.757	1.289	2
	P_{150}	−0.441	−0.906	−1.348	7
N_{120}	P_0	−0.194	−1.073	−1.267	8
	P_{50}	0.599	−0.879	−0.280	4
	P_{100}	1.591	1.247	2.838	1
	P_{150}	0.246	−0.291	−0.045	3

注：PC_3 表示综合得分，A 表示每个主要成分的权重。

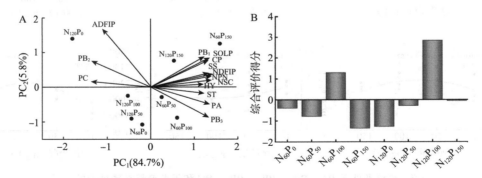

图 4-8　苜蓿蛋白质组分和非结构性碳水化合物的主成分分析

四、硼、钼微肥施肥技术

1. 苜蓿生长性状

不同微肥处理下滴灌苜蓿的生长性状见表 4-19 所列，苜蓿的株高、茎粗在各茬次表现出相同的规律：B+Mo>B>Mo>CK 处理。施钼、施硼及硼钼配施处理苜蓿的株高分别比 CK 处理增加 1.59%～7.32%、6.49%～10.59%、10.72%～15.13%，在各茬次中，施肥处理显著大于不施肥处理（$P<0.05$）。施钼、施硼及硼钼配施处理苜蓿的茎粗分别比 CK 处理增加 2.71%～7.69%、2.67%～10.47%、5.8%～12.61%，苜蓿的茎叶比分别比 CK 处理降低

2. 67%~17. 24%、12. 86%~28. 39%、15. 71%~42. 67%，苜蓿的生长速率分别比 CK 处理增加 4. 19%~8. 50%、8. 56%~11. 13%、12. 33%~15. 79%，在各茬次中，施肥处理显著大于不施肥处理($P<0.05$)。可见，硼钼配施处理下苜蓿的各生长性状指标均优于其他各处理。

表 4-19　不同处理下滴灌苜蓿生长性状指标

处理	株高/cm				茎粗/mm			
	第1茬	第2茬	第3茬	第4茬	第1茬	第2茬	第3茬	第4茬
CK	69. 83±1. 26[c]	68. 30±1. 30[d]	59. 10±1. 13[b]	56. 47±1. 55[c]	2. 83±0. 08[c]	2. 99±0. 13[a]	2. 57±0. 10[c]	2. 17±0. 03[b]
Mo	74. 33±2. 08[b]	73. 30±0. 85[c]	63. 10±1. 65[ε]	57. 37±1. 42[c]	2. 96±0. 10[b]	3. 05±0. 13[a]	2. 71±0. 10[b]	2. 33±0. 06[a]
B	76. 10±1. 15[ab]	75. 53±1. 29[b]	63. 57±1. 40[ε]	60. 13±1. 18[b]	3. 13±0. 03[a]	3. 07±0. 15[a]	2. 82±0. 08[ab]	2. 36±0. 07[a]
B+Mo	78. 00±2. 00[a]	78. 63±1. 10[a]	65. 10±0. 9[a]	63. 47±0. 94[a]	3. 18±0. 03[a]	3. 16±0. 21[a]	2. 87±0. 06[a]	2. 44±0. 02[a]
	茎叶比/%				生长速率/($kg \cdot hm^{-2} \cdot d^{-1}$)			
CK	1. 24±0. 09[a]	1. 35±0. 16[a]	1. 43±0. 06[a]	1. 16±0. 11[a]	77. 82±0. 80[d]	147. 03±3. 61[c]	57. 97±1. 90[b]	68. 03±1. 29[c]
Mo	1. 11±0. 05[ab]	1. 32±0. 19[a]	1. 39±0. 06[a]	0. 98±0. 06[b]	81. 24±0. 77[c]	153. 19±3. 31[b]	62. 90±1. 82[a]	72. 83±1. 74[b]
B	0. 97±0. 08[bc]	1. 12±0. 10[ab]	1. 27±0. 03[b]	0. 94±0. 03[b]	86. 48±0. 72[b]	163. 37±3. 08[a]	63. 72±1. 13[a]	73. 85±1. 94[ab]
B+Mo	0. 89±0. 06[c]	0. 94±0. 03[b]	1. 24±0. 11[b]	0. 92±0. 08[b]	90. 11±1. 42[a]	166. 88±3. 01[a]	65. 32±1. 44[a]	76. 42±1. 16[ε]

注：Mo、B、B+Mo 和 CK 分别为施钼、硼、硼钼配施及不施肥处理。同列不同小写字母表示不同施肥水平之间差异显著($P<0.05$)。

2. 硼、钼肥对苜蓿干草产量的影响

在各茬次中，施微肥处理的滴灌苜蓿干草产量均显著大于不施肥处理($P<0.05$)，不同施肥处理下滴灌苜蓿各茬次及总干草产量的大小顺序均为 B+Mo>B>Mo>CK 处理。施钼、施硼及硼钼配施处理苜蓿的干草产量分别比 CK 处理增加了 4. 19%~8. 51%、8. 54%~11. 13%、12. 33%~15. 79%(表 4-20)。

表 4-20　不同处理下滴灌苜蓿干草产量　　　　　　　　　　　　　　　　$kg \cdot hm^{-2}$

处理	第1茬	第2茬	第3茬	第4茬	总干草产量
CK	4669. 24±48. 04[d]	4557. 91±112. 04[c]	3014. 40±98. 67[b]	2857. 32±54. 24[c]	15098. 87
Mo	4874. 69±46. 51[c]	4749. 02±102. 65[b]	3270. 80±94. 56[a]	3058. 67±73. 14[b]	15953. 18
B	5188. 89±43. 20[b]	5064. 39±95. 56[a]	3313. 26±58. 98[a]	3101. 48±81. 63[ab]	16668. 02
B+Mo	5406. 66±85. 52[a]	5173. 32±93. 37[a]	3396. 74±74. 68[a]	3209. 69±48. 63[a]	17186. 41

注：同列不同小写字母表示不同施肥水平之间差异显著($P<0.05$)。

3. 苜蓿干草产量与各生长性状的关系

苜蓿各生长性状与干草产量关联度最高的是株高，其拟合方程为 $y = 123.0394x - 4266.4202$($R^2 = 0.9376$)(图 4-9)。根据 P 值可知，株高、茎粗和生长速率与干草产量之间呈极显著正相关。根据 4 个生长性状指标与干草产量的相关系数可以得出，株高和茎粗与干草产量的关联度较高。

硼、钼是苜蓿生长发育所必需的微量元素。施用硼肥、钼肥对促进苜蓿生长发育、提

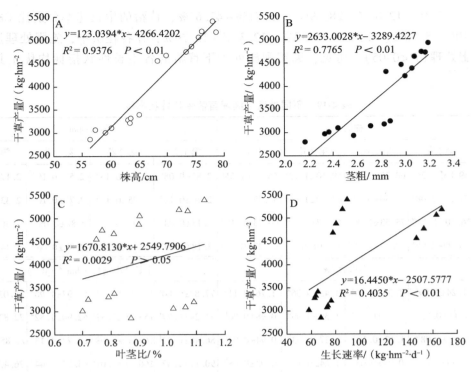

图 4-9   各生长性状与干草产量的关系

高干草产量和改善品质均具有明显的效果。硼主要以被动吸收为主，从根部到地上部分的运输仅限于木质部，所以，植物对硼吸收和转运的调节比较有限，叶面喷硼不仅有利于作物吸收还会使硼有较强的流动性，叶面喷施硼钼肥的增产效果优于硼钼作为底肥施用，且硼钼肥配合施用的增产效果优于单独施用硼、钼。在滴灌条件下，苜蓿的生产性能主要表现在干草产量上，不同的施肥方式会影响生产性能，株高、茎粗和生长速率与干草产量呈正相关。硼、钼肥配施对滴灌苜蓿生长性状的影响要优于单施硼肥或钼肥，主要是因为硼、钼肥的合理施用可以提高苜蓿的营养状况，茎部伸长，株高、枝条质量增加，并增大苜蓿叶面积，延缓了滴灌苜蓿生育后期叶绿素的衰退，提高了苜蓿的光合效率。

同时，施用硼和钼肥可以促进某些植物体内矿质营养元素的有效利用，促使体内碳代谢，从而提高作物产量。仅考虑一种元素，施硼处理对滴灌苜蓿的干草产量的影响大于施钼处理，这可能是由于硼在参与核酸代谢过程中苜蓿大量吸收了土壤中的营养元素，因此增加了苜蓿干草产量的缘故。在碱性土壤中，硼很容易以 $B(OH)_3$ 的形式从土壤中流失，且随着土壤 pH 值的增加，硼对植物的有效性降低，因此在碱性土壤上苜蓿生长需要更多的硼。缺硼很容易生成胼胝质，沉积在老化或者即将死亡的筛管上，影响糖的运输，从而影响苜蓿的光合作用，可见，硼对苜蓿产量的提高具有重要的促进作用。

4. 硼、钼肥对苜蓿粗蛋白质含量的影响

不同施微肥处理下，各茬次中，滴灌苜蓿粗蛋白质含量均为施微肥处理的大于 CK 处理，硼钼配施在各茬次滴灌苜蓿粗蛋白质含量最高(表 4-21)。施钼、施硼、硼钼配施处理苜蓿的粗蛋白质含量分别比 CK 处理增加了 5.18%~11.72%、11.64%~21.35%、13.98%~27.64%。在各茬次中，硼钼配施、施硼处理显著大于不施肥处理($P<0.05$)。

表 4-21　不同处理下苜蓿粗蛋白质含量　　　　　　　　　　　　　　　　%

处理	第 1 茬	第 2 茬	第 3 茬	第 4 茬
CK	16.42 ± 1.05^b	16.75 ± 0.83^b	17.22 ± 1.18^c	16.48 ± 0.24^b
Mo	18.35 ± 0.97^b	18.28 ± 0.16^b	18.11 ± 0.90^{bc}	17.59 ± 1.15^{ab}
B	19.57 ± 0.55^a	20.33 ± 1.35^a	19.22 ± 0.30^{ab}	18.43 ± 1.21^a
B+Mo	20.13 ± 1.16^a	21.38 ± 1.10^a	20.37 ± 0.10^a	18.78 ± 0.75^a

注：同列不同小写字母表示不同施肥水平之间差异显著（$P<0.05$）。

5. 硼、钼肥对苜蓿酸性洗涤纤维、中性洗涤纤维及相对饲喂价值的影响

在各茬次中，施肥处理的滴灌苜蓿 ADF、NDF 含量均低于 CK 处理，且硼钼配施处理达到最低。滴灌苜蓿的相对饲喂价值为施肥处理高于 CK 处理，硼钼配施处理下各茬次的相对饲喂价值最高（表 4-22）。

施钼、施硼、硼钼配施处理苜蓿的 ADF 含量分别比 CK 处理低 2.88% ~ 5.55%、4.76% ~ 10.20%、9.93% ~ 18.09%，苜蓿的 NDF 含量分别比 CK 处理低 1.35% ~ 6.13%、3.82% ~ 8.64%、4.87% ~ 10.39%，在各茬次中，硼钼配施显著小于不施肥处理（$P<0.05$）。施钼、施硼、硼钼配施处理苜蓿的相对饲喂价值分别比 CK 处理增加了 3.17% ~ 7.67%、5.64% ~ 11.20%、8.35% ~ 13.72%，在各茬次中，硼钼配施处理显著大于施钼、CK 处理（$P<0.05$）。

表 4-22　不同处理下滴灌苜蓿酸性洗涤纤维、中性洗涤纤维含量及相对饲喂价值　　　%

茬次	处理	酸性洗涤纤维	中性洗涤纤维	相对饲喂价值
第 1 茬	CK	30.38 ± 0.66^a	54.00 ± 1.69^a	112.46 ± 3.93^c
	Mo	29.46 ± 1.27^{ab}	51.84 ± 1.38^{ab}	118.42 ± 4.28^{bc}
	B	27.57 ± 1.87^{bc}	51.39 ± 0.69^{ab}	122.03 ± 1.09^{ab}
	B+Mo	25.73 ± 1.07^c	50.35 ± 2.01^b	127.30 ± 3.68^a
第 2 茬	CK	29.74 ± 1.58^a	48.47 ± 0.57^a	126.17 ± 2.48^b
	Mo	28.91 ± 1.87^{ab}	46.45 ± 1.02^b	133.00 ± 5.33^b
	B	28.39 ± 0.70^{ab}	46.50 ± 0.44^b	133.62 ± 1.97^b
	B+Mo	27.05 ± 0.59^b	44.43 ± 1.36^c	142.11 ± 4.86^a
第 3 茬	CK	28.83 ± 0.86^a	47.12 ± 0.65^a	131.18 ± 1.26^c
	Mo	27.31 ± 0.96^{ab}	46.49 ± 0.98^{ab}	135.34 ± 2.66^{bc}
	B	27.37 ± 1.53^{ab}	45.38 ± 1.04^{ab}	138.58 ± 4.72^{ab}
	B+Mo	26.01 ± 0.20^b	44.93 ± 0.97^b	142.14 ± 2.02^a
第 4 茬	CK	24.49 ± 1.20^a	44.59 ± 0.72^a	145.68 ± 1.00^c
	Mo	23.24 ± 0.72^{ab}	42.01 ± 1.33^b	156.86 ± 4.97^b
	B	22.37 ± 0.85^b	41.04 ± 0.35^b	162.00 ± 1.12^{ab}
	B+Mo	21.83 ± 0.54^b	40.39 ± 1.03^b	165.66 ± 5.03^a

注：同列不同小写字母表示相同茬次内不同施肥水平之间差异显著（$P<0.05$）。

苜蓿中粗蛋白质含量、ADF、NDF 和相对饲喂价值是评估其营养品质的重要指标。喷施硼、钼后苜蓿的可溶性糖、叶绿素含量显著增加，光合作用增强，粗蛋白质含量也随之增加。茎叶比是衡量苜蓿营养品质的重要指标，茎叶比越大，苜蓿的纤维素和木质素含量越高，粗蛋白质含量越低。苜蓿粗蛋白质主要分布在叶片中，降低茎叶比可提高苜蓿的粗蛋白质含量。苗晓茸等（2019）研究表明，硼钼配施均能显著降低不同茬次苜蓿的茎叶比，表明硼钼配施均能明显促进苜蓿叶片的生长，提高苜蓿的粗蛋白质含量。

硼也可以通过促进蔗糖合成和糖的转运，来提高叶片叶绿素含量和扩大叶面积，增强光合作用，使苜蓿体内碳水化合物增多，最终提高了作物品质。施钼显著增加了滴灌苜蓿粗蛋白质含量，可能是由于钼增加了固氮酶的活性，从而增加了固氮量并提高了粗蛋白质含量的缘故。同时，钼是硝酸还原酶的组成成分，可以显著加速硝酸根离子的还原，促进蛋白质的合成。苗晓茸等（2019）研究发现，施肥处理可以降低各茬次苜蓿植株的 ADF 和 NDF 含量，且硼钼配施显著低于对照的 ADF、NDF 含量，表明在一定范围内，喷施硼、钼肥，可以降低苜蓿中纤维素和木质素含量。在各茬次中，吸磷量最高的是硼钼配施处理，表明硼钼配施对苜蓿的吸磷量影响最大，可能是由于微量元素对牧草体内磷含量具有协同作用，能促进牧草对磷的吸收。

6. 苜蓿吸磷量

在各茬次中，施肥处理的苜蓿吸磷量均显著大于不施肥处理（$P<0.05$），且硼钼配施处理显著大于施钼处理（$P<0.05$）（表 4-23）。施钼、施硼、硼钼配施处理苜蓿的吸磷量分别比 CK 处理增加了 16.49%～31.31%、27.19%～47.20%、29.30%～53.97%。

表 4-23　不同处理下滴灌苜蓿吸磷量　　　　　　　　　　　%

处理	第 1 茬	第 2 茬	第 3 茬	第 4 茬
CK	8.56±0.22[c]	8.59±0.29[d]	6.11±0.32[c]	5.70±0.55[c]
Mo	11.24±1.12[b]	10.41±0.13[c]	7.13±0.26[b]	6.64±0.28[b]
B	12.60±0.15[a]	12.07±0.16[b]	8.08±0.36[a]	7.25±0.46[ab]
B+Mo	13.18±0.38[a]	12.57±0.39[a]	7.90±0.14[a]	7.78±0.03[a]

注：同列不同小写字母表示不同施肥水平之间差异显著（$P<0.05$）。

7. 苜蓿干草产量与各指标的相关性及排序

皮尔逊相关系数可以度量变量间的相关程度。通过皮尔逊相关性分析表明（表 4-24），苜蓿总干草产量与粗蛋白质、相对饲喂价值呈极显著正相关（$P<0.01$），苜蓿粗蛋白质与相对饲喂价值呈显著正相关（$P<0.05$），苜蓿 ADF 含量与 NDF 含量呈显著正相关（$P<0.05$）。

表 4-24　滴灌苜蓿各指标与干草产量的相关性

指标	干草产量	粗蛋白质含量	酸性洗涤纤维含量	中性洗涤纤维含量
粗蛋白质含量	0.999**			
酸性洗涤纤维含量	−0.987*	−0.983*		
中性洗涤纤维含量	−0.987*	−0.982*	0.980*	
相对饲喂价值	0.991**	0.987*	−0.993**	−0.997**

注：*表示在 0.05 水平呈显著相关，**表示在 0.01 水平呈极显著相关（双侧）。

灰色关联度是通过一定的方法阐明不同指标与某个目标性状的关联性，找出对目标性状影响最大的指标。如果二者相对变化基本一致，则认为它们之间关联度较大；反之，两者之间关联度较小。为了进一步明确喷施硼钼肥条件下滴灌苜蓿各生长性状指标与干草产量的相关性，将苜蓿的株高、茎粗、茎叶比及生长速率分别与滴灌苜蓿干草产量进行灰色关联度分析，根据关联度的大小，确定各生长性状与干草产量的关联程度。按关联度大小，排列出各个指标与干草产量的关联顺序。结果表明，与苜蓿干草产量的关联性最高的是生长速率，除第 1 茬外，与苜蓿干草产量的关联性最低的是茎叶比（表 4-25）。

表 4-25 滴灌苜蓿各生长性状与干草产量的灰色关联度分析

第1茬		第2茬		第3茬		第4茬	
生长性状	排序	生长性状	排序	生长性状	排序	生长性状	排序
生长速率	1	生长速率	1	生长速率	1	生长速率	1
茎叶比	2	株高	2	茎粗	2	株高	2
茎粗	3	茎粗	3	株高	3	茎粗	3
株高	4	茎叶比	4	茎叶比	4	茎叶比	4

第二节 苜蓿生产性能及营养品质对丛枝菌根真菌的响应

一、丛枝菌根真菌多样性特征

1. 苜蓿地丛枝菌根真菌多样性与土壤因子的关系

对石河子垦区（涵盖石河子安集海、下野地、莫索湾 3 个区域）苜蓿种植大田中的土著丛枝菌根真菌（AMF）进行了样品采集，采集样点 21 个，分层采集各点土壤样品共计 189 份。根据土壤 pH 值、速效磷、碱解氮、速效钾、有机质和孢子密度，对 21 块采样地进行系统聚类分析，将采样地分成 4 类（图 4-10）：第 1 类（6、7、9、10），第 2 类（11、12、13、14、15），第 3 类（18），第 4 类（1、2、3、4、5、8、16、17、19、20、21）。

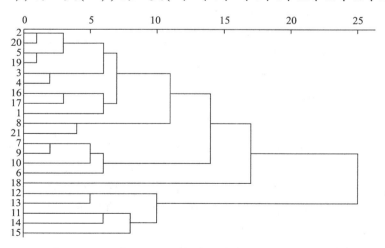

图 4-10 样地聚类分析树状图

在采样区苜蓿根际土壤中共鉴定出 3 属 24 种 AMF，其中无梗囊霉属 6 种，球囊霉属 14 种，盾巨孢囊霉属 4 种。在 4 类采样地发现的 24 种 AMF 中，其中代表性的种有皱壁无梗囊霉、摩西球囊霉、根内球囊霉、地表球囊霉。其中，地表球囊是优势种，分布频率达到100%(表4-26)。

表4-26 各采样地AM真菌分布状况

属	种	样地类型				分布频率/%
		1	2	3	4	
无梗囊霉属 (*Acaulos Pora*)	瑞士无梗囊霉(*A. rehmii*)				+	25
	孔窝无梗囊霉(*A foveata*)	+				50
	凹坑无梗囊霉(*A. excavat*)			+		25
	膨胀无梗囊霉(*A. dilatata*)	+				25
	皱壁无梗囊霉(*A. rugosa*)	+		+	+	75
	光壁无梗囊霉(*A. laevi*)	+				25
球囊霉属 (*Glomus*)	明球囊霉(*G. clarum*)				+	25
	宽柄球囊霉(*G. magnicaule*)				+	25
	缩球囊霉(*G. constrictu*)	+				25
	长孢球囊霉(*G. dolichos Porum*)	+		+		50
	摩西球囊霉(*G. mosseae*)		+	+	+	75
	根内球囊霉(*G. intraradices*)	+	+		+	75
	近明球囊霉(*G. claroideum*)				+	25
	透光球囊霉(*G. diaphanum*)				+	25
	黑球囊霉(*G. melanos Porum*)				+	25
	萌性球囊霉(*G. tenebrosum*)				+	25
	卷曲球囊霉(*G. convolutum*)			+		25
	幼套球囊霉(*G. etunicatum*)		+		+	50
	地表球囊霉(*G. versiforme*)	+	+	+	+	100
	苏格兰球囊霉(*G. caledonium*)	+				25
盾巨孢囊霉属 (*Scutellos Pora*)	透明盾巨孢囊霉(*S. Pellucida*)				+	25
	桃形盾巨孢囊霉(*S. Persica*)			+		25
	玫瑰红巨孢囊霉(*S. erythroPa*)	+				25
	美丽盾巨孢囊霉(*S. calosPora*)			+		25
种的丰度/%	—	41.67	16.67	33.33	58.33	—

对不同样地不同土层AMF孢子密度和土壤因子研究发现存在着一定差异(表4-27)，同时对土壤理化性质和AMF孢子密度的相关性分析发现，碱解氮($P<0.01$)、速效磷($P<0.01$)与孢子密度呈显著负相关，而pH值、速效钾和有机质与孢子密度均存在着一定的相关性，但是相关性均不显著($P>0.05$)。

在不同的采样地大田苜蓿根际存在着无梗囊霉属、球囊霉属、盾巨孢囊霉属，通过对种的丰度、分布频率、孢子密度和土壤理化性质的分析，发现在这21个采样地AMF的组成均存在一定的差异，说明新疆绿洲大田苜蓿地土壤质地、土层深度、pH值、速效磷、碱解氮、速效钾、有机质均对苜蓿根际AMF分布和孢子密度产生一定的影响。

表 4-27 各采样区不同土层根际 AM 真菌孢子密度与土壤因子的空间分布特征

样地类型	深度/cm	pH 值	碱解氮/(mg·kg⁻¹)	速效磷/(mg·kg⁻¹)
1	2~10	8.08±0.05ᵃ	63.03±4.03ᵃ	13.31±1.79ᵃ
	10~20	8.14±0.05ᵃ	49.57±3.36ᵇ	12.73±2.13ᵃ
	20~30	8.20±0.04ᵃ	35.52±3.25ᶜ	8.36±2.07ᵃ
2	2~10	7.82±0.07ᵃ	39.93±4.38ᵃ	11.74±1.90ᵃ
	10~20	7.90±0.06ᵃ	29.34±3.70ᵃᵇ	9.00±1.84ᵃᵇ
	20~30	8.00±0.06ᵃ	22.25±3.17ᵇ	5.48±1.43ᵇ
3	2~10	8.07±0.08ᵃ	27.67±0.88ᵃ	14.98±0.11ᵃ
	10~20	8.12±0.06ᵃ	23.93±0.32ᵇ	13.95±0.09ᵃ
	20~30	8.25±0.05ᵃ	17.17±0.21ᶜ	7.09±0.82ᵇ
4	2~10	7.90±0.07b	28.35±3.05ᵃ	12.64±0.97ᵃ
	10~20	8.14±0.03a	22.12±2.28ᵃ	11.09±0.63ᵃ
	20~30	8.18±0.03ᵃ	13.60±1.75ᵇ	6.14±0.55ᵇ

样地类型	深度/cm	速效钾/(μg·mL⁻¹)	有机质/(g·kg⁻¹)	孢子密度/(个·10 g⁻¹ 土)
1	2~10	98.24±5.08ᵃ	39.71±3.54ᵃ	28.00±5.24ᵇ
	10~20	83.44±4.76ᵃ	32.67±3.32ᵃ	42.25±1.60ᵃ
	20~30	81.58±7.03ᵃ	28.55±4.63ᵃ	24.75±2.59ᵇ
2	2~10	102.29±4.00ᵃ	22.64±4.46ᵃ	29.40±4.75ᵃ
	10~20	89.36±3.85ᵃ	19.17±3.04ᵇ	38.20±4.80ᵃ
	20~30	92.45±3.82ᵃ	17.08±3.00ᵇ	25.00±3.78ᵃ
3	2~10	87.11±0.59ᵃ	28.14±0.24ᵃ	23.33±0.88ᵇ
	10~20	56.40±0.35ᶜ	25.53±0.60ᵇ	36.00±2.08ᵃ
	20~30	62.68±1.18ᵇ	21.34±0.35ᶜ	26.67±0.67ᵇ
4	2~10	94.32±4.11ᵃ	27.25±1.67ᵃ	25.27±3.12ᵇ
	10~20	81.69±3.69ᵃ	23.50±1.72ᵃ	36.73±2.37ᵃ
	20~30	86.83±4.68ᵃ	18.48±1.67ᵇ	24.09±1.47ᵇ

注：同列不同字母表示不同土层处理间差异显著（$P<0.05$）。

2. 土著 AMF 分离及培养

在采集的土壤样品中分离出摩西球囊霉（简称 Gm）和根内球囊霉（简称 Gi）两个优势菌种，采用白三叶和甜高粱为宿主植物进行单孢接种培养，之后将接种植株移栽入盆钵中，观察侵染能力和孢子数量。结果表明，两种 AMF 在两类宿主上均能很好侵染定殖，达到了扩繁的要求。两种 AMF 在不同宿主上的扩繁情况如图 4-11 和图 4-12 所示。

3. 不同牧草接种 AMF 效应

通过红三叶、白三叶、高丹草、苜蓿接种不同 AMF 菌种，发现对照组与接种组之间、各接种组之间菌根侵染率、根际孢子数量以及地上生物量均呈现显著的差异（$P<0.05$）。

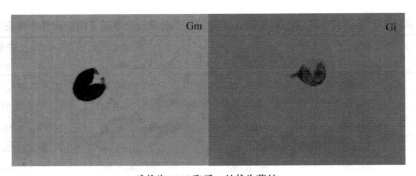

球状为 AMF 孢子，丝状为菌丝。

图 4-11　从苜蓿大田土壤中分离出的两个优势菌株孢子形态

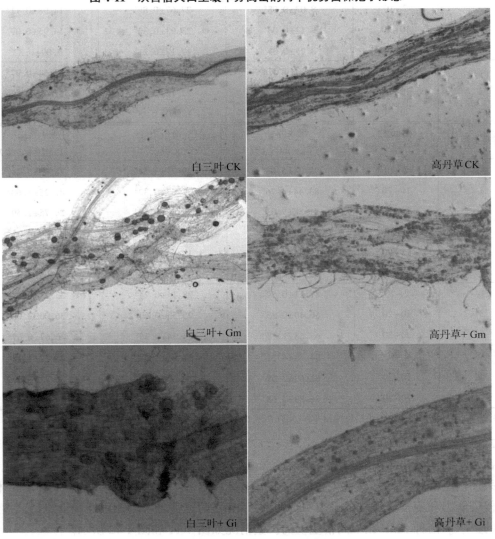

图 4-12　两个优势菌种在白三叶和高丹草宿主植物上的扩繁状况

（1）牧草侵染率

牧草分别设置了 Gi（单独接种 Gi）、Gm（单独接种 Gm）和 G6（两种菌混合接种）接种

AMF 后，各牧草的侵染率均有不同程度的提高(表 4-28)。对高丹草而言，接种 Gi、G6 和 Gm 的效果与对照组差异显著($P<0.05$)，接种 Gi 与接种 Gm 差异不显著($P>0.05$)，接种 G6 较其他三组差异显著($P<0.05$)，高丹草接种 G6 时侵染率最高。对红三叶而言，接种 Gm 与接种 Gi、G6 效果差异显著($P<0.05$)，与对照组相比差异显著($P<0.05$)；接种 Gi 与接种 G6 差异显著($P<0.05$)，且红三叶接种 G6 时侵染率最高。对白三叶而言，接种 3 种菌后差异均显著($P<0.05$)，接种 Gi 时侵染率最高。对苜蓿而言，接种 Gi 和 Gm 差异显著($P<0.05$)，接种 G6 与接种 Gi、Gm 差异显著($P<0.05$)，接种组与对照组差异显著($P<0.05$)，接种 G6 时侵染率最高。

表 4-28　不同牧草接种 AMF 的侵染率　　　　　　　　　　%

处理	高丹草	红三叶	白三叶	苜蓿
CK	0.00 ± 0.00^c	0.00 ± 0.00^d	0.00 ± 0.00^d	0.00 ± 0.00^c
Gi	16.30 ± 0.50^b	23.50 ± 1.50^b	50.35 ± 2.55^a	34.76 ± 4.64^b
G6	74.05 ± 5.15^a	32.08 ± 0.83^a	39.11 ± 1.31^b	50.06 ± 1.23^a
Gm	26.10 ± 1.55^b	9.28 ± 3.03^c	22.47 ± 0.87^c	33.89 ± 2.66^b

注：Gi、G6 和 Gm 分别表示接种相应真菌的处理，CK 表示空白对照。同列小写字母表示 $P<0.05$ 水平的差异显著性，不同字母表示差异显著，相同字母表示差异不显著。

(2)牧草孢子数量

接种 AMF 后，各牧草的孢子数量均有不同程度的提高(表 4-29)，且接种组与对照组相比差异均为显著($P<0.05$)。对高丹草而言，接种 Gi 与接种 Gm 相比差异不显著($P>0.05$)，与接种 G6 相比差异显著($P<0.05$)，接种 Gm 与接种 G6 相比差异不显著($P>0.05$)，在接种 Gi 时孢子数量最多；对红三叶而言，接种 Gi 与接种 G6、Gm 相比差异显著($P<0.05$)，接种 G6 与接种 Gm 相比差异不显著($P>0.05$)，接种 Gi 时孢子数量最多；对白三叶而言，接种 Gi 与接种 G6、Gm 相比差异显著($P<0.05$)，接种 G6 与接种 Gm 相比差异不显著($P>0.05$)，接种 Gm 时孢子数量最多；对苜蓿而言，接种 Gi 与接种 Gm 相比差异不显著($P>0.05$)，与接种 G6 相比差异显著($P<0.05$)，接种 Gm 与接种 G6 相比差异显著($P<0.05$)，在接种 G6 时孢子数量最多。

表 4-29　不同牧草接种 AM 真菌的孢子数量　　　　个·10^{-1} g 土

处理	高丹草	红三叶	白三叶	苜蓿
CK	0.0 ± 0.0^c	0.0 ± 0.0^c	0.0 ± 0.0^c	0.0 ± 0.0^c
Gi	325.0 ± 25.0^a	675.0 ± 25.0^a	425.0 ± 25.0^b	73.0 ± 25.0^b
G6	225.0 ± 25.0^b	425.0 ± 25.0^b	625.0 ± 25.0^a	116.0 ± 4.0^a
Gm	275.0 ± 25.0^{ab}	475.0 ± 25.0^b	675.0 ± 25.0^a	$77.5\pm2.5.0^b$

注：Gi、G6 和 Gm 分别表示接种相应真菌的处理，CK 表示空白对照。同列小写字母表示 $P<0.05$ 水平的差异显著性，不同字母表示差异显著，相同字母表示差异不显著。

(3)牧草产量

接种 AMF 后，各牧草的产量均有不同程度的提高(表 4-30)。高丹草接种 G6 时产量最高，接种 Gi 与接种 Gm 相比差异不显著($P>0.05$)，但接种组与对照组相比差异均显著($P<0.05$)；红三叶接种 Gi 与对照组、接种 G6、Gm 相比差异显著($P<0.05$)，接种

G6 与接种 Gm、对照组相比差异均不显著（$P>0.05$），但接种 Gm 与对照组相比差异显著（$P<0.05$），且接种 Gi 时产量最高；白三叶接种 Gi 与对照组、接种 G6、Gm 相比差异显著（$P<0.05$），接种 G6 与接种 Gm 相比差异不显著（$P>0.05$），但与对照组相比均显著（$P<0.05$），且接种 Gi 时产量最高；苜蓿接种 Gm 与接种 G6、对照组相比差异显著（$P<0.05$），与接种 Gi 相比差异不显著（$P>0.05$），接种 G6 与对照组相比差异显著（$P<0.05$），接种 Gm 时产量最高。

表 4-30　不同牧草接种 AM 真菌的生物量　　　　　g·盆$^{-1}$

牧草种类	处理	地上部分鲜重	地上部分干重	根鲜重	根干重
高丹草	CK	546.00±4.00^c	158.95±3.15^c	498.45±2.75^c	172.55±4.05^c
	Gi	786.00±4.00^b	321.50±2.80^b	730.75±0.45^b	255.75±5.65^b
	G6	1525.00±35.00^a	581.05±16.05^a	1271.65±20.55^a	400.50±5.20^a
	Gm	757.50±2.50^b	340.45±9.85^b	688.35±5.85^b	220.05±4.65^b
红三叶	CK	198.70±4.35^c	45.70±1.00^c	125.19±5.19^c	33.80±1.40^c
	Gi	437.83±11.74^a	100.70±2.70^a	355.37±10.19^a	95.95±2.75^a
	G6	211.09±8.05^{bc}	48.55±1.85^{bc}	134.63±2.78^{bc}	36.35±0.75^{bc}
	Gm	225.22±7.83^b	51.80±1.80^b	152.97±2.60^b	41.30±0.70^b
白三叶	CK	68.70±3.05^c	15.80±0.70^c	47.24±0.57^c	11.70±0.90^c
	Gi	176.09±6.09^a	40.50±1.40^a	151.30±5.74^a	40.85±1.55^a
	G6	131.31±4.35^b	30.20±1.00^b	50.37±1.48^c	13.60±0.40^c
	Gm	117.61±6.31^b	27.05±1.45^b	67.78±2.22^b	18.30±0.60^b
苜蓿	CK	198.55±4.25^c	49.10±1.60^c	141.28±4.92^c	31.00±1.00^c
	Gi	346.25±3.45^a	81.50±1.70^a	216.14±6.14^b	49.25±0.35^b
	G6	268.25±6.65^b	62.25±3.15^b	199.93±5.53^b	46.15±0.95^b
	Gm	352.00±1.20^a	82.60±5.10^a	316.65±1.65^a	76.25±4.05^a

注：Gi、G6 和 Gm 分别表示接种相应真菌的处理，CK 表示空白对照。同列小写字母表示 $P<0.05$ 水平的差异显著性，不同字母表示差异显著，相同字母表示差异不显著。

（4）侵染率与牧草产量之间的关系

高丹草、红三叶、白三叶的侵染率与产量成正相关，产草量随菌根侵染率的增加呈线性增加（图 4-13）。但苜蓿的牧草产量与菌根侵染率无显著的线性正相关，随着侵染率增加其产量反而有降低的趋势，可见，AMF 对苜蓿可能存在一个最适侵染率，苜蓿产量在侵染率达到最适值时才会表现出正效应。

二、苜蓿抗旱性对 AMF 的响应

通过对石河子垦区 21 块大田苜蓿根际 AMF 进行调查，根据孢子或孢子果颜色、孢壁结构、大小、纹饰等特征，参照国际丛枝菌根真菌保藏中心（INVAM）（http：//invam.caf.wvu.edu/Myc-Info/）的图片及文献进行鉴定，发现采样地大田苜蓿根际土样中分离鉴定出无梗囊霉属、球囊霉属和盾巨孢囊霉属。

根据大田苜蓿 AM 真菌的调查结果，我们选择 Gm 和 Gi 两种菌种进行大批量接种。接种后定期测定苜蓿根系侵染状况和苜蓿生长状况，明确 AMF 对苜蓿的促生长效应。对接种

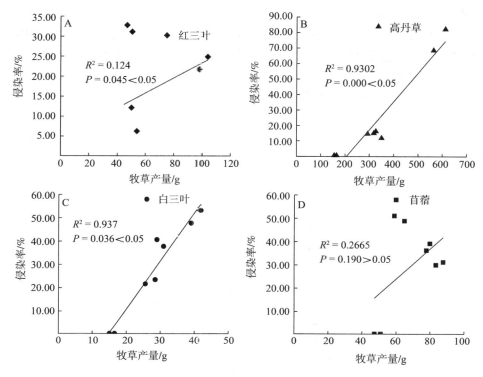

图 4-13 牧草产量与接种 AMF 侵染率之间的关系

AMF 的苜蓿进行了叶片保水能力、植株可溶性糖、可溶性蛋白、脯氨酸、丙二醛测定，明确 AMF 对苜蓿抗旱性能的影响。

1. 苜蓿生长量、根系菌根侵染率和根围土壤孢子数

水分胁迫显著的导致了苜蓿地上干物质量降低，而地下生物量增加。同一水分条件下，接种植株干物质量显著高于未接种植株($P<0.05$)。与正常水分组相比，根冠比显著增加($P<0.05$)。不同的处理间苜蓿根系侵染率不同，正常水分组两种菌对根系的侵染率均显著高于胁迫组，说明干旱胁迫影响苜蓿菌根的侵染。正常水分组根际土壤两种 AMF 孢子数均显著高于胁迫组($P<0.05$)，说明在水分缺失的情况下，AMF 孢子生长受到一定的抑制(表 4-31)。

表 4-31 干旱胁迫下苜蓿生长量、根系菌根侵染率和根围土壤孢子数

指标		侵染率/%	孢子数/ (个·50 g⁻¹)	地上生物量/g	地下生物量/g	根冠比
胁迫	Gm	32.43±0.74[d]	104±3.51[b]	82.27±3.7[b]	59.33±1.76[a]	0.72±0.03[ab]
	Gi	41.36±0.45[b]	76±8.32[c]	68.8±1.78[c]	50.3±4.91[b]	0.73±0.07[a]
	CK	0	0	54.23±1.65[d]	33.3±2.77[c]	0.61±0.03[b]
对照	Gm	38.6±0.36[c]	156±3.18[a]	96.33±3.33[a]	44.8±0.89[b]	0.47±0.02[c]
	Gi	51.13±0.44[a]	169±10.97[a]	80.63±2.69[b]	33.3±1.19[c]	0.41±0.001[c]
	CK	0	0	66.7±1.71[c]	27.0±3.34[c]	0.40±0.04[c]

注：同列相同字母表示差异不显著($P>0.05$)，同列不同字母表示差异显著($P<0.05$)。

2. 苜蓿叶片水分含量

在干旱胁迫的情况下，接菌处理的水分饱和亏缺值均有所增加，其中 Gm 和 Gi 水分饱和亏缺值均显著高于正常供水组（$P<0.05$），对照组水分饱和亏缺值有一定的增加，但差异不显著（$P>0.05$）。在干旱胁迫后，接种 Gm 和 Gi 处理间差异不显著，但均显著低于未接菌组（$P<0.05$），说明接种 AMF 能提高植株的保水能力（图 4-14）。

3. 苜蓿叶片可溶性糖、脯氨酸、可溶性蛋白和丙二醛含量

在干旱胁迫下不同处理的苜蓿叶片可溶性糖含量都出现累积（图 4-15A），接菌后可溶性糖的含量显著高于不接菌组（$P<0.05$），并且接种 Gm 后可溶性糖的含量较正常供水组相

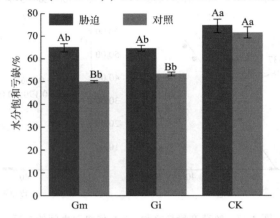

相同大写字母表示水分胁迫处理间差异不显著（$P>0.05$），不同小写字母表示不同接菌处理间差异显著（$P<0.05$）。

图 4-14　水分胁迫及接种 AM 真菌条件下苜蓿叶片水分饱和亏缺

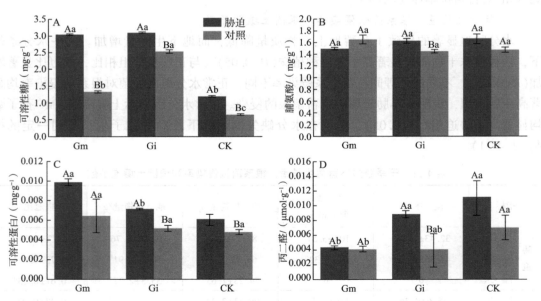

相同大写字母表示水分胁迫处理间差异不显著（$P>0.05$），不同小写字母表示不同接菌处理间差异显著（$P<0.05$）。

图 4-15　干旱胁迫条件下接种 AM 真菌对苜蓿叶片可溶性糖、脯氨酸、
可溶性蛋白和丙二醛含量的影响

比，显著的升高($P<0.05$)。但是接种 Gm 菌和 Gi 菌后可溶性糖含量差异不显著($P>0.05$)。干旱胁迫时苜蓿叶片脯氨酸的含量均出现一定的积累(图 4-15B)，其中接种 Gm 和 Gi 后脯氨酸的含量与未接菌的组相比差异不显著($P>0.05$)，接种 Gm 后与正常供水组相比，差异不显著($P>0.05$)，接种 Gi 后脯氨酸的含量显著高于正常供水组($P<0.05$)。在干旱胁迫下接种 Gm 和 Gi 后脯氨酸的积累量差异不显著($P>0.05$)。

经干旱处理后苜蓿叶片可溶性蛋白的含量均有一定的增加(图 4-15C)，接种 Gm 后可溶性蛋白的含量显著高于没有接菌的组($P<0.05$)，接种 Gi 后可溶性蛋白的含量与未接种组之间差异不显著($P>0.05$)。但是接种 Gm 可溶性蛋白的含量显著高于接种 Gi 组($P<0.05$)。干旱胁迫后，接种 Gm 后丙二醛的含量显著低于未接菌的组($P<0.05$)(图 4-15D)，接种 Gi 菌丙二醛的含量低于未接菌的组，但差异不显著($P>0.05$)。接种 Gm 后丙二醛的积累量与接种 Gi 的组之间差异不显著($P>0.05$)。

4. 各指标综合评价

在测定各指标的基础上，利用灰色关联度法对接种 AMF 的苜蓿进行抗旱性能综合评价，根据灰色系统理论，关联度反映的是各指标与抗旱系数的密切程度，关联度越大说明该指标与抗旱系数的关系越密切。因而，关联度大小可表明某一项指标对干旱的敏感程度，结果表明，接种 AMF 后，苜蓿受到干旱胁迫时，孢子数、侵染率、根重对苜蓿生物量积累影响较大，水分饱和亏缺对苜蓿生物积累量影响最小(表 4-32)。

在干旱胁迫下，苜蓿地上部分生物量与正常供水组相比显著降低，但是接种 AMF 与未接菌相比，显著提高根系侵染率，增加了地上部分生物量，同时根系生物量也显著增加，在干旱胁迫情况下接菌更能提高根系生物量，说明接种 AMF 增加了苜蓿的抗旱能力。

在干旱胁迫下，接种 AMF 后，可溶性糖、可溶性蛋白含量显著升高，水分饱和亏缺值、脯氨酸和丙二醛含量降低，说明接种 AMF 对苜蓿的抗旱能力有一定的促进作用。

通过关联度分析发现，各指标关联位序为孢子密度>地下生物量>菌根侵染率>丙二醛>可溶性蛋白>可溶性糖>脯氨酸>水分饱和亏缺。应用灰色关联度对苜蓿抗旱性指标进行综合评价，更能准确地建立抗旱性指标体系，对于提高植物在干旱环境条件下的生存能力具有重要意义。

表 4-32　各指标与抗旱系数的灰色关联度及关联位序

序号	指标	关联度	关联位序
X_1	水分饱和亏缺	0.591	8
X_2	可溶性糖	0.661	6
X_3	可溶性蛋白	0.704	5
X_4	脯氨酸	0.656	7
X_5	丙二醛	0.711	4
X_6	菌根侵染率	0.887	3
X_7	孢子密度	0.915	1
X_8	地下生物量	0.910	2

三、苜蓿细根生长及其生物量动态特征对丛枝菌根真菌的响应

1. 苜蓿菌根侵染率和根瘤菌数量

苜蓿菌根侵染率和根瘤菌数在不同的月份发生了显著变化(图 4-16)。首先,苜蓿菌根侵染率在 7~9 月随着接种时间的延长而逐渐增加。其中,对照处理植株未检测到菌根侵染;接种植株菌根侵染率在 9 月中旬达到最大(45.8%~72.2%)并高于其他时期,随后下降,在 10 月中旬降至 25.3%~36.6%;同时,不同菌种的侵染效果不同,其中接种 Ge 和 Gm 处理的菌根侵染率比其他菌种侵染率高(图 4-16A)。

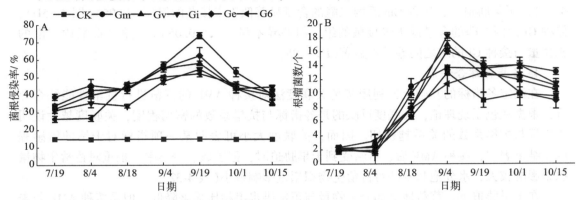

CK. 对照,Gm. 摩西球囊霉,Gi. 根内球囊霉,Ge. 幼套球囊霉,Gv. 地表球囊霉,G6. 混合菌种。

图 4-16　AM 处理下不同时期苜蓿菌根侵染率和根瘤菌数

苜蓿根瘤菌数在 7 月中旬到 8 月初变化幅度不大,各时期间差异均不显著;此后开始迅速上升,并于 9 月初达到最大,此时根瘤菌数显著高于其他时期,每株达到 11.33~18.33 个;直到 10 月中旬,除接种 Ge 处理下根瘤菌数降幅度较大外,其余接种处理下降幅度不大;对照植株根瘤数量较接种植株低,而且在 9 月中旬下降至每株 8.80 个,此后又开始上升(图 4-16B)。

2. 苜蓿细根现存生物量

苜蓿在接种不同的菌根真菌后的细根现存生物量存在着明显变化(图 4-17)。其中,菌根处理的苜蓿植株活细根平均现存生物量均高于未接种处理对照(图 4-17A),接种 Gm 处理植株细根现存生物量平均值最高(12.46 g·m^{-2}),其次为接种 G6 和 Gi 处理(分别为 10.41 g·m^{-2} 和 10.16 g·m^{-2}),而对照植株最低(7.31 g·m^{-2})。同时,苜蓿活细根现存生物量在 7~9 月有不断上升的趋势,并在 9 月中旬达到最高值;此后开始下降,在 10 月中旬下降至 10.56~6.32 g·m^{-2}。另外,苜蓿活细根现存生物量在 7 月中旬到 8 月初和 9 月初到 9 月中旬有明显的增加,说明在这两个时期有大量细根发生。

苜蓿植株死细根生物量呈现先增加后降低再增加的趋势(图 4-17B)。其中,各接种处理苜蓿植株死细根现存生物量先在 8 月中旬达到最大,后在 9 月中旬下降为 2.56~3.84 g·m^{-2},并以接种 Ge 组细根死亡生物量最低;此后,死细根现存生物量又增加,接种 Gi 和 Ge 处理增加趋势较缓,而对照处理和接种 Gm 处理增加迅速,说明此阶段由于气温下降大量细根死亡,且接种 Gi 和 Ge 苜蓿细根死亡量较低;在整个生长过程中,苜蓿植株未接种处理死细根现存生物量平均值为 4.23 g·m^{-2},高于接种处理,而接种处理组中又

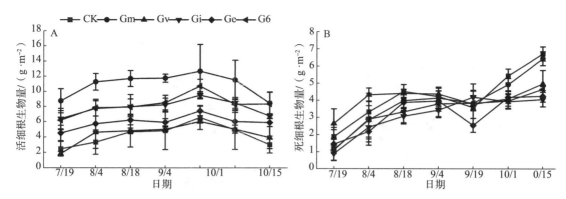

图 4-17 AMF 对苜蓿活细根和死细根现存生物量的影响

以接种 Gi 死细根现存平均生物量（3.11 g·m^{-2}）最低。

3. 苜蓿细根生长量

野外微根管法测定的苜蓿细根的生长（以根长生长量 RLD_P 表示），因不同的菌根真菌和季节表现出一定的差异（图 4-18）。在整个生长期内，接种 Ge 苜蓿细根 RLD_P 最大（0.045 mm·cm^{-2}·d^{-1}），以未接种最低（0.027 mm·cm^{-2}·d^{-1}）。其中，接种 Ge 苜蓿细根 RLD_P 在 8 月 6 日至 9 月 6 日达到最大，在 9 月 24 日至 10 月 10 日达到最低，但在不同月份差异不显著（$P>0.05$）；接种 Gi 后，苜蓿细根的 RLD_P 在 8 月 22 日至 9 月 6 日达到最大（0.048 mm·cm^{-2}·d^{-1}），并显著高于其他月份（$P<0.05$），于 8 月 6 日至 8 月 22 日最低（0.017 mm·cm^{-2}·d^{-1}）；接种 Gm 菌植株细根 RLD_P 在 7 月 19 日至 8 月 22 日显著低于其他月份（$P<0.05$）；接种 Gv 和 G6 苜蓿细根 RLD_P 分别在 8 月 22 日至 9 月 6 日和 8 月 6 日至 8 月 22 日达到最大，但均在 6 月 25 日至 7 月 19 日达到最低；没接种菌种植株细根生长在不同季节差异不显著。

另外，相关性分析发现苜蓿菌根侵染率与其细根 RLD_P 存在显著的线性相关性（$P<0.05$），而且根瘤菌数也显著地影响苜蓿细根 RLD_P（图 4-19）。

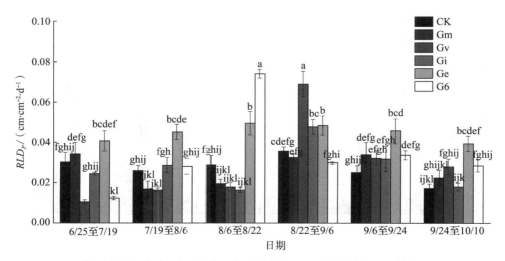

柱形图上方的标注不同小写字母表示不同处理之间在 0.05 水平差异显著。

图 4-18 AM 真菌处理下苜蓿的细根生长量（RLD_P）

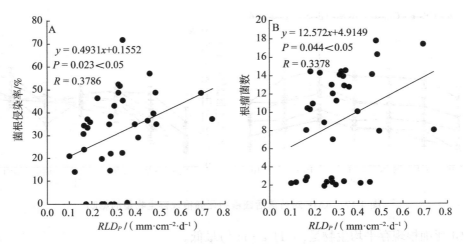

图 4-19 苜蓿 RLD_P 与 AMF 处理菌根侵染率和根瘤菌数的相关性分析

4. 苜蓿细根死亡量

野外微根管法测定的苜蓿细根的死亡(以根长死亡量 RLD_M 表示)动态与上述 RLD_P 表现相似，因不同时间及不同菌种存在一定的差异(图 4-20)。总体上，未接菌苜蓿植株细根 RLD_M 平均为 0.011 mm · cm^{-2} · d^{-1}，显著地高于各接种植株($P<0.05$)；在各接种植株中，又以接种 Gm 处理最低，其 RLD_M 平均为 0.002 mm · cm^{-2} · d^{-1}。其中，未接菌对照植株细根 RLD_M 在不同时间段之间差异显著，其在 9 月 24 日至 10 月 10 日达到最大并显著地高于其他时期($P<0.05$)，于 6 月 15 日至 7 月 19 日达到最低水平；接种 Ge 和 Gi 植株细根 RLD_M 均在 9 月 24 日至 10 月 10 日达到最大并显著高于其他时间($P<0.05$)，但其在 6 月中旬到 9 月初差异不显著($P>0.05$)；接种 Gm 植株细根 RLD_M 在 9 月 6 日至 9 月 24 日显著高于其他时间($P<0.05$)；接种 Gv 和 G6 植株细根 RLD_M 均在 9 月初到 10 月中旬显著高于其他时期($P<0.05$)，它们分别在 7 月 19 日至 8 月 6 日和 8 月 6 日至 8 月 22 日达到最低水平。

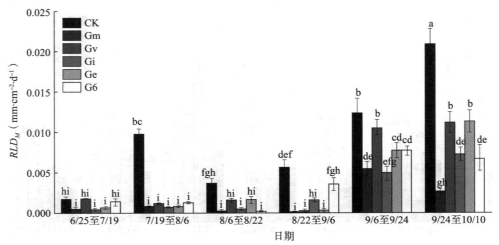

柱形图上方的标注不同小写字母表示不同处理之间在 0.05 水平差异显著。

图 4-20 AMF 处理下苜蓿细根长死亡量

5. 苜蓿细根平均长度、年生长量和周转量

野外微根管法测定的苜蓿接种不同菌根真菌后细根现存生物量、年生长量和年周转量有显著的差异（表4-33）。其中，接种 Gv 后细根现存量显著高于对照和接种其他菌种，并以对照最低（0.004 mm·cm^{-2}·a^{-1}）。接种不同菌种苜蓿细根的年生长量之间存在差异，并以接种 Gv 菌种年生长量最高并显著高于对照和接种 Gm 菌种处理，而接种 Gm 菌种处理年生长量最低。由于接种不同菌种的苜蓿细根平均现存量和年生长量不同，也导致它们的细根周转次数也存在差别，其中对照组细根周转次数最大（2.25 次），接种 Gv 和 Gm 后细根的周转次数较低，分别只有 1.25 次和 1.00 次。

表 4-33　AM 处理下苜蓿细根现存生物量、年生长量和年周转量

处理	现存生物量/ （mm·cm^{-2}·a^{-1}）	年生长量/ （mm·cm^{-2}·a^{-1}）	年周转量/次
Ge	0.007±0.014^b	0.012±0.017^{ab}	1.71
Gi	0.008±0.011^{ab}	0.014±0.020^a	1.75
Gm	0.005±0.005^b	0.005±0.005^c	1.00
Gv	0.012±0.017^a	0.015±0.020^a	1.25
G6	0.007±0.020^b	0.011±0.017^{ab}	1.57
CK	0.004±0.008^b	0.009±0.015^{bc}	2.25

注：同列不同小写字母表示不同处理之间差异显著（$P<0.05$）。

四、苜蓿生产性能及营养品质对接菌的响应

1. 苜蓿地下生物量及土壤磷含量

所有接菌处理下苜蓿的主根长、地下生物量和土壤速效磷均显著高于 CK（$P<0.05$），而 pH 值和全磷含量均显著低于 CK（$P<0.05$）（表4-34）。单接 Bm 和 Bs 处理苜蓿的主根长均大于 Fm 和 Ge 处理（$P<0.05$），但 Bm 和 Bs 之间、Fm 和 Ge 处理间差异均不显著（$P>0.05$）；单接 Fm 和 Ge 处理的地下生物量均显著高于 Bm 和 Bs 处理（$P<0.05$），且 Bm 和 Bs、Fm 和 Ge 之间差异均显著（$P<0.05$）。双接菌处理中，FmGe 处理的苜蓿主根长显著大于其他施菌处理（$P<0.05$），其中 BmBs 处理对苜蓿主根长的效应最弱。苜蓿地下生物量、速效磷含量均在 BmFm 处理下达到最大值，分别为 20.94 g·Pot^{-1} 和 31.19 mg·kg^{-1}。与 CK 相比，土壤 pH 值、全磷含量均为接菌处理显著低于 CK（$P<0.05$），且在 BmFm 处理下达到最低值，为 7.15g·kg^{-1} 和 0.836 g·kg^{-1}。可见，接种不同菌处理对提高苜蓿主根长、地下生物量及速效磷含量具有较为显著的促进作用，能够降低土壤 pH 值和全磷含量。双接菌具有一定的正向协同作用，双接菌更有利于改善苜蓿的根系生长。

接种菌处理的苜蓿土壤速效磷显著高于 CK，全磷和 pH 值显著低于 CK。AMF 和解磷细菌（PSB）作为土壤中一类普遍存在的功能微生物，对土壤磷的周转有重要作用。PSB 和 AMF 能够分泌有机酸，有机酸当中的 H$^+$ 使土壤 pH 值降低，其中有机酸能够降解土壤中难溶性磷酸盐，故使全磷含量下降，速效磷含量增加。同时，释放出的酸性物质将土壤当中

的难溶性磷溶解供给植物吸收利用，其本身还能够分泌磷酸酶对有机磷进行降解消化。另外，有机酸还可以与磷酸根离子竞争磷吸附位点，减少土壤对磷酸根的吸附，溶解土壤中的磷酸钙盐，使土壤对磷的吸附位点消失进而使更多的有效磷释放出来。故添加菌能提高土壤有效磷含量，降低土壤全磷含量。

表 4-34　不同菌处理下苜蓿地下生物量及土壤磷含量

处理	主根长/cm	地下生物量/$(g \cdot Pot^{-1})$	pH 值	土壤全磷/$(g \cdot kg^{-1})$	土壤速效磷/$(mg \cdot kg^{-1})$
CK	28.87 ± 0.36^g	6.07 ± 0.05^k	7.63 ± 0.13^a	1.142 ± 0.063^a	20.95 ± 0.14^h
Bm	33.43 ± 0.25^f	10.86 ± 0.13^h	7.33 ± 0.02^{cde}	0.904 ± 0.016^{fgh}	28.63 ± 0.37^d
Bs	32.21 ± 0.22^f	9.27 ± 0.06^j	7.44 ± 0.07^{bc}	0.964 ± 0.017^{def}	25.25 ± 0.26^f
Fm	34.94 ± 0.34^e	14.93 ± 0.14^g	7.40 ± 0.04^{bcd}	1.073 ± 0.047^{bc}	27.56 ± 0.31^e
Ge	33.92 ± 0.21^e	13.87 ± 0.15^i	7.49 ± 0.05^b	1.021 ± 0.020^{cd}	25.55 ± 0.24^f
BmBs	31.94 ± 0.42^f	12.14 ± 0.09^i	7.41 ± 0.11^{bc}	1.094 ± 0.019^{ab}	23.37 ± 0.22^{ab}
BmFm	39.07 ± 0.47^b	19.07 ± 0.19^b	7.15 ± 0.12^f	0.836 ± 0.018^h	31.19 ± 0.38^a
BmGe	38.72 ± 0.28^b	17.33 ± 0.11^d	7.24 ± 0.06^{ef}	0.872 ± 0.025^{gh}	30.74 ± 0.35^{ab}
BsFm	36.14 ± 0.12^c	17.67 ± 0.05^c	7.34 ± 0.05^{cde}	0.926 ± 0.022^{efg}	30.42 ± 0.29^{bc}
BsGe	35.45 ± 0.23^d	16.04 ± 0.13^e	7.21 ± 0.07^{ef}	0.943 ± 0.054^{ef}	30.04 ± 0.48^c
FmGe	39.83 ± 0.27^a	20.94 ± 0.18^a	7.26 ± 0.03^{def}	0.977 ± 0.060^{de}	28.71 ± 0.31^d

注：Bm 和 Bs 分别表示巨大芽孢杆菌、枯草芽孢杆菌，Fm 和 Ge 分别表示摩西管柄囊霉、幼套球囊霉，CK 表示加灭活菌的对照。同列不同小写字母表示在 0.05 水平差异显著。

　　新疆地区属于盐碱地，在盆栽种植条件下，不断地浇水会使土壤板结化严重，PSB 在生长过程中分泌的大量有机酸能改善土壤理化结构，使土壤疏松，非毛细管孔隙增加，可以给予苜蓿一个更好的生长环境。PSB 对其他作物的促进作用也有相似报道，在添加巨大芽孢杆菌对玉米(*Zea mays*)生长的研究发现，接菌显著改善土壤磷有效性，且添加巨大芽孢杆菌和枯草芽孢杆菌对有机磷、无机磷具有降解效果，均能改善土壤当中的有效磷含量，但两者解磷能力大小具有差异，巨大芽孢杆菌的解磷能力强于枯草芽孢杆菌，而 AMF 不仅改善土壤理化性状，还能通过促使土壤中的其他微生物繁殖，使这些微生物参与降解植物残体，微生物大量的繁殖及植物降解也能分泌大量的有效磷，以及降低土壤全磷的含量。

　　2. 苜蓿生长性状

　　苜蓿地上生物量、株高和茎粗是衡量其生长的重要指标。所有接菌处理的苜蓿地上生物量、株高和茎粗均显著高于 CK($P<0.05$)，且与 CK 相比，苜蓿地上生物量、株高和茎粗在单施解磷细菌 Bm 和 Bs 处理下分别增加了 18.57%～24.49%、8.59%～21.33%和 3.86%～9.54%，单施丛枝菌根真菌 Fm 和 Ge 处理下分别增加了 9.15%～27.35%、2.51%～18.60%和 4.59%～8.58%，双接 BmBs、BmFm、BmGe、BsFm、BsGe、FmGe 处理下分别增加了 7.66%～41.62%、7.44%～34.56%和 5.58%～26.61%(表 4-35)。

表 4-35 不同菌处理下苜蓿生长性状

处理	地上生物量/(g·Pot⁻¹)		株高/cm		茎粗/mm	
	第 1 茬	第 2 茬	第 1 茬	第 2 茬	第 1 茬	第 2 茬
CK	18.47±0.02[i]	13.31±0.08[i]	37.41±0.53[i]	32.26±0.42[g]	2.83±0.09[h]	2.44±0.03[h]
Bm	22.23±0.15[e]	16.57±0.17[e]	45.39±0.45[d]	36.91±0.49[c]	3.1±0.03[ef]	2.65±0.06[def]
Bs	21.90±0.21[f]	15.93±0.04[f]	43.25±0.26[f]	35.03±0.35[de]	3.01±0.02[fg]	2.52±0.05[gh]
Fm	21.74±0.05[f]	16.95±0.09[d]	44.37±0.82[e]	34.42±0.41[e]	3.15±0.03[de]	2.68±0.06[de]
Ge	20.16±0.24[h]	14.92±0.19[g]	42.21±0.38[g]	33.07±0.36[f]	2.96±0.05[g]	2.63±0.07[def]
BmBs	20.83±0.18[g]	14.33±0.22[h]	40.32±0.32[h]	34.66±0.25[e]	3.06±0.02[ef]	2.56±0.09[fg]
BmFm	25.31±0.11[a]	18.85±0.15[a]	50.34±0.39[a]	42.91±0.38[a]	3.32±0.05[b]	2.82±0.05[b]
BmGe	25.03±0.18[a]	18.07±0.25[b]	48.67±0.34[b]	36.75±0.24[c]	3.29±0.06[bc]	2.79±0.04[bc]
BsFm	23.76±0.21[c]	17.55±0.13[c]	48.42±0.51[b]	35.65±0.43[d]	3.28±0.07[bc]	2.74±0.03[bcd]
BsGe	23.28±0.18[d]	16.15±0.07[f]	45.63±0.35[d]	35.38±0.32[d]	3.22±0.04[cd]	2.71±0.09[cde]
FmGe	24.7±0.14[b]	18.20±0.14[b]	49.70±0.27[a]	40.08±0.34[b]	3.43±0.06[a]	3.05±0.02[a]

注：Bm 和 Bs 分别表示巨大芽孢杆菌、枯草芽孢杆菌，Fm 和 Ge 分别表示摩西管柄囊霉、幼套球囊霉，CK 表示加灭活菌的对照。同列不同小写字母表示在 0.05 水平差异显著。

在单接菌条件下，苜蓿地上生物量、株高均为 Bm 处理显著大于 Bs、Fm 和 Ge 处理（$P<0.05$），Fm 处理显著大于 Ge 处理（$P<0.05$）。单独接 PSB 和 AMF 中，苜蓿的茎粗在 Fm 处理下最好。双接菌处理中，苜蓿地上生物量、株高和茎粗均在 BmFm 处理下达到最大值，但双接菌 BmBs 处理的苜蓿地上生物量、株高显著低于单接 Bm 和 Bs 处理（$P<0.05$），FmGe 处理苜蓿的株高和茎粗均显著高于单施 Fm 和 Ge 处理（$P<0.05$）。不同接菌处理下苜蓿地上生物量、株高和茎粗均为第 1 茬大于第 2 茬。可见，单接菌和双接菌处理对苜蓿地上部分生长有明显的促进作用，即对苜蓿地上部的生长具有显著的正效应。

接种不同菌对苜蓿地上生物量及地下生物量的影响，实质上是通过不同菌的功能改善土壤中营养物质形态以便于植物体吸收，或加强植物根系的吸收能力进而促进植物的生长。接种菌处理的苜蓿地上生物量、株高、茎粗、主根长、地下生物量均显著高于不接菌。土壤磷含量增加后会显著增加苜蓿叶片中的叶绿素含量，提高了苜蓿光合作用速率，从而促进苜蓿植株生长，提高苜蓿干草产量，故土壤当中的有效磷增多对苜蓿干物质的累积有一定的促进作用。而土壤有效磷增多时，苜蓿的根系能立即反映并利用它进行根系本身的生长发育，然后将养分运输到地上部分，同时促进地上和地下生物量的增加。

研究认为，添加 PSB 促进植物生长是通过诱导植物分泌生长激素或降低抑制植物生长激素的形成，从而促进植物的生长和发育。添加 AMF 相较于 CK，能与苜蓿的根系形成共生体，菌根的菌丝可以直接吸收水分，且菌丝将根系的表面积扩大，在相同的条件下，吸收的养分和水分的利用效率随之提高。

双接种条件下，AMF 与植物是互惠共生的关系，在互惠共生体中，共生体的利益应该与双方合作者的利益是一致的，真菌菌丝能从土壤中将养分元素集中吸收并转运到根系内，进而促进各自的生长和营养吸收，真菌和解磷细菌的合作扩大了植物对养分的吸收范围，同时也能增加土壤难溶性磷的活化和植物对磷的吸收利用。另外，AMF 促使根系分泌出更多微生物利用的资源，根系分泌物除了为根际微生物提供丰富的营养物质外，通过诱导趋化性运动吸引微生物向根际聚集和定殖，进而影响其他微生物在植物根际定殖。双接种所含的有益微生物在生长繁殖过程中不但能够直接给作物提供某些营养元素，产生对植物有益的代谢产物，而且能够不同程度地刺激和调节植物生长使其生长健壮，营养状况得到改善，从而达到增产效果。

磷营养在苜蓿生产中发挥着巨大的作用，接种 PSB 和 AMF 两者相互作用有利于土壤的磷循环，故解磷细菌与菌根真菌互作在增加磷素吸收和植物的促生长作用上优于单一接种。孙艳梅等（2019）研究认为，并不是所有的双接菌处理对苜蓿生长都有协同作用，不同菌促进紫花苜蓿生长的作用机制存在一定的差异，与枯草芽孢组合的 BmBs、BsFm、BsGe 处理在地下生物量、株高等方面均比与巨大芽孢杆菌组合的 BmFm、BmGe 处理效果差，且 BmBs 处理对苜蓿的促生效果差于 BsFm、BsGe 处理，这主要是由于枯草芽孢杆菌对真菌、细菌、病毒和菌原体等具有良好的抑制作用，故与枯草芽孢杆菌结合的菌在生产性能和营养品质等方面表现较差，但是 BmBs、BsFm、BsGe 处理也高于 CK，因为微生物有很大一部分具有活化养分的功能，它们能够将难溶性的无机化合物或有机氮或者磷转化为植物可直接吸收利用的有效养分，同时当这类功能性微生物衰老死亡后，体内贮存的养分释放成为土壤有效养分。

3. 苜蓿营养品质

所有接菌处理下苜蓿的粗蛋白质含量、植株磷含量均显著高于 CK（$P<0.05$），中性洗涤纤维和酸性洗涤纤维含量均显著低于 CK（$P<0.05$）（表 4-36）。单施 Bm 和 Bs 处理及 Fm 和 Ge 处理下，苜蓿的粗蛋白质含量差异均不显著（$P>0.05$），双接菌 BmFm 处理的粗蛋白质含量显著大于单接 Bm、Bs、Fm 和 Ge 处理（$P<0.05$），但与 BmFm 与 BmGe、BsFm、BmGe 和 FmGe 处理差异均不显著（$P>0.05$）。中性洗涤纤维和酸性洗涤纤维含量代表适口性，其含量越高，适口性越差，苜蓿中性洗涤纤维和酸性洗涤纤维含量在 BmFm 处理下达

表 4-36　不同菌处理下苜蓿的营养品质　　　　　　　　　　　　　　%

处理	粗蛋白质		中性洗涤纤维		酸性洗涤纤维		苜蓿磷	
	第 1 茬	第 2 茬	第 1 茬	第 2 茬	第 1 茬	第 2 茬	第 1 茬	第 2 茬
CK	16.45±0.21[h]	17.58±0.11[h]	40.98±0.31[a]	41.78±0.53[a]	32.63±0.33[a]	32.98±0.44[a]	0.242±0.008[f]	0.223±0.002[f]
Bm	18.63±0.47[cd]	19.45±0.28[bc]	37.59±0.39[de]	40.40±0.49[c]	28.32±0.29[f]	28.52±0.33[fg]	0.294±0.009[bc]	0.255±0.008[c]
Bs	18.57±0.22[cde]	18.87±0.04[ef]	38.03±0.48[d]	41.28±0.38[ab]	29.56±0.33[cd]	29.63±0.46[d]	0.277±0.016[cde]	0.248±0.003[cd]
Fm	18.35±0.09[def]	19.05±0.14[de]	38.96±0.39[bc]	38.78±0.37[e]	28.87±0.36[e]	29.73±0.22[d]	0.266±0.022[de]	0.233±0.008[ef]
Ge	18.22±0.18[bc]	18.54±0.22[fg]	39.49±0.23[b]	41.65±0.28[a]	29.19±0.41[de]	30.88±0.26[c]	0.252±0.012[ef]	0.229±0.002[ed]
BmBs	17.94±0.23[g]	18.39±0.17[g]	38.88±0.47[bc]	41.62±0.26[a]	30.73±0.25[b]	31.94±0.31[b]	0.255±0.018[ef]	0.236±0.004[e]
BmFm	19.41±0.15[a]	19.99±0.26[a]	35.61±0.36[g]	37.87±0.28[f]	26.01±0.21[i]	27.14±0.32[h]	0.324±0.012[a]	0.288±0.007[a]
BmGe	19.13±0.21[ab]	19.72±0.24[ab]	36.81±0.32[f]	39.43±0.23[d]	27.75±0.22[g]	28.26±0.06[g]	0.303±0.016[ab]	0.269±0.005[b]
BsFm	18.79±0.16[bc]	19.35±0.15[bcd]	37.14±0.16[ef]	39.61±0.27[d]	26.65±0.34[h]	29.03±0.31[ef]	0.291±0.002[bcd]	0.253±0.009[cd]
BsGe	18.05±0.14[fg]	18.82±0.28[df]	38.67±0.35[c]	41.47±0.34[ab]	28.98±0.27[e]	29.46±0.38[de]	0.286±0.017[bcd]	0.247±0.009[cd]
FmGe	18.46±0.08[cde]	19.20±0.25[cde]	36.77±0.19[f]	40.88±0.33[bc]	29.89±0.38[c]	30.81±0.25[c]	0.290±0.007[bcd]	0.239±0.006[de]

注：Bm 和 Bs 分别表示巨大芽孢杆菌、枯草芽孢杆菌，Fm 和 Ge 分别表示摩西管柄囊霉、幼套球囊霉，CK 表示加灭活菌的对照。同列不同小写字母表示在 0.05 水平差异显著。

到最小值。苜蓿磷含量在单接菌条件下为 Bm 和 Bs 处理高于 Fm 和 Ge 处理，但差异不显著($P>0.05$)，双接菌条件下 BmFm 处理显著高于其他双接菌处理($P<0.05$)，除 BmBs 外，其他双接菌处理均高于单接菌 Bm、Bs、Fm 和 Ge 处理。不同接菌处理条件下，苜蓿的粗蛋白质、中性洗涤纤维和酸性洗涤纤维含量均为第 1 茬大于第 2 茬。苜蓿磷含量反之，为第 1 茬小于第 2 茬。

接种菌处理的苜蓿粗蛋白质、磷含量均显著高于 CK($P<0.05$)，中性洗涤纤维和酸性洗涤纤维均显著小于 CK($P<0.05$)。双接菌通过提高土壤生物有效磷浓度和改善营养物质循环来促进菌根的发展进而促进植物的生长。同时，通过改变土壤、植物有效磷浓度会影响植物光合作用进而影响生物固氮，从而提高苜蓿粗蛋白质含量。苜蓿营养品质的形成是苜蓿生物量一种转化，一般地上部分的生物量受光合作用的影响较大，通过光合作用累积生物量，而累积后较多的养分含量才能进一步的改善苜蓿品质。且 AMF 不仅能促进植物吸收养分，同时还能明显减少养分损失，故使植物体内部的粗蛋白质含量在逐渐增加。在肥力较丰富的土壤环境，会促进植物生长发育，植物发育较好后植株体的木质化随之降低，故中性洗涤纤维和酸性洗涤纤维小于 CK。

4. 苜蓿各指标相关性分析

通过皮尔逊相关性分析表明，苜蓿的中性洗涤纤维和酸性洗涤纤维含量与苜蓿地上生物量、株高、茎粗和粗蛋白质含量呈极显著负相关($P<0.01$)，pH 值除与中洗洗涤纤维含量和主根长呈极显著正相关($P<0.01$)，与其他指标均呈极显著负相关($P<0.01$)(表 4-37)。速效磷含量与中性洗涤纤维含量、pH 值和土壤全磷含量呈极显著负相关($P<0.01$)，与其他指标均呈极显著正相关($P<0.01$)。其他指标中酸性洗涤纤维含量与茎粗呈负相关不显著($P>0.05$)；地下生物量与苜蓿磷呈正相关不显著($P>0.05$)，与土壤全磷呈负相关不显著外($P>0.05$)，其他各指标之间呈显著或极显著正相关、显著或极显著负相关。

表 4-37　不同菌处理下苜蓿各指标相关性分析

指标	主根长	地下生物量	pH 值	全磷	速效磷	地上生物量	株高	茎粗	粗蛋白质	中性洗涤纤维	酸性洗涤纤维
地下生物量	0.957**										
pH 值	-0.857**	-0.807**									
全磷	-0.714*	-0.576	0.822**								
速效磷	0.863**	0.811**	-0.903**	-0.874**							
地上生物量	0.939**	0.856**	-0.906**	-0.840**	0.923**						
株高	0.918**	0.825**	-0.900**	-0.821**	0.847**	0.956**					
茎粗	0.958**	0.947**	-0.840**	-0.620*	0.814**	0.910**	0.897**				
粗蛋白质	0.807**	0.705**	-0.820**	-0.886**	0.877**	0.902**	0.859**	0.715*			
中性洗涤纤维	-0.808**	-0.713*	0.790**	0.796**	-0.829**	-0.914**	-0.895**	-0.741**	-0.923**		
酸性洗涤纤维	-0.692*	-0.607*	0.776**	0.905**	-0.900**	-0.822**	-0.762*	-0.576	-0.934**	0.883**	
苜蓿磷含量	0.719*	0.570	-0.847**	-0.936**	0.824**	0.874**	0.882**	0.642*	0.875**	-0.900**	-0.877**

注：*表示在 0.05 水平(双侧)显著相关，**表示在 0.01 水平(双侧)显著相关。

5. 苜蓿生长、营养品质和地下生物量的综合评价

由于各处理在不同指标上表现均不相同，而以任何一个单一指标评价最优接菌处理均是不全面的。以主根长、地下生物量、pH 值、全磷、速效磷、苜蓿地上生物量、株高、茎粗、粗蛋白质、中性洗涤纤维、酸性洗涤纤维、苜蓿磷含量总计 12 个指标，对接种不同菌处理下苜蓿的生长、营养品质及地下生物量和土壤磷含量进行综合评价（表 4-38）。其中，主根长、地下生物量、速效磷、地上生物量、株高、茎粗、粗蛋白质含量、苜蓿磷含量为正向指标，pH 值、全磷含量、中性洗涤纤维和酸性洗涤纤维含量为负向指标。将 12 项指标的隶属函数值进行综合价值排序，平均值越大综合价值越高，反之越差。各不同接菌处理下苜蓿各生产指标综合排序，前三位分别为 BmFm、BmGe 和 FmGe 处理。

表 4-38　不同菌处理下苜蓿各指标综合评价

指标	CK	Bm	Bs	Fm	Ge	BmBs	BmFm	BmGe	BsFm	BsGe	FmGe
主根长	0.000	0.415	0.304	0.552	0.460	0.280	0.927	0.896	0.661	0.599	1.000
地下生物量	0.000	0.323	0.216	0.596	0.525	0.409	0.874	0.757	0.780	0.671	1.000
pH 值	0.000	0.625	0.396	0.479	0.292	0.458	1.000	0.813	0.604	0.875	0.771
全磷	0.000	0.775	0.580	0.225	0.394	0.156	1.000	0.879	0.704	0.648	0.537
速效磷	0.000	0.750	0.420	0.646	0.449	0.236	1.000	0.956	0.925	0.888	0.758
地上生物量	0.000	0.567	0.489	0.559	0.267	0.274	1.000	0.914	0.770	0.618	0.898
株高	0.000	0.536	0.365	0.387	0.238	0.225	0.668	0.526	0.481	0.853
茎粗	0.008	0.402	0.221	0.467	0.270	0.295	0.721	0.672	0.623	0.549	1.000
粗蛋白质	0.000	0.755	0.636	0.628	0.509	0.429	1.000	0.898	0.766	0.530	0.677
中性洗涤纤维	0.000	0.514	0.372	0.541	0.175	0.244	0.703	0.648	0.282	0.551
酸性洗涤纤维	0.000	0.704	0.515	0.563	0.445	0.236	1.000	0.770	0.797	0.575	0.394
苜蓿磷	0.000	0.571	0.408	0.231	0.109	0.177	1.000	0.728	0.537	0.463	0.435
平均值	0.001	0.578	0.410	0.489	0.344	0.285	0.960	0.805	0.695	0.598	0.739
排序	11	6	8	7	9	10	1	2	4	5	3

单接 PSB 或 AMF 与双接 PSB 和 AMF 方式对苜蓿的生长、营养品质和地下生物量的影响不同，通过一个指标来评价最优接菌模式并不能全面说明不同接菌处理的优劣，而采用隶属函数分析的方法能够综合多项指标来评价最优接菌模式。按照不同施菌最优组合排序，苜蓿各茬次最优组合为 BmFm 处理，说明当双接种菌中 PSB 为巨大芽孢杆菌、AMF 为摩西管柄囊霉，能够更有效提高苜蓿干草产量，溶解更多的土壤全磷，促进苜蓿植株对速效磷的吸收，并提高苜蓿的营养品质。同时，相同功能菌或不同功能菌对苜蓿影响不同，只有选择合适的接菌处理才能达到提高苜蓿生产性能，改善营养品质及土壤肥力等效果，并提高土壤有效磷。

土壤速效磷与苜蓿的生产性能和品质呈正相关，pH 值、全磷含量与苜蓿的生产性能和品质呈负相关，说明各菌通过改善土壤营养状况以及苜蓿根系情况来提高苜蓿生产性能。

第三节　水、磷、菌一体化技术

一、水、磷一体化技术

1. 水、磷一体化对苜蓿干草产量的影响

灌水量相同条件下，苜蓿总干草产量随着施磷量的增加而逐渐增大，至 P_2 处理达到最大后，开始下降，且 P_2 处理显著高于 P_1 和 P_3 处理（$P<0.05$）（表 4-39）。施磷处理苜蓿的总干草产量较未施磷处理增产 7.43%~29.87%，其中 P_2 处理增产 12.55%~29.87%，增产效果明显。2016—2018 年苜蓿总干草产量均为 W_2P_2 处理达到最大值，分别为 23.16 t·hm^{-2}、22.97 t·hm^{-2} 和 20.55 t·hm^{-2}，且 2017 年和 2018 年较 2016 年降低了 0.82% 和 13.64%。说明苜蓿总干草产量随着年限的增加呈逐渐降低的趋势。

表 4-39　不同水磷条件下苜蓿总干草产量　　　　　　　　　　　t·hm^{-2}

处理	2016 年	2017 年	2018 年
W_1P_0	19.21±0.19^{Bc}	18.93±0.18^{Bc}	14.93±0.55^{Bc}
W_1P_1	20.84±0.22^{Cb}	20.66±0.01^{Bb}	17.21±0.11^{Cb}
W_1P_2	21.76±0.22^{Ca}	22.43±0.02^{Ba}	18.96±0.03^{Ba}
W_1P_3	21.19±0.26^{Bb}	20.92±0.09^{Bb}	17.54±0.46^{Cb}
W_2P_0	20.44±0.22^{Ac}	19.47±0.04^{Ad}	15.83±0.40^{Bc}
W_2P_1	22.18±0.17^{Ab}	21.09±0.04^{Ac}	18.18±0.54^{Bb}
W_2P_2	23.16±0.35^{Aa}	22.97±0.08^{Aa}	20.55±0.16^{Aa}
W_2P_3	22.26±0.22^{Ab}	21.74±0.04^{Ab}	18.86±0.08^{Bb}
W_3P_0	20.08±0.24^{Ac}	19.64±0.23^{Ad}	16.22±0.40^{Ad}
W_3P_1	21.57±0.13^{Bb}	21.17±0.03^{Ac}	18.95±0.14^{Ac}
W_3P_2	22.60±0.25^{Ba}	22.97±0.09^{Aa}	20.30±0.20^{Aa}
W_3P_3	21.56±0.37^{Ab}	21.60±0.03^{Ab}	19.48±0.21^{Ab}

注：W_1、W_2、W_3 分别表示灌溉量 5250 m^3·hm^{-2}、6000 m^3·hm^{-2}、6750 m^3·hm^{-2}，P_0、P_1、P_2、P_3 分别表示施 P_2O_5 0 kg·hm^{-2}、50 kg·hm^{-2}、100 kg·hm^{-2} 和 150 kg·hm^{-2}。同列不同大写字母表示相同施磷条件下不同水处理间在 0.05 水平差异显著，同列不同小写字母表示相同水处理下不同施磷处理间在 0.05 水平差异显著。

2. 苜蓿磷累积量和吸磷总量

灌水和施磷对苜蓿磷累积量均有明显的影响。灌水量相同条件下，苜蓿磷累积量、吸磷量随着施磷量的增加在 2016 年呈一直增大的趋势，在 2017 年和 2018 年呈先增加后逐渐减少的趋势（表 4-40）。P_1、P_2 和 P_3 处理较 P_0 处理植株的磷累积含量分别增加了 19.99%~28.23%、22.42%~36.87% 和 22.05%~32.23%，且差异均达显著水平（$P<0.05$）。吸磷量分别增加了 29.23%~40.41%、47.23%~60.16% 和 36.75%~49.49%，且 P_1、P_2 和 P_3 处理显著大于 P_0 处理（$P<0.05$）。可见，添加磷肥有效地促进了植株对磷的吸收。在施磷量相同条件下，各灌水处理对苜蓿磷累积量差异不显著（$P>0.05$）。而苜蓿植

株的吸磷量 W_2 和 W_3 处理分别较 W_1 处理增加了 5.45% ~ 7.86%、2.06% ~ 10.81%、0.73% ~ 13.81% 和 3.76% ~ 13.14%。说明灌水能提高苜蓿的吸磷量。

水作为作物生长过程中不可或缺的物质，不仅会促进养分的吸收与运转，而且会直接影响作物体内一系列的代谢反应。Zhang 等（2020）研究表明，灌溉量增加更有利于提高苜蓿的干草产量。Avramova 等（2015）研究表明，在灌水量较为充足的条件下，灌溉会增加苜蓿的生长速率和叶面积，增强苜蓿叶片的光合作用，积累光合产物，进而有利于苜蓿干草产量的提高。土壤水分含量过少时，会导致作物水分亏缺，进而抑制作物生长。因此，水分胁迫对光合作用的影响体现在植物生物量的变化上。Zhang 等（2020）研究表明，在干旱胁迫下，施磷会改善苜蓿的生长，进而提高苜蓿的干草产量。在苜蓿生长早期，增加灌溉量及配以一定量的磷肥可促进苜蓿对水分的吸收和植株的生长，进而提高苜蓿的干草产量。Liu 等（2015）研究认为，在土壤水分亏缺条件下，磷营养对根系生长的调节主要是改变了根系的水分状况，提高了根水势，增加了根系对土壤水分的吸收量，进而促进地上地下部分生长。此外，施磷会明显增强组织细胞膜的稳定性，增大气孔导度，使其对干旱的敏感性降低，从而增强抗旱能力，改善苜蓿的生长。

表 4-40　不同处理下苜蓿磷累积量和吸磷总量

处理	磷累积含量/%			吸磷量/(kg·hm^{-2})		
	2016 年	2017 年	2018 年	2016 年	2017 年	2018 年
W_1P_0	0.7276±0.0064^{Bc}	0.7432±0.0032^{Cd}	0.8289±0.0057^{Ab}	35.78±0.52^{Bd}	35.20±0.48^{Bd}	30.93±1.45^{Bd}
W_1P_1	0.9330±0.0224^{Ab}	0.9049±0.0019^{Cc}	0.9946±0.0115^{ABa}	49.44±1.31^{Bc}	46.74±0.08^{Cc}	42.27±0.10^{Cc}
W_1P_2	0.9575±0.0197^{Bb}	0.9737±0.0013^{Ba}	1.0147±0.0020^{Ba}	52.76±0.98^{Cb}	54.85±0.05^{Ca}	47.44±0.06^{Ba}
W_1P_3	1.0234±0.0049^{Ba}	0.9540±0.0016^{Cb}	1.0117±0.0136^{Ba}	54.85±0.37^{Ca}	49.99±0.25^{Cb}	44.08±0.56^{Cb}
W_2P_0	0.7245±0.0009^{Bd}	0.7661±0.0028^{Ad}	0.8291±0.0148^{Ad}	37.99±0.45^{Ad}	37.23±0.18^{Ad}	32.80±1.44^{ABd}
W_2P_1	0.8985±0.0107^{Bc}	0.9207±0.0018^{Ac}	1.0125±0.0188^{Ac}	50.46±0.53^{ABc}	48.58±0.18^{Ac}	45.46±0.54^{Bc}
W_2P_2	0.9379±0.0049^{Bb}	1.0332±0.0033^{Aa}	1.0510±0.0001^{Aa}	54.96±0.62^{Bb}	59.49±0.38^{Aa}	53.99±0.53^{Aa}
W_2P_3	1.0441±0.0006^{Aa}	1.0130±0.0023^{Ab}	1.0401±0.0081^{Ab}	58.19±0.54^{Aa}	55.34±0.21^{Ab}	48.67±0.15^{Bb}
W_3P_0	0.7471±0.0025^{Ad}	0.7550±0.0027^{Bc}	0.8220±0.0100^{Ad}	38.32±0.21^{Ad}	37.15±0.32^{Ad}	33.36±1.21^{Ad}
W_3P_1	0.9433±0.0095^{Ac}	0.9077±0.0001^{Bb}	0.9886±0.0041^{Bc}	51.16±0.68^{Ac}	48.01±0.07^{Bc}	46.84±0.16^{Ac}
W_3P_2	1.0169±0.0107^{Ab}	0.9594±0.0037^{Ca}	1.0502±0.0058^{Aa}	57.88±0.40^{Ab}	55.25±0.40^{Bb}	53.43±0.47^{Aa}
W_3P_3	1.0457±0.0058^{Aa}	0.9645±0.0021^{Ba}	1.0150±0.0010^{Bb}	56.49±0.25^{Bb}	52.05±0.05^{Bb}	49.87±0.57^{Ab}

注：同列不同大写字母表示相同施磷条件下不同水处理间在 0.05 水平差异显著，同列不同小写字母表示相同水处理下不同施磷处理间在 0.05 水平差异显著。

3. 苜蓿的水磷利用效率

水磷利用效率是衡量灌溉量和施磷肥是否合理的重要标准之一。其中，水分利用效率是用来描述苜蓿生长量，特别是描述收获产量与作物水分消耗关系的生理指标。在相同灌水量条件下，随着施磷量的增加，苜蓿的水分利用效率均呈逐渐增大的趋势，至 P_2 处理达到最大后，逐渐下降；且 P_1、P_2 和 P_3 处理显著大于 P_0 处理，其中 P_2 处理比 P_0 处理提高了 18.50%~25.13%（表 4-41）。说明在相同灌水量条件下，施磷可明显提高苜蓿的水分利用效率。在相同施磷量条件下，W_1 处理显著大于 W_2 和 W_3 处理（$P<0.05$），说明随着灌水量的增加，水分利用效率逐渐降低。

表 4-41　不同处理下苜蓿的水磷利用效率　　　　　　　%

处理	水分利用效率			磷素利用效率		
	2016 年	2017 年	2018 年	2016 年	2017 年	2018 年
W_1P_0	27.06±0.38[Ac]	28.92±0.27[Ad]	22.33±0.59[Ac]	—	—	—
W_1P_1	29.36±0.44[Ab]	31.56±0.01[Ac]	25.74±0.12[Ab]	27.32±3.64[Aa]	23.06±1.12[Aa]	22.68±3.09[Aa]
W_1P_2	30.66±0.44[Aa]	34.27±0.03[Aa]	25.36±0.03[Aa]	16.99±1.49[Bb]	19.64±0.53[Bb]	16.52±1.50[Ab]
W_1P_3	29.85±0.52[Ab]	31.96±0.13[Ab]	25.23±0.49[Ab]	12.72±0.59[Bc]	9.86±0.16[Bc]	8.76±1.34[Bc]
W_2P_0	26.04±0.40[Bc]	26.69±0.05[Bd]	21.29±0.38[Bd]	—	—	—
W_2P_1	28.26±0.31[Bb]	28.91±0.05[Bc]	24.45±0.51[Bc]	24.93±1.95[Aa]	22.71±0.01[ABa]	25.31±1.81[Aa]
W_2P_2	29.51±0.63[Ba]	31.48±0.11[Ba]	27.63±0.16[Ba]	16.97±0.17[Bb]	22.26±0.56[Ab]	21.19±1.98[Ab]
W_2P_3	28.36±0.40[Bb]	29.79±0.05[Bb]	25.37±0.08[Bb]	13.47±0.06[Ac]	12.07±0.02[Ac]	10.58±1.07[ABc]
W_3P_0	23.35±0.39[Cc]	24.41±0.28[Cd]	19.82±0.35[Cd]	—	—	—
W_3P_1	25.09±0.21[Cb]	26.32±0.04[Cb]	24.15±0.12[Cc]	25.68±1.78[Aa]	21.73±0.51[Ba]	26.96±2.74[Aa]
W_3P_2	26.29±0.41[Ca]	28.55±0.12[Ca]	24.80±0.17[Ca]	19.55±0.61[Ab]	18.10±0.73[Cb]	20.07±1.68[Ab]
W_3P_3	25.08±0.61[Cb]	26.86±0.04[Cc]	23.79±0.18[Cb]	12.11±0.03[Bc]	9.93±0.25[Bc]	11.01±1.18[Ac]

注：同列不同大写字母表示相同施磷条件下不同水处理间在 0.05 水平差异显著，同列不同小写字母表示相同水处理下不同施磷处理间在 0.05 水平差异显著。

在相同灌水量条件下，苜蓿的磷素利用率随施磷量的增加呈逐渐降低的趋势，且各处理间均差异显著（$P<0.05$）。

Zhang 等（2020）研究认为，施肥具有明显的调水作用，适量施肥可提高水分的利用效率。磷肥影响干物质的积累、分配和再循环，以及产量形成。此外，施肥可以增加土壤持水量，并成功地将肥料的有效性与作物吸收相匹配，提高水分利用效率的同时提高产量。另有研究认为，施肥增加了土壤团聚体（>0.25 mm）的形成和土壤养分的百分比，最重要的是，施磷肥可促进植物根系的发育，提高根系的吸水能力，进而提高水分利用效率。同时，施磷有利于光合产物在地上部分的分配，这对于提高产量和水分利用效率非常重要。

Muluneh 等（2015）研究表明，苜蓿种植加重了干旱和半干旱地区的土壤干旱，土壤水分缺乏，导致水分利用效率降低。Zhang 等（2020）研究认为，随着年限的增加，苜蓿的水分利用效率呈先增加后减少的趋势。同时，施磷能促进苜蓿的水分利用效率，但水未能促进苜蓿的磷素利用效率。磷的利用效率与植物从难溶性来源中调动磷或吸收土壤溶液中可溶性磷的不同程度有关。当土壤灌溉量较小时（W_1），土壤处于干燥和复湿循环时，矿物质养分利用率提高。更严重的干旱（如高温或长时间的干旱）会导致土壤长期处于干燥，从而导致矿化增加，矿物质养分利用效率降低。而灌溉量较多（W_3）条件下，水能作为溶剂将磷充分溶解，进而提高磷素利用效率，而在合适的灌溉量条件下，能够提高苜蓿的吸磷量，并改善磷素利用效率。水磷耦合处理条件下苜蓿磷素利用效率在 8.76%~26.96%，相对于平均磷素利用效率 5%~25% 有所提高，说明滴灌条件下优化水磷耦合能使苜蓿植株的磷素利用效率提高。

4. 土壤全磷含量

施磷处理与不施磷处理(CK)相比,土壤全磷含量在同一深度土层下除 2016 年 $40 \sim$ 60 cm 土层 W_1 条件下随施磷量的增加,呈先增后减的趋势,其他均呈逐渐增加的趋势,至 P_3 处理达到最大(图 4-21);在相同灌溉量条件下,$0 \sim 60$ cm 土层土壤全磷含量均为 P_3 处理显著大于 P_0 处理($P<0.05$)。在 $0 \sim 20$ cm 土层,在相同灌溉量条件下,P_1、P_2 和 P_3 较 P_0 分别高出 $21.9\% \sim 50.7\%$、$37.9\% \sim 82.2\%$ 和 $51.2\% \sim 117.8\%$,在 $20 \sim 40$ cm 土层,分别高出 $9.9\% \sim 55.7\%$、$27.5\% \sim 63.7\%$ 和 $46.1\% \sim 72.9\%$,在 $40 \sim 60$ cm 土层分别高出 $13.60 \sim 49.40\%$、$24.7\% \sim 86.2\%$ 和 $42.9\% \sim 82.6\%$。$0 \sim 20$ cm 土层中,未施磷处理的全磷含量随着年限的增加呈下降趋势;$0 \sim 60$ cm 土层中,施磷处理呈逐渐上升的趋势。全磷含量均为 $0 \sim$ 20 cm 土层含量最高,随土壤深度的增加,其含量逐渐降低,至地下 60 cm 深度时其含量降至最低。

5. 土壤速效磷含量

相同灌溉量条件下,$0 \sim 40$ cm 土层随施磷量的增加,土壤速效磷含量呈逐渐增加或先增加后降低的趋势,P_2/P_3 处理达到最大;在同一深度土壤的全磷含量为 P_1、P_2 和 P_3 处理显著大于 P_0 处理($P<0.05$)(图 4-22),且 P_1、P_2 和 P_3 处理的速效磷含量较 P_0 处理在 $0 \sim 20$ cm 土层分别提高了 $42.89\% \sim 161.68\%$、$91.03\% \sim 198.63\%$ 和 $66.65\% \sim 218.97\%$,在 $20 \sim 40$ cm 土层分别提高了 $64.75\% \sim 174.21\%$、$128.99\% \sim 279.13\%$ 和 $93.48\% \sim 227.72\%$,$40 \sim 60$ cm 土层分别提高了 $36.40\% \sim 202.52\%$、$112.09\% \sim 244.46\%$ 和 $43.35\% \sim 262.34\%$。在 P_2 条件下,W_2 和 W_3 处理的速效磷含量较 W_1 处理在 $0 \sim 20$ cm 土层分别增加了 $0.8 \sim$ 5.13 mg·kg^{-1} 和 $1.11 \sim 4.1$ mg·kg^{-1},$20 \sim 40$ cm 土层分别增加了 $0.96 \sim 8.00$ mg·kg^{-1} 和 0.58~3.49 mg·kg^{-1},$40 \sim 60$ cm 土层分别增加了 $1.78 \sim 7.76$ mg·kg^{-1} 和 $2.97 \sim 12.59$ mg·kg^{-1}。 $0 \sim 20$ cm 土层深度中,未施磷处理随着年限的增加呈下降趋势。各处理速效磷主要集中在 $0 \sim 20$ cm,且随着土层深度的下降,土壤速效磷含量下降。

综上所述,当土壤中磷肥施用量低于植物所需时,土壤磷素消耗大于积累,土壤磷养分逐渐降低;当土壤中磷肥施用量高于植物所需时,土壤磷库将不断增加。因此,在农业生产上,为了维持土壤磷素积累与消耗平衡,节约磷肥资源,磷肥的最低施用量应为维持土壤磷素收支平衡的肥料施用量。从而在保证单位面积上获得较高施肥利润的同时,又避免了施肥的经济风险和土壤环境污染。

6. 各指标相关性

皮尔逊相关系数是一种度量两个变量间相关程度的方法,是一个介于 1 和 -1 的数值。其中,1 表示变量完全正相关,0 表示不相关,-1 表示完全负相关。通过皮尔逊相关性分析表明(表 4-42),苜蓿总干草产量与总吸磷量和水分利用效率呈极显著正相关($P<0.01$),磷累积含量与全磷和速效磷呈极显著正相关($P<0.01$),与磷素利用效率呈正相关($P<0.05$)。全磷与磷素利用效率呈极显著负相关、与速效磷呈极显著正相关($P<0.01$),其他各指标之间呈正相关或负相关。

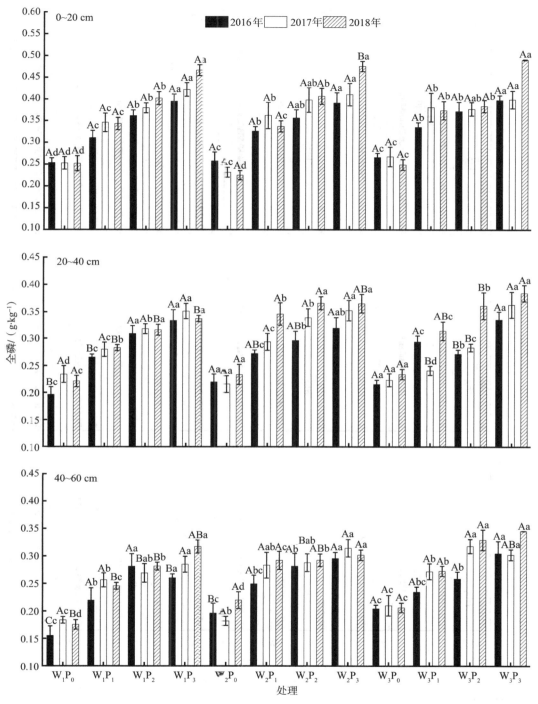

不同大写字母表示相同施磷条件下不同水处理间在 0.05 水平差异显著，不同小写字母表示相同水处理下不同施磷处理间在 0.05 水平差异显著。

图 4-21 不同处理下苜蓿田土壤全磷含量

根据表 4-42 将显著性相关的两两指标进行一元线性和多项式方程拟合得到图 4-23。其中，全磷和速效磷与其他指标拟合均只采用 0~20 cm 的数据；而全磷与速效磷拟合则采用

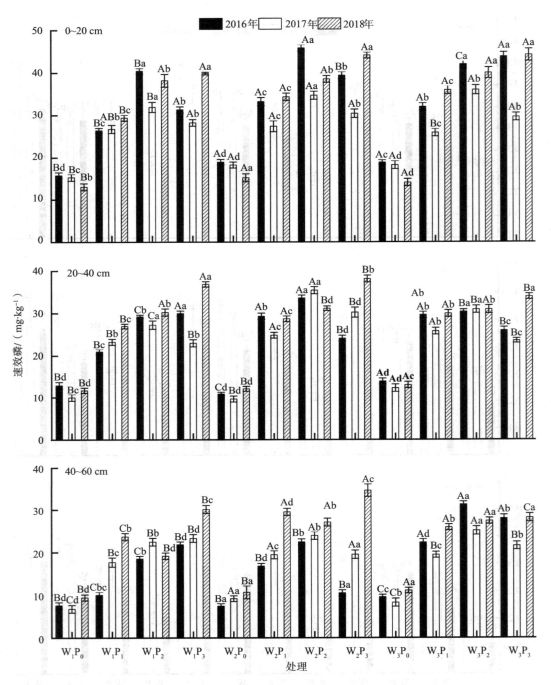

不同大写字母表示相同施磷条件下不同水处理间在 0.05 水平差异显著，不同小写字母表示相同水处理下不同施磷处理间在 0.05 水平差异显著。

图 4-22　不同处理下土壤速效磷含量

0～60 cm 所有的数据，与磷素利用效率进行拟合的数据均去除掉 P_0 处理。其中，由于磷累积含量和磷素利用效率的 R^2 值小，故不放在下图中。由图可得，一次方程和二次方程决定系数 R^2 差异不大，且速效磷和磷累积含量的决定系数 R^2 最大，拟合方程为 $y = 80.6549x -$

表 4-42　不同处理下苜蓿各指标相关性分析

指标	干草产量	磷累积含量	吸磷量	水分利用效率	磷素利用效率	全磷
磷累积含量	−0.255					
总吸磷量	0.837**	0.312				
水分利用效率	0.529**	−0.293	0.316			
磷素利用效率	0.020	−0.400*	−0.200	−0.055		
土壤全磷	−0.302	0.544**	0.008	−0.211	−0.782**	
土壤速效磷	−0.015	0.576**	0.308	−0.358	−0.379	0.495**

注：* 表示在 0.05 水平（双侧）显著相关，** 表示在 0.01 水平（双侧）显著相关。

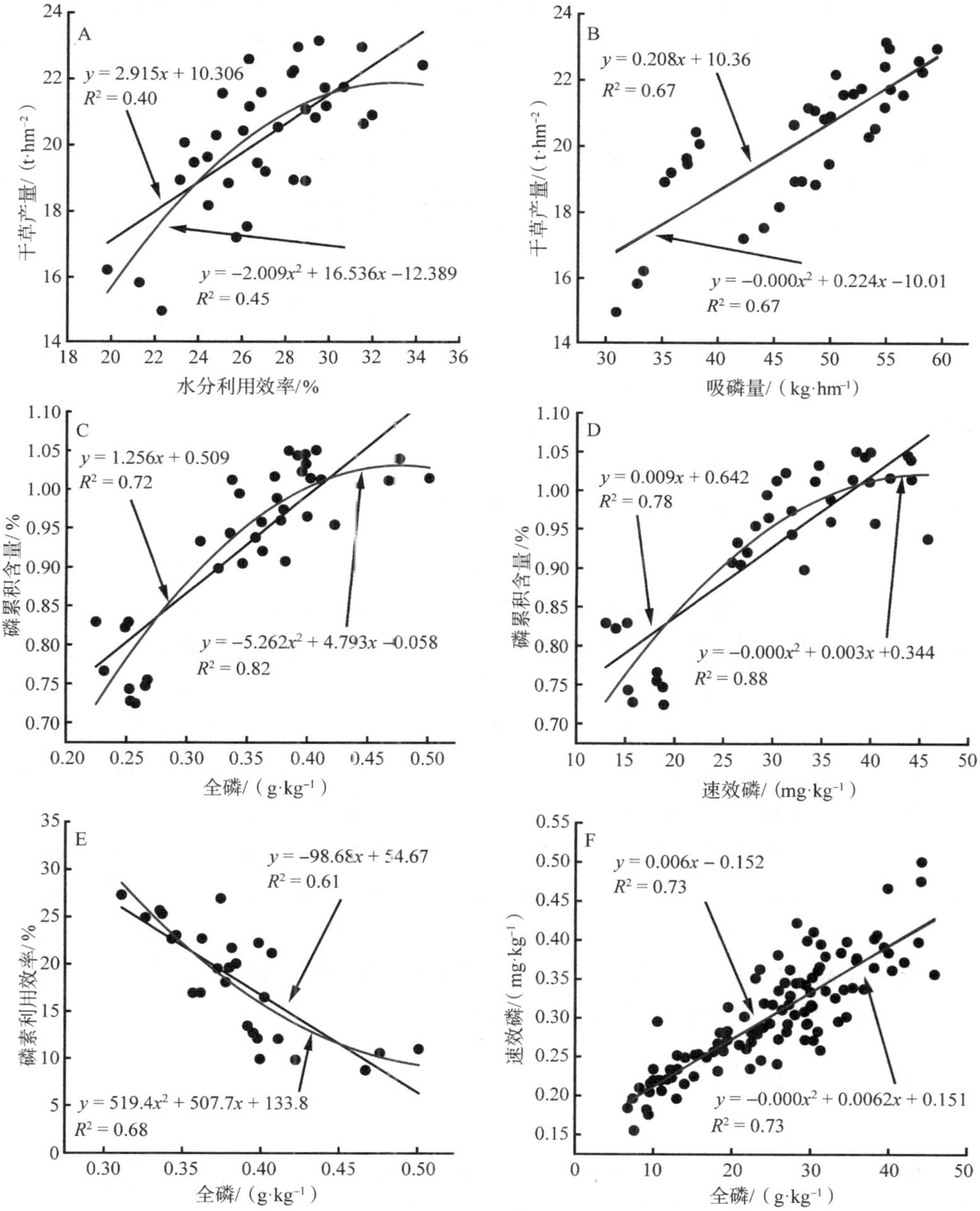

图 4-23　各指标间的线性方程

45.1930，$R^2 = 0.7718^{**}$，其次是全磷和速效磷，$R^2 = 0.7452^{**}$，说明磷累积量的高低来源于土壤当中有效磷的含量，而土壤速效磷含量的高低又受制于全磷供应的限制，维持土壤全磷含量有利于提升速效磷水平，从而保证苜蓿磷素养分的供应。

7. 各指标综合评价

由于各处理在不同指标上表现均不相同，而以任何一个单一指标评价最佳施磷量和灌水量处理均是不全面的。以干草产量、磷累积含量、总吸磷量、水分利用效率、磷素利用效率、全磷和速效磷总计 7 个指标，对添加不同水磷处理下苜蓿总干草产量、土壤磷含量等各指标进行综合评价（表 4-43）。其中，干草产量、吸磷量、磷累积含量、水分利用效率、磷素利用效率和速效磷正向指标，全磷为负向指标。平均 7 项指标的隶属函数值进行综合价值的排序，平均值越大综合价值越高，反之越差。对不同灌水量和施肥量处理的苜蓿生产综合排序前三位为 $W_2P_2 > W_3P_2 > W_1P_2$ 处理。

表 4-43　各指标综合评价

指标	W_1P_1	W_1P_2	W_1P_3	W_2P_1	W_2P_2	W_2P_3	W_3P_1	W_3P_2	W_3P_3
总干草产量	0.0013	0.5569	0.1189	0.3442	1.0000	0.5207	0.3742	0.8974	0.4931
磷累积含量	0.0446	0.4496	0.6039	0.0418	0.7218	0.1000	0.0700	0.7375	0.7329
总吸磷量	0.0003	0.5537	0.3493	0.2020	1.0000	0.7920	0.2523	0.9373	0.6657
水分利用效率	0.6508	1.0002	0.7237	0.3852	0.7543	0.4857	0.0125	0.2024	0.0006
磷素利用效率	0.9706	0.5073	0.0001	0.9681	0.6765	0.1113	1.0000	0.6139	0.0400
土壤全磷含量	1.0000	0.4970	0.0818	0.8970	0.5212	0.1485	0.7333	0.5545	0.0152
土壤速效磷含量	0.0003	0.7545	0.4802	0.3272	1.0000	0.8611	0.3058	0.9496	0.9333
平均值	0.3811	0.6170	0.3369	0.4522	0.8105	0.4313	0.3926	0.6989	0.4115
排序	8	3	9	4	1	5	7	2	6

Zhang 等（2020）研究认为，磷累积量与速效磷呈极显著正相关，全磷与磷素利用效率呈极显著负相关、与速效磷呈极显著正相关（$P < 0.01$），且速效磷和磷累积含量的决定系数 R^2 最大，其次是全磷和速效磷。长期农业生产中，通常采用速效磷来衡量土壤的磷素养分状况，表明土壤速效磷含量的高低受土壤全磷含量供应的限制，维持土壤全磷含量有利于提升速效磷水平，从而保证苜蓿磷素养分的供应。不同灌水量和施磷量对苜蓿的干草产量、磷累积量、总吸磷量、水磷利用效率和土壤全磷和速效磷的影响不同，通过一个指标来评价最优灌水和施磷模式并不能全面说明水磷耦合条件下各指标的优劣，而采用隶属函数分析的方法能够综合多项指标来进行最优水磷组合模式。Zhang 等（2020）研究发现，灌水量为 6000 $m^3 \cdot hm^{-2}$、施 P_2O_5 为 100 $kg \cdot hm^{-2}$ 的水磷耦合模式，是中国新疆绿洲区滴灌条件下苜蓿优质高产的适宜水磷组合模式。该模式能够有效提高苜蓿干草产量，促进苜蓿植株对速效磷的吸收，提高水磷利用效率和土壤速效磷含量，降低全磷含量。

二、菌、磷一体化技术

1. 苜蓿菌根侵染率

在相同施菌处理下，苜蓿菌根侵染率随着施磷量的增加呈先增加后降低的趋势（图 4-24），第 1 茬均为 P_1 处理下达到最高值，且 P_1 处理显著大于 P_0、P_2 处理（$P < 0.05$）；第 2 茬除

J_0 处理外,均在 P_2 处理下达到最高值,且 P_2 处理显著大于 P_0、P_1 和 P_3 处理($P<0.05$),J_2 处理下,施磷处理均显著大于未施磷处理,且 P_1 处理显著大于 P_2、P_3 处理($P<0.05$)。在相同施磷处理下,单接种(J_1、J_2)和混合接种处理(J_3)均显著大于未接菌处理(J_0)($P<0.05$)。

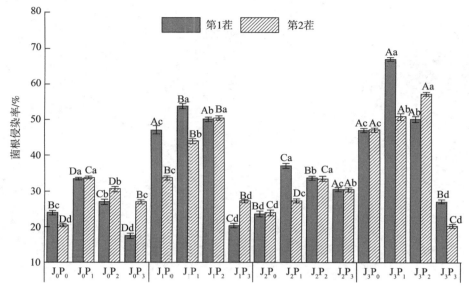

P_0、P_1、P_2、P_3 分别表示施磷 0 mg·kg^{-1}、50 mg·kg^{-1}、100 mg·kg^{-1} 和 150 mg kg^{-1},J_0、J_1、J_2、J_3 分别表示对照(CK)、单接种摩西管柄囊霉(Fm)、巨大芽孢杆菌(Bm)和混合菌种(Fm×Bm)。不同大写字母表示在相同施磷处理下,不同菌处理水平之间的差异显著($P<0.05$);不同小写字母表示相同施菌处理下,不同磷肥水平之间差异显著($P<0.05$)。

图 4-24 不同处理下苜蓿菌根侵染率

不同处理下苜蓿菌根侵染程度不同(图 4-25)。与未接菌处理(CK)相比,单接菌(Fm 或 Bm)和混合接菌(FmBm)处理下苜蓿菌根侵染程度较高(图 22 中蓝色框区域),其中混合接菌处理下苜蓿菌根侵染程度最高(图 4-25D),不同处理下菌根侵染程度大小顺序为 FmBm(图 4-25D)>Bm(图 4-25C)>Fm(图 4-25B)>CK(图 4-25A)。随着侵染程度的增加,单接菌处理(Fm)出现小的根内孢子(图 4-25B 中的 a),而混合接菌(FmBm)处理下苜蓿菌根开始出现菌丝(图 4-25D 中的 b)和泡囊(图 4-25D 中的 c)。

Shen 等(2011)研究认为,磷是植物生长的必需营养元素,在植物新陈代谢过程中发挥着重要作用,是影响作物产量提高的主要营养元素之一。磷素以多种途径参与植物体内各种代谢过程,进而影响植物的生理和形态。Wang 等(2012)研究表明,根系的分泌物会降低土壤 pH 值,促进部分难溶态磷转化为可溶态磷,从而促进植物对磷的吸收。而过量施磷肥(>750 kg·hm^{-2})会使有机酸代谢中酶的活性降低,有机酸的分泌量减少,从而降低了磷的活化和扩散。AMF 是植物获取磷的另一条重要途径,其根外菌丝周围存在的微生物可能会影响 AMF 对有机磷的利用。因此,发挥好 AMF 和土壤细菌的互作效应是提高植物利用有机磷效率的重要途径。

2. 苜蓿干物质产量

相同施菌条件下,苜蓿总干物质产量随施磷量的增加呈先增加后降低的趋势,施磷处理显著大于未施磷处理($P<0.05$)(图 4-26)。相同施磷条件下,施菌处理显著大于未施菌

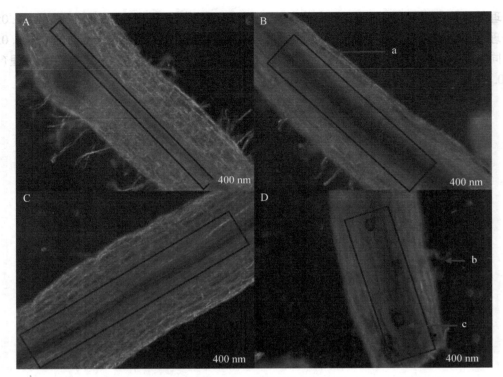

A. 对照；B. 单接种摩西管柄囊霉（Fm）；C. 单接种巨大芽孢杆菌（Bm）；D. 混合接种 FmBm。
a. 根内孢子，b. 菌丝，c. 泡囊，框表示菌根侵染程度。

图 4-25　不同处理下苜蓿菌根侵染情况

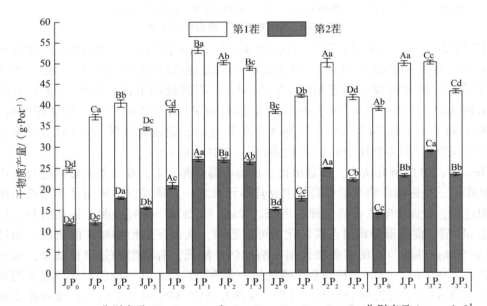

J_0、J_1、J_2、J_3 分别表示 CK、Fm、Bm 和 Fm×Bm，P_0、P_1、P_2、P_3 分别表示 0 mg·kg^{-1}、
50 mg·kg^{-1}、100 mg·kg^{-1}，下同。不同大写字母表示在相同施磷处理下，不同菌处理之间的差异显
著（$P<0.05$）；不同小写字母表示相同施菌条件下，不同磷肥水平之间差异显著（$P<0.05$）。

图 4-26　菌、磷一体化条件下苜蓿干物质产量

处理（$P<0.05$），J_3 处理下的总干物质产量均为最大。相同菌磷处理下，第 1 茬的干物质产量大于第 2 茬。

AMF 是自然界普遍存在的植物–真菌共生体，能增加植物对矿质营养特别是磷的吸收，提高光合作用速率，促进植物生长并改善其品质。刘俊英等（2020）研究表明，与未接菌处理相比，单接菌和双接菌均对苜蓿的生长有明显促进作用，由于 AMF 可通过在土壤中形成庞大的菌丝网络来增加植物根系吸收面积，从而增加根系对营养元素的吸收并促进植物生长。同时，解磷细菌能将土壤中难溶性磷转化为植物可吸收利用有效磷，从而改善植物磷营养，促进植物生长发育。接种 AMF 后，调节物质的积累都得到了显著的改善，同时降低了植物的萎蔫率，增强了生命代谢活动效率，最终提高地上生物量。Delavaux 等（2017）研究表明，AMF 侵染植物后菌丝可以穿过根际养分亏缺区向临近土壤中延伸，扩大了地下部分的养分吸收范围。同时，AMF 通过增加根系吸收面积、土壤空间利用率和促进难利用的矿质元素的流动性，来提高寄主植物对营养元素（如氮、磷）的吸收率。可见，接菌对苜蓿的促生长效果非常明显。

3. 苜蓿植株磷含量

相同施菌条件下，苜蓿磷含量均随施磷量的增加呈先增加后降低的趋势（表 4-44）。J_0 条件下，第 2 茬苜蓿磷含量为 J_0P_2 处理显著大于其他处理（$P<0.05$），第 1 茬苜蓿磷含量为 J_0P_1 处理显著大于 J_0P_0 处理（$P<0.05$），而 J_0P_2 处理与 J_0P_3 处理差异不显著（$P>0.05$）。J_1 条件下，苜蓿磷含量为 J_1P_2 处理显著大于其他处理（$P<0.05$）。J_2 条件下，苜蓿磷含量为施磷处理显著大于未施磷处理（$P<0.05$），但施磷处理间差异不显著（$P>0.05$）。J_3 条件下，第 1 茬苜蓿磷含量为 J_3P_1 处理显著大于其他处理（$P<0.05$）。P_0 条件下，苜蓿磷含量为 J_3P_0 处理显著大于 J_0P_0 处理（$P<0.05$）。P_1 条件下，苜蓿磷含量为 J_3P_1 处理显著大于其他处理（$P<0.05$）。P_2、P_3 条件下，第 1 茬苜蓿磷含量为 J_1P_2、J_1P_3 处理分别显著大于 J_0P_2 和 J_0P_3 处理（$P<0.05$），而第 2 茬苜蓿磷含量为 J_3P_2 和 J_3P_3 处理显著大于其他处理（$P<0.05$）。各茬次中，施 P 处理和 J×P 处理下苜蓿磷含量均差异极显著（$P<0.01$），而施菌处理间差异显著（$P<0.05$）。

表 4-44　不同处理下苜蓿磷含量　　　　　　　　　　　　　　mg·kg^{-1}

处理	第 1 茬	第 2 茬	处理	第 1 茬	第 2 茬
J_0P_0	0.182±0.007^{Cb}	0.194±0.003^{Dd}	J_2P_2	0.299±0.006^{Ba}	0.213±0.009^{Dc}
J_0P_1	0.262±0.009^{Da}	0.261±0.007^{Bb}	J_2P_3	0.294±0.009^{Ba}	0.252±0.007^{Ca}
J_0P_2	0.182±0.005^{Cb}	0.275±0.007^{Ca}	J_3P_0	0.202±0.008^{Bc}	0.295±0.002^{Ab}
J_0P_3	0.179±0.005^{Cb}	0.229±0.002^{Dc}	J_3P_1	0.391±0.005^{Aa}	0.301±0.011^{Ab}
J_1P_0	0.289±0.010^{Ac}	0.259±0.003^{Bc}	J_3P_2	0.290±0.007^{Bb}	0.363±0.006^{Aa}
J_1P_1	0.310±0.005^{Bab}	0.294±0.004^{Ab}	J_3P_3	0.283±0.004^{Bb}	0.365±0.004^{Aa}
J_1P_2	0.321±0.003^{Aa}	0.348±0.007^{Ba}	J	**	**
J_1P_3	0.309±0.003^{Ab}	0.284±0.003^{Bb}	P	*	*
J_2P_0	0.206±0.001^{Bb}	0.230±0.004^{Cb}	J×P	**	**
J_2P_1	0.298±0.006^{Ca}	0.242±0.005^{Cab}			

注：* 表示差异显著（$P<0.05$），** 表示差异极显著（$P<0.01$）。同列不同大写字母表示不同菌处理之间差异显著（$P<0.05$），同列不同小写字母表示不同施磷处理之间差异显著（$P<0.05$）。

4. 苜蓿粗蛋白质含量

在相同施菌条件下，苜蓿的粗蛋白质含量随着施磷量的增加呈先增加后降低的趋势（图4-27）。J_0 条件下，除第2茬 P_3 处理外，苜蓿的粗蛋白质含量在 P_2 处理下达到最高值，且 P_2 处理显著大于 P_0 处理（$P<0.05$）；J_1、J_2 条件下，P_2 处理显著大于 P_0、P_1、P_3 处理（$P<0.05$）；J_3 条件下，苜蓿的粗蛋白质含量均在 P_2 处理下达到最高值，且 P_2 处理与 P_3 处理差异不显著（$P>0.05$）。在相同施磷条件下，第1茬中 J_2 处理苜蓿的粗蛋白质含量显著大于 J_0、J_3 处理（$P<0.05$），第2茬中 J_2 处理苜蓿的粗蛋白质含量显著大于 J_0、J_2、J_3 处理（$P<0.05$）；P_1 条件下，第1茬中 J_2 处理苜蓿的粗蛋白质含量显著大于 J_0 处理（$P<0.05$），第2茬中 J_3 处理苜蓿的粗蛋白质含量显著大于 J_0、J_2 处理（$P<0.05$）；P_0、P_2 条件下，J_1、J_3 处理显著大于 J_0 处理（$P<0.05$）；P_3 条件下，J_1 处理显著大于 J_0 处理（$P<0.05$）。

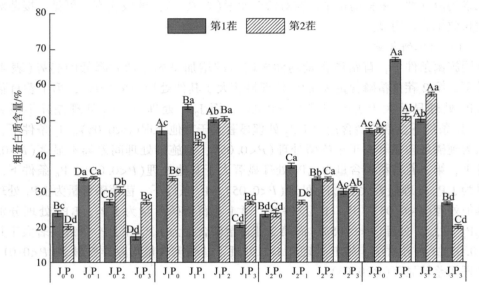

不同大写字母表示在相同施磷处理下，不同菌处理之间的差异显著（$P<0.05$）；不同小写字母表示相同施菌条件下，不同磷肥水平之间差异显著（$P<0.05$）。

图4-27 不同处理下苜蓿粗蛋白质含量

5. 苜蓿中性洗涤纤维、酸性洗涤纤维含量

在相同施菌条件下，苜蓿的中性洗涤纤维、酸性洗涤纤维含量随着施磷量的增加呈先增加后降低的趋势（表4-45），除第1茬、第2茬苜蓿中性洗涤纤维在 J_0、J_3 条件下 P_1 处理显著大于 P_0 处理（$P<0.05$），中性洗涤纤维在 J_2 条件下，P_2 处理为最小外，其他均为 P_1、P_2 处理均显著大于 P_3 处理（$P<0.05$）。在相同施磷条件下，除第1茬中 J_3 处理苜蓿的中性洗涤纤维含量显著大于 J_0 处理（$P<0.05$），其他处理与之相反。不同接菌处理条件下苜蓿中性洗涤纤维和酸性洗涤纤维含量均为第1茬大于第2茬。各茬次中，J、P 处理及 J×P 处理下，苜蓿的中性洗涤纤维、酸性洗涤纤维含量均差异极显著（$P<0.01$）。

粗蛋白质含量、酸性洗涤纤维和中性洗涤纤维含量是评定苜蓿营养品质的重要指标。Liu 等（2020）研究认为，接种 AMF 与解磷细菌对不同施磷量条件下苜蓿营养品质具有显著的促进作用。Hu 等（2013）研究表明，磷营养在苜蓿生产中发挥着巨大的作用，同时接种

表 4-45　不同处理下苜蓿中性洗涤纤维、酸性洗涤纤维含量　%

处理	中性洗涤纤维含量		酸性洗涤纤维含量	
	第 1 茬	第 2 茬	第 1 茬	第 2 茬
J_0P_0	54.49±0.87^{Bc}	48.62±0.42^{Ac}	41.98±0.84^{Cc}	37.97±0.34^{Ac}
J_0P_1	58.83±0.40^{Aa}	51.05±0.57^{Bb}	46.82±0.44^{Ab}	39.45±0.49^{Ab}
J_0P_2	57.47±0.46^{Cb}	46.89±0.04^{Bd}	48.49±0.48^{Aa}	41.76±0.23^{Aa}
J_0P_3	57.36±0.45^{Ab}	54.98±0.79^{Aa}	46.10±0.33^{Ab}	41.01±0.44^{Aa}
J_1P_0	54.09±0.58^{Bc}	45.89±0.65^{Bc}	45.57±0.54^{Ab}	36.67±0.37^{Bb}
J_1P_1	54.61±0.20^{Cc}	52.40±0.30^{Aa}	45.70±0.87^{Bb}	38.88±0.40^{Aa}
J_1P_2	59.54±0.46^{Ba}	50.98±0.16^{Ab}	47.43±0.66^{Ba}	38.58±0.43^{Ba}
J_1P_3	55.60±0.47^{Bb}	45.80±0.29^{Bc}	46.73±0.82^{Aa}	35.70±0.61^{Cc}
J_2P_0	51.20±0.49^{Cc}	45.75±0.96^{Bc}	42.01±0.66^{Cb}	38.30±0.79^{Aa}
J_2P_1	56.76±0.67^{Ba}	49.45±0.28^{Ca}	42.63±0.63^{Cab}	37.94±0.20^{Ba}
J_2P_2	54.34±0.34^{Dd}	47.81±0.47^{Bb}	43.56±0.49^{Da}	38.49±0.72^{Ba}
J_2P_3	54.41±0.37^{Cb}	45.25±0.68^{Bc}	41.89±0.47^{Bb}	36.19±0.31^{Cb}
J_3P_0	57.98±0.20^{Ac}	42.48±0.54^{Cc}	44.54±0.46^{Bb}	35.89±0.23^{Bc}
J_3P_1	59.09±0.29^{Ab}	49.38±0.10^{Ca}	46.10±0.17^{ABa}	39.65±0.63^{Aa}
J_3P_2	61.71±0.55^{Aa}	43.97±0.65^{Cb}	46.06±0.28^{Ca}	36.45±0.89^{Cbc}
J_3P_3	53.98±0.30^{Cd}	43.63±0.69^{Cb}	41.81±0.76^{Bc}	37.11±0.72^{Bb}
J	**	**	**	**
P	**	**	**	**
J×P	**	**	**	**

注：＊＊表示差异极显著（$P<0.01$）。同列不同大写字母表示在相同施磷处理下，不同菌处理之间的差异显著（$P<0.05$）；同列不同小写字母表示相同施菌条件下，不同磷肥水平之间差异显著（$P<0.05$）。

PSB 和 AMF 有利于土壤的磷循环，改善土壤微生物的多样性，产生对植物有益的代谢产物，进而促进各自的生长和营养吸收，且能够不同程度地刺激和调节植物生长。在缺磷逆境中，植物通过促进根系发育来提高对磷的吸收能力，从而影响其营养品质。当施磷量超过苜蓿对磷的最大吸收量时，苜蓿植株的干草产量下降，磷含量下降，对植物生长发育产生负面影响。

6. 苜蓿叶绿素、叶片可溶性糖含量

相同施菌条件下，各茬次中，苜蓿的叶绿素含量、叶片可溶性糖含量均随施磷量的增加呈先增加后降低的趋势，在 P_1 处理下达到最高值（表 4-46）。J_0 条件下，第 1 茬叶绿素含量和可溶性糖含量均为 P_1 处理显著大于其他处理（$P<0.05$），而第 2 茬两指标均在 P_2 处理下达到最高值。J_1 条件下，叶绿素含量为 P_2 处理显著大于其他处理（$P<0.05$）。J_2 条件下，第 1 茬叶绿素含量和可溶性糖含量均为 P_2 处理显著大于其他处理（$P<0.05$），第 2 茬叶绿素含量为 P_1 处理显著大于其他处理（$P<0.05$）。J_3 条件下，第 1 茬叶绿素含量为 P_1 处理显著大于其他处理（$P<0.05$），第 2 茬叶绿素含量和第 1 茬可溶性糖含量均为 P_2 处理显著大于其他处理（$P<0.05$）。在相同施磷条件下，接菌处理显著大于未接菌处理（$P<0.05$）。

表 4-46　不同处理下苜蓿叶绿素、叶片可溶性糖含量　　　mg·kg^{-1}

处理	叶绿素含量		可溶性糖含量	
	第 1 茬	第 2 茬	第 1 茬	第 2 茬
J_0P_0	2.34±0.010^{Dd}	1.80±0.008^{Cd}	1.26±0.008^{Dd}	1.93±0.007^{Dd}
J_0P_1	2.91±0.006^{Ca}	2.04±0.002^{Cc}	1.68±0.003^{Da}	2.07±0.010^{Dc}
J_0P_2	2.45±0.009^{Db}	2.74±0.006^{Ca}	1.51±0.004^{Db}	2.97±0.006^{Ca}
J_0P_3	2.37±0.007^{Dc}	2.59±0.003^{Bb}	1.43±0.012^{Dc}	2.50±0.004^{Db}
J_1P_0	2.39±0.023^{Cd}	2.41±0.005^{Bc}	1.62±0.002^{Bd}	2.44±0.007^{Bd}
J_1P_1	3.15±0.003^{Bb}	2.55±0.009^{Bb}	1.76±0.008^{Cc}	3.12±0.006^{Aa}
J_1P_2	3.35±0.007^{Aa}	2.87±0.005^{Ba}	2.11±0.009^{Bb}	3.04±0.004^{Bb}
J_1P_3	3.09±0.008^{Ac}	1.92±0.010^{Dd}	2.45±0.006^{Aa}	2.68±0.008^{Cc}
J_2P_0	2.45±0.023^{Bd}	1.62±0.010^{Dd}	1.44±0.007^{Cd}	2.04±0.007^{Cd}
J_2P_1	2.64±0.006^{Db}	2.54±0.010^{Ba}	2.16±0.004^{Ba}	2.48±0.005^{Cc}
J_2P_2	2.82±0.004^{Ca}	2.51±0.010^{Db}	1.59±0.006^{Cb}	2.90±0.008^{Db}
J_2P_3	2.48±0.005^{Cc}	2.46±0.010^{Cc}	1.53±0.001^{Cc}	3.87±0.007^{Aa}
J_3P_0	2.76±0.004^{Ad}	2.92±0.010^{Ac}	2.07±0.005^{Ad}	2.45±0.014^{Ad}
J_3P_1	3.38±0.009^{Aa}	3.10±0.004^{Ab}	3.55±0.005^{Ab}	2.66±0.007^{Bc}
J_3P_2	3.15±0.005^{Bb}	3.39±0.004^{Aa}	4.15±0.009^{Aa}	3.06±0.011^{Ab}
J_3P_3	2.83±0.005^{Bc}	2.84±0.006^{Ad}	2.12±0.010^{Bc}	3.36±0.011^{Ba}
J	**	**	**	**
P	**	**	**	**
J×P	**	**	**	**

注：＊＊表示差异极显著（$P<0.01$）。同列不同大写字母表示在相同施磷处理下，不同菌处理之间的差异显著（$P<0.05$）；同列不同小写字母表示相同施菌条件下，不同磷肥水平之间差异显著（$P<0.05$）。

各茬次中，J、P 处理及 J×P 处理下，苜蓿的叶绿素含量、可溶性糖含量均差异极显著（$P<0.01$）。

7. 苜蓿各指标相关性分析

苜蓿的地上生物量与株高、粗蛋白质含量呈极显著正相关（$P<0.01$），地上生物量与菌根侵染率、茎粗和叶绿素含量呈显著正相关（$P<0.05$）（表 4-47）。菌根侵染率和叶绿素含量呈极显著正相关（$P<0.01$），与粗蛋白质含量呈显著正相关（$P<0.05$）。苜蓿的株高与茎粗、粗蛋白质含量呈显著正相关（$P<0.05$），茎粗与粗蛋白质含量、中性洗涤纤维以及酸性洗涤纤维呈显著正相关（$P<0.05$），粗蛋白质含量与叶绿素含量、可溶性糖呈显著正相关（$P<0.05$），中性洗涤纤维与酸性洗涤纤维呈极显著正相关（$P<0.01$）。

三、苜蓿磷素利用效率及土壤磷含量对菌、磷一体化的响应

单接种摩西管柄囊霉（Fm）、巨大芽孢杆菌（Bm）、混合菌种（FmBm）和不接菌（CK）分别标记为 J_1、J_2、J_3 和 J_0。施磷处理设置 4 个水平，分别为施磷 0 mg·kg^{-1}（P_0）、50 mg·kg^{-1}（P_1）、100 mg·kg^{-1}（P_2）、150 mg·kg^{-1}（P_3），每个处理 6 次重复。

表 4-47　不同菌处理下苜蓿各指标相关性分析

指标	地上生物量	菌根侵染率	株高	茎粗	粗蛋白质含量	中性洗涤纤维含量	酸性洗涤纤维含量	叶绿素含量
菌根侵染率	0.604*							
株高	0.736**	0.463						
茎粗	0.529*	0.317	0.542*					
粗蛋白质含量	0.811**	0.556*	0.621*	0.565*				
中性洗涤纤维含量	0.105	0.35	0.06	0.512*	0.168			
酸性洗涤纤维含量	0.104	0.225	0.098	0.554*	0.157	0.718**		
叶绿素含量	0.550*	0.801**	0.484	0.289	0.510*	0.266	0.169	
可溶性糖含量	0.420	-0.850	0.338	0.205	0.567*	-0.295	-0.381	0.125

注：*表示在 0.05 水平（双侧）显著相关，**表示在 0.01 水平（双侧）显著相关。

1. 苜蓿磷素利用效率

相同施菌条件下，磷肥偏生产力及磷肥农学效率均随施磷量的增加呈降低的趋势（表 4-48）。J_0 条件下，磷肥偏生产力和第 1 茬磷肥农学效率均为 J_0P_1 处理显著大于 J_0P_2、J_0P_3

表 4-48　不同处理下苜蓿磷肥偏生产力及磷肥农学效率　　　　　kg·kg^{-1}

处理	磷肥偏生产力		磷肥农学效率	
	第 1 茬	第 2 茬	第 1 茬	第 2 茬
J_0P_0	—	—		
J_0P_1	72.25±1.63^{Ca}	34.17±1.39^{Da}	34.84±0.73^{Aa}	1.50±0.77^{Dc}
J_0P_2	21.88±0.59^{Bb}	16.78±0.35^{Db}	13.59±0.33^{Ab}	8.50±0.19^{Ca}
J_0P_3	18.02±0.32^{Bc}	14.58±0.24^{Dc}	5.55±0.08^{Ac}	3.69±0.03^{Db}
J_1P_0	—	—		
J_1P_1	75.14±1.69^{Ba}	77.44±1.04^{Aa}	23.18±1.21^{Ba}	18.09±1.21^{Ba}
J_1P_2	22.31±0.39^{Bb}	25.60±0.35^{Bb}	7.22±0.24^{Cb}	8.41±0.69^{Cb}
J_1P_3	21.37±0.42^{Ab}	25.14±0.41^{Ab}	4.05±0.20^{BCc}	5.36±0.41^{Cc}
J_2P_0	—	—		
J_2P_1	69.77±0.40^{Da}	50.56±0.87^{Ca}	13.53±1.51^{Ca}	7.34±0.83^{Cb}
J_2P_2	24.12±0.82^{Ab}	23.73±0.11^{Cb}	7.76±0.30^{Cb}	13.46±0.47^{Ba}
J_2P_3	18.75±0.63^{Bc}	21.02±0.36^{Cc}	3.34±0.06^{Ac}	6.62±0.17^{Bb}
J_3P_0	—	—		
J_3P_1	77.00±1.73^{Aa}	66.00±0.98^{Ba}	5.03±0.51^{Db}	25.98±0.80^{Aa}
J_3P_2	20.55±0.24^{Cb}	27.43±0.14^{Ab}	9.82±0.29^{Ba}	20.35±0.12^{Ab}
J_3P_3	18.87±0.41^{Bc}	22.21±0.31^{Bc}	4.96±0.19^{ABb}	8.87±0.15^{Ac}
J	**	**	**	**
P	**	**	**	**
J×P	**	**	**	**

注：**表示差异极显著（$P<0.01$）。同列不同大写字母表示不同菌处理之间差异显著（$P<0.05$），同列不同小写字母表示不同施磷处理之间差异显著（$P<0.05$）。

处理($P<0.05$)。J_1 条件下，磷肥偏生产力和磷肥农学效率均为 J_1P_1 处理显著大于 J_1P_2、J_1P_3 处理($P<0.05$)。J_2、J_3 条件下，磷肥偏生产力和第 1 茬磷肥农学效率均为 J_2P_1 和 J_3P_1 处理均显著大于 J_2P_2、J_3P_3 处理($P<0.05$)，而第 2 茬磷肥农学效率为 J_2P_2、J_3P_2 处理分别显著大于 J_2P_1、J_2P_3 处理($P<0.05$)。相同施磷条件下，单接菌和混合接菌处理的磷肥偏生产力及磷肥农学效率均显著高于未施菌处理($P<0.05$)。各茬次中，J、P 处理间、J×P 处理下磷肥偏生产力及磷肥农学效率均差异极显著($P<0.01$)。

施磷和接菌均对苜蓿磷素利用效率具有重要影响。刘俊英等(2020)研究结果表明，相同施菌条件下，磷肥偏生产力及磷肥农学效率均随施磷量的增加呈降低的趋势，单接菌和混合接菌处理可显著提高磷肥偏生产力及磷肥农学效率。Shen 等(2011)研究表明，磷素作为植物生长的必需营养元素，以多种途径参与植物体内各种代谢过程，进而影响植物的生理和形态。在低施磷条件下，根系分泌的糖类、有机酸和氨基酸数量增加，通过各种化学反应，溶解土壤中的难溶性的磷酸盐，从而增加了土壤磷的有效性，提高了植物对磷的吸收。而解磷细菌能将土壤中难溶性磷转化为植物可吸收利用有效磷，从而提高磷肥利用效率。Zhang 等(2020)研究表明，当施磷量为 44.6 $mg \cdot kg^{-1}$ 时，同时接种 AMF 和解磷细菌可显著提高苜蓿磷素利用效率。可见，在适宜的施磷条件下，接菌显著提高苜蓿磷素利用效率，进而促进其生长发育。

2. 土壤全磷含量

相同施菌条件下，根际土壤与非根际土壤全磷含量均随着施磷量的增加呈增加的趋势(表 4-49)。相同施磷处理下，除 P_0 条件下，第 1 茬根际土壤全磷含量显著大于 J_1P_0、J_3P_0

表 4-49　不同处理下根际、非根际土壤全磷含量　　　　　　　　　$g \cdot kg^{-1}$

处理	根际土壤全磷含量		非根际土壤全磷含量	
	第 1 茬	第 2 茬	第 1 茬	第 2 茬
J_0P_0	0.393 ± 0.013^{Bd}	0.220 ± 0.009^{Dc}	0.368 ± 0.002^{Db}	0.200 ± 0.004^{Dc}
J_0P_1	0.412 ± 0.001^{Cc}	0.226 ± 0.003^{Cc}	0.370 ± 0.001^{Db}	0.204 ± 0.003^{Dc}
J_0P_2	0.441 ± 0.005^{Cb}	0.270 ± 0.015^{Cb}	0.372 ± 0.001^{Db}	0.270 ± 0.003^{Cb}
J_0P_3	0.462 ± 0.005^{Ba}	0.378 ± 0.003^{BCa}	0.459 ± 0.009^{Ca}	0.343 ± 0.005^{Ca}
J_1P_0	0.421 ± 0.006^{Ad}	0.291 ± 0.005^{Cd}	0.424 ± 0.001^{Bc}	0.256 ± 0.007^{Cc}
J_1P_1	0.443 ± 0.004^{Bc}	0.325 ± 0.005^{Ac}	0.430 ± 0.003^{Bc}	0.269 ± 0.006^{Cb}
J_1P_2	0.451 ± 0.001^{Bb}	0.349 ± 0.007^{Ab}	0.441 ± 0.001^{Bb}	0.352 ± 0.004^{Aa}
J_1P_3	0.474 ± 0.003^{Aa}	0.370 ± 0.002^{Ca}	0.480 ± 0.003^{Ba}	0.356 ± 0.008^{Ba}
J_2P_0	0.422 ± 0.001^{Ad}	0.232 ± 0.010^{Bd}	0.377 ± 0.001^{Cd}	0.268 ± 0.004^{Bc}
J_2P_1	0.436 ± 0.005^{Bc}	0.246 ± 0.006^{Bc}	0.410 ± 0.004^{Cc}	0.283 ± 0.002^{Bb}
J_2P_2	0.454 ± 0.005^{Bb}	0.337 ± 0.009^{Bb}	0.426 ± 0.005^{Cb}	0.290 ± 0.008^{Bb}
J_2P_3	0.477 ± 0.002^{Aa}	0.385 ± 0.002^{Ba}	0.464 ± 0.004^{Ca}	0.352 ± 0.005^{Ba}
J_3P_0	0.415 ± 0.005^{Ac}	0.309 ± 0.004^{Ad}	0.458 ± 0.008^{Ad}	0.349 ± 0.002^{Ab}
J_3P_1	0.461 ± 0.002^{Ab}	0.333 ± 0.002^{Ac}	0.482 ± 0.004^{Ac}	0.350 ± 0.007^{Ab}
J_3P_2	0.473 ± 0.004^{Aa}	0.354 ± 0.007^{Ab}	0.495 ± 0.004^{Ab}	0.357 ± 0.009^{Ab}
J_3P_3	0.479 ± 0.007^{Aa}	0.496 ± 0.005^{Aa}	0.521 ± 0.002^{Aa}	0.434 ± 0.009^{Aa}
J	**	**	**	**
P	**	**	**	**
J×P	**	**	**	**

注：＊＊表示差异极显著($P<0.01$)。同列不同大写字母表示不同菌处理之间差异显著($P<0.05$)，同列不同小写字母表示不同施磷处理之间差异显著($P<0.05$)。

表 4-50　不同处理下根际、非根际土壤速效磷含量　　　　　　mg·kg^{-1}

处理	根际土壤速效磷含量		非根际土壤速效磷含量	
	第 1 茬	第 2 茬	第 1 茬	第 2 茬
J_0P_0	8.43±0.22^{Dc}	4.45±0.10^{Dd}	5.99±0.23^{Cc}	5.93±0.01^{Dd}
J_0P_1	11.58±0.06^{Cb}	7.44±0.14^{Dc}	8.99±0.10^{Db}	7.04±0.30^{Cc}
J_0P_2	16.12±0.50^{Da}	11.42±0.44^{Cb}	9.34±0.47^{Db}	8.23±0.37^{Db}
J_0P_3	16.61±0.35^{Da}	13.72±0.35^{Da}	10.43±0.49^{Ca}	13.42±0.37^{Ca}
J_1P_0	11.81±0.37^{Bd}	8.99±0.09^{Bc}	10.30±0.45^{Bc}	6.52±0.17^{Bd}
J_1P_1	16.51±0.42^{Bc}	9.18±0.09^{Cc}	10.59±0.32^{Bc}	10.93±0.40^{Bc}
J_1P_2	18.36±0.51^{Cb}	13.26±0.41^{Bb}	11.94±0.45^{Bb}	12.8±0.30^{Bb}
J_1P_3	22.32±0.46^{Ca}	15.47±0.11^{Ca}	12.54±0.20^{Ba}	18.45±0.45^{Ba}
J_2P_0	9.58±0.10^{Cd}	5.49±0.11^{Cd}	8.85±0.30^{Ac}	9.48±0.36^{Ad}
J_2P_1	16.12±0.06^{Bc}	10.30±0.15^{Bc}	9.93±0.28^{Cb}	11.05±0.34^{Bc}
J_2P_2	24.98±0.28^{Bb}	13.16±0.41^{Bb}	10.10±0.11^{Cb}	11.88±0.46^{Cb}
J_2P_3	25.75±0.20^{Ba}	26.28±0.40^{Ba}	12.27±0.32^{Ba}	13.26±0.15^{Ca}
J_3P_0	13.82±0.43^{Ad}	10.53±0.21^{Ad}	10.46±0.36^{Ad}	9.51±0.06^{Ad}
J_3P_1	20.42±0.45^{Ac}	12.40±0.32^{Ac}	12.60±0.06^{Ac}	24.40±0.46^{Ac}
J_3P_2	27.07±0.42^{Ab}	17.30±0.45^{Ab}	14.54±0.06^{Ab}	33.27±0.28^{Ab}
J_3P_3	34.58±0.25^{Aa}	29.33±0.49^{Aa}	25.81±0.25^{Aa}	35.94±0.20^{Aa}
J	**	**	**	**
P	**	**	**	**
J×P	**	**	**	**

注：＊＊表示差异极显著（$P<0.01$）。同列不同大写字母表示不同菌处理之间差异显著（$P<0.05$），同列不同小写字母表示不同施磷处理之间差异显著（$P<0.05$）。

显著大于 J_0P_0 处理（$P<0.05$），J_1P_0 处理与 J_3P_0 处理差异不显著外（$P>0.05$），其他施菌处理显著大于未施菌处理（$P<0.05$），且在 J_3 处达到最大值。随着刈割茬次的增加，土壤全磷含量降低。各茬次中，J、P 处理间、J×P 处理下根际土壤、非根际土壤全磷含量均差异极显著（$P<0.01$）。

3. 土壤速效磷含量

相同施菌条件下，土壤速效磷含量随着施磷量的增加呈增加的趋势（表 4-50）。除 J_0 条件下的第 1 茬根际土壤的速效磷含量为 J_0P_2、J_0P_3 处理显著大于 J_0P_0 处理外（$P<0.05$），其他处理均为 P_3 处理显著大于 P_0、P_1 处理（$P<0.05$）。相同施磷条件下，P_0 条件下，第 1 茬根际土全磷含量为 J_1P_0、J_3P_0 显著大于 J_0P_0 处理（$P<0.05$），其他接菌处理显著大于未接菌处理（$P<0.05$），且在 J_3 处取达到最大值。各茬次中，J、P 处理间、J×P 处理下根际土壤、非根际土壤速效磷含量均差异极显著（$P<0.01$）。

磷是植物生长发育所必需的营养元素之一，而土壤中能够被植物直接吸收利用的磷称为土壤有效磷。刘俊英等（2020）研究结果表明，土壤全磷和速效磷含量均随着施磷量的增加呈增加的趋势。由于土壤中大部分矿质元素（尤其是磷）的可移动性差，导致植物磷利用率低。为了提高土壤有效磷含量及磷素利用率，AMF 利用根际土中广泛的菌丝体网络，通过附着在菌丝上面的高亲和力磷转运蛋白摄取远离根系地区的磷，以此改善宿主植物的磷营养。而解磷细菌则在增加土壤中有效磷含量的同时，还可增强土壤磷素供应强度。同时，土壤中的细菌与真菌也有密切联系。细菌凭借真菌的菌丝为通道进入土壤基质，由于抑制真菌生长的有毒化合物或多糖被降解，进而加快有机质的分解速率，增加土壤磷含量。可见，接菌能够改变土壤微生物环境并增加土壤有效磷的含量，进而给植物生长提供更多的磷营养。

土壤全磷是反映土壤磷库大小的重要指标，有效磷则反映了可供作物当季吸收利用的磷素水平，是评价土壤供磷能力的重要指标。过低的土壤有效磷水平会导致农作物减产；磷素供应过多，叶片表现厚而粗糙，可能引发环境污染。刘俊英等（2020）研究结果表明，土壤全磷含量、速效磷含量均与总干物质产量关系密切。而土壤中的有效磷增多对苜蓿干物质的累积有一定的促进作用。由于土壤对磷具有强吸附固定作用，施加的磷肥很快会被土壤固定，导致土壤有效磷含量较低，土壤磷胁迫极大程度地限制植物的生长和产量，此时施入土壤的菌肥发挥了作用。AMF 和解磷细菌作用于土壤，将土壤中的无机磷转化成苜蓿生长所需要的磷，提高了根际土壤磷的有效性，进而促进植物对矿质养分的摄取和生长。可见，溶磷菌肥可通过促进苜蓿对土壤中磷元素吸收和利用，解决苜蓿实际生产中磷肥利用低的问题。

4. 苜蓿磷含量与总干物质产量的关系

为明确苜蓿磷含量与总干物质产量的关系，将苜蓿磷含量与总干物质产量拟合成二次方程，结果表明（图 4-28），苜蓿磷含量与总干物质产量拟合的二次方程的决定系数 R^2 为 0.7037，苜蓿磷含量与总干物质产量有较高的相关性（$r = 0.899$）。

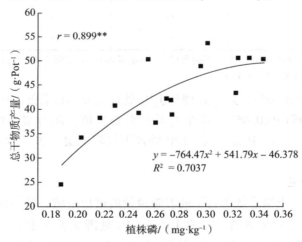

$$r = 0.899^{**}$$

$$y = -764.47x^2 + 541.79x - 46.378$$
$$R^2 = 0.7037$$

r 表示皮尔逊相关系数，＊＊表示在 0.01 水平（双侧）上显著相关。

图 4-28　苜蓿磷含量与总干物质产量的关系

5. 土壤全磷、速效磷含量与苜蓿总干物质产量的关系

为了进一步明确根际、非根际土壤全磷、速效磷含量与苜蓿总干物质产量的关系，将根际、非根际土壤全磷、速效磷含量分别与苜蓿总干物质产量进行拟合，结果表明，根际或非根际土壤中，土壤速效磷含量与干草产量拟合的决定系数 R^2 均大于土壤全磷含量的 R^2（图 4-29）。

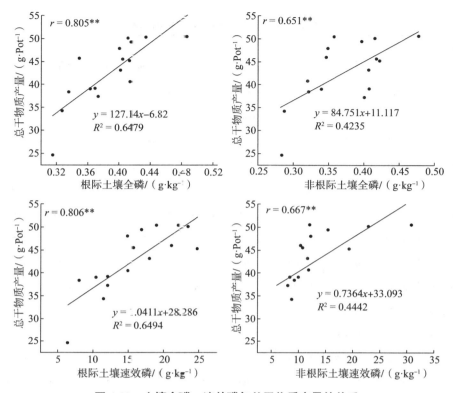

图4-29　土壤全磷、速效磷与总干物质产量的关系

根际土壤全磷含量和速效磷含量与干草产量拟合的 R^2 均大于非根际土壤。其中，根际土壤速效磷含量的相关系数最大，$R^2>0.6$，拟合效果较好；非根际中土壤全磷含量和速效磷含量的拟合度较低，R^2 仅为 0.5 左右。

植物生长发育所需磷素主要来自土壤，土壤是植物生长的养分库。而补充土壤磷素含量与维持土壤供磷能力的重要途径是磷肥的投入。刘俊英等（2020）研究表明，相同施磷处理下，无论是单接菌还是混合接菌均对苜蓿有显著促生长效果，这主要是因为施菌能够显著增加植株全磷和全氮含量，通过真菌和解磷细菌的合作能增强了植物对养分的吸收能力，其中真菌菌丝可从土壤中吸收其养分元素，并转运至根系内，进而增加作物产量。Bender 等（2015）研究表明，接种 AMF 在土壤中可形成庞大的菌丝网络，在胞外菌丝作用下，磷进入真菌细胞质，在质子的共转用作用下，很快聚合成多聚磷；在胞间菌丝作用下，多聚磷降解成植物可利用的磷，显著增加土壤磷及植物磷，减少磷的淋溶损失，进而促进其生长发育。可见，溶磷菌对促进苜蓿生长方面具有至关重要的作用。

6. 苜蓿各指标综合评价

由于各处理在不同指标上表现均不相同，而以任何一个单一指标评价最优接菌处理均是不全面的。以苜蓿地上生物量、侵染率、株高、茎粗、粗蛋白质、中性洗涤纤维、酸性洗涤纤维、叶绿素含量和可溶性糖含量总计 9 个指标，对不同接菌处理下苜蓿的生长性状、营养品质及叶绿素含量、可溶性糖含量进行综合评价（表 4-51）。结果表明，地上生物量、侵染率、株高、茎粗、粗蛋白质含量、叶绿素含量、可溶性糖含量为正向指标，中性洗涤纤维和酸性洗涤纤维含量为负向指标。将 9 项指标的隶属函数值进行综合价值排序，平均

表 4-51 不同处理下苜蓿各指标综合评价

指标	地上生物量	菌根侵染率	株高	茎粗	粗蛋白质含量	中性洗涤纤维含量	酸性洗涤纤维含量	叶绿素含量	可溶性糖含量	平均值	排序
J_0P_0	0.000	0.000	0.000	0.000	0.000	0.400	0.154	0.174	0.122	0.094	16
J_0P_1	0.440	0.313	0.140	0.748	0.068	0.840	0.673	0.381	0.381	0.443	9
J_0P_2	0.556	0.183	0.498	0.725	0.137	0.481	1.000	0.478	0.334	0.488	7
J_0P_3	0.336	0.003	0.241	0.557	0.200	1.000	0.742	0.385	0.000	0.385	13
J_1P_0	0.500	0.499	0.339	0.275	0.268	0.197	0.342	0.628	0.288	0.370	14
J_1P_1	1.000	0.728	0.442	0.718	0.337	0.654	0.534	0.765	0.438	0.624	4
J_1P_2	0.893	0.769	0.758	0.595	0.400	0.882	0.652	0.789	0.508	0.694	2
J_1P_3	0.842	0.044	0.545	0.618	0.468	0.289	0.357	0.101	0.440	0.412	12
J_2P_0	0.478	0.047	0.369	0.015	0.532	0.000	0.183	0.000	0.238	0.207	15
J_2P_1	0.609	0.275	0.483	0.389	0.600	0.602	0.205	0.397	0.782	0.482	8
J_2P_2	0.695	0.312	0.459	0.718	0.668	0.338	0.326	0.397	1.000	0.546	5
J_2P_3	0.792	0.226	0.317	0.321	0.732	0.176	0.000	0.514	0.725	0.423	10
J_3P_0	0.502	0.679	0.264	0.214	0.800	0.228	0.193	0.704	0.181	0.418	11
J_3P_1	0.884	1.000	0.476	0.328	0.868	0.749	0.630	1.000	0.251	0.687	3
J_3P_2	0.895	0.861	1.000	1.000	0.932	0.567	0.364	0.866	0.378	0.763	1
J_3P_3	0.644	0.041	0.572	0.305	1.000	0.043	0.069	0.802	0.933	0.490	6

值越大综合价值越高，反之越差。不同接菌处理下苜蓿各生产指标综合排序，前三位为 $J_3P_2>J_1P_2>J_3P_1$。

四、水、磷、菌一体化技术

1. 苜蓿生物量、株高和茎粗

所有处理的苜蓿干草产量、株高和茎粗均显著高于 1 处理（$P<0.05$），苜蓿的干草产量、株高和茎粗均为 11（$W_3P_2J_0$）处理最高。苜蓿干草产量为 W_1 处理（1、2、3、4）均小于 W_2（5、6、7、8）、W_3（9、10、11、12）和 W_4（13、14、15、16）的处理，且均达到显著差异水平（$P<0.05$）（表 4-52）。在相同灌溉量（W_1、W_2、W_3 和 W_4）条件下，随着施磷量的增加，从 J_0 到 J_3，苜蓿干草产量、株高和茎粗均呈先增加后降低的趋势，分别在第 1 茬的 3、7、11 和 15 处理达到最大值。苜蓿的干草产量、株高和茎粗，在 W_2 条件下，7、8 与 5、6 处理差异显著，但 7 和 8 处理间、5 和 6 处理间差异不显著（$P>0.05$），在 W_3 条件下，11、12 处理显著大于 9 处理（$P<0.05$），在 W_4 条件下，15、16 与 13、14 处理差异显著（$P<0.05$），但 15 和 16 处理间、13 和 14 处理间差异不显著（$P>0.05$）。不同水磷耦合条件下，苜蓿干草产量、株高和茎粗均为第 1 茬大于第 2 茬。

表 4-52　不同处理下苜蓿生产性能

处理	干草产量/(g·Pot^{-1})		株高/cm		茎粗/mm	
	第 1 茬	第 2 茬	第 1 茬	第 2 茬	第 1 茬	第 2 茬
1	9.62±0.45^k	7.33±0.31^h	31.75±0.23^i	28.26±0.59^g	2.53±0.07^h	2.37±0.03^g
2	10.95±0.58^j	8.41±0.38^g	33.07±0.51^h	30.42±0.58^f	2.88±0.04^{def}	2.57±0.06^{ef}
3	11.93±0.30^j	9.23±0.30^g	35.75±0.50^{efg}	31.03±0.47^{ef}	3.28±0.06^b	2.79±0.02^c
4	11.69±0.51^j	8.87±0.27^g	33.45±0.41^h	30.91±0.68^{ef}	3.01±0.02^{cde}	2.72±0.01^{cd}
5	18.05±0.45^{hi}	14.92±0.58^e	34.66±0.37^g	32.11±0.45^{de}	2.69±0.09^{gh}	2.42±0.04^g
6	18.71±0.52^{gh}	15.34±0.47^e	35.3±0.55^{def}	32.85±1.05^d	2.75±0.04^{fg}	2.53±0.03^f
7	20.09±0.41^{ef}	17.13±0.55^{bc}	40.08±0.48^c	36.74±0.92^b	3.31±0.06^{ab}	2.95±0.03^b
8	19.24±0.49^{fg}	16.65±0.34^{cd}	36.75±0.35^{de}	34.91±0.20^c	3.15±0.05^{bc}	2.74±0.04^{cd}
9	22.90±0.72^{cd}	16.24±0.44^d	42.21±0.54^b	36.72±0.62^b	2.92±0.03^{def}	2.56±0.04^{ef}
10	23.50±0.33^{bc}	17.81±0.31^b	43.25±0.48^b	39.11±0.65^a	2.97±0.05^{de}	2.63±0.03^{de}
11	25.13±0.38^a	19.34±0.24^a	45.39±0.64^a	40.35±0.52^a	3.47±0.07^a	3.09±0.06^a
12	24.35±0.51^{ab}	18.79±0.45^a	44.37±0.72^a	39.75±1.13^a	3.26±0.04^b	2.93±0.07^b
13	17.13±0.44^i	13.11±0.42^f	35.38±0.47^{fg}	32.33±0.61^{de}	2.87±0.03^{ef}	2.58±0.08^{ef}
14	18.61±0.40^{gh}	13.69±0.30^f	35.65±0.61^{efg}	30.29±0.31^f	2.62±0.09^{gh}	2.47±0.04^{fg}
15	22.34±0.48^d	15.36±0.27^e	42.91±0.54^b	36.25±0.38^{bc}	3.30±0.05^{ab}	2.77±0.04^c
16	20.93±0.42^e	14.73±0.38^e	37.41±0.75^d	31.25±0.31^{ef}	3.06±0.02^{cd}	2.71±0.09^{cd}

注：W_1、W_2、W_3、W_4 分别表示盆栽持水量 35%、50%、65%、80%，P_0、P_1、P_2、P_3 分别表示施磷 0 mg·kg^{-1}、44.6 mg·kg^{-1}、89.2 mg·kg^{-1}、133.8 mg·kg^{-1}，J_0、J_1、J_2、J_3 分别表示不接菌、接巨大芽孢杆菌、接摩西管柄球囊和双接种（巨大芽孢杆菌+摩西管柄球囊）。采用 L16(4^3) 试验设计，具体见表 4-53。同列不同小写字母表示在 0.05 水平差异显著。

表 4-53　水、磷、菌试验设计与实施方案

编号	处理	含水量	施磷量	接菌
1	$W_1P_0J_0$	35%(重度缺水)	P_0(不施磷)	J_0(不接菌)
2	$W_1P_1J_1$	35%(重度缺水)	P_1(磷酸一铵 44.6 mg·kg^{-1})	J_1(接 Bm)
3	$W_1P_2J_2$	35%(重度缺水)	P_2(磷酸一铵 89.2 mg·kg^{-1})	J_2(接 Fm)
4	$W_1P_3J_3$	35%(重度缺水)	P_3(磷酸一铵 133.8 mg·kg^{-1})	J_3(Bm+Fm)
5	$W_2P_0J_1$	50%(轻度缺水)	P_0(不施磷)	J_1(接 Bm)
6	$W_2P_1J_0$	50%(轻度缺水)	P_1(磷酸一铵 44.6 mg·kg^{-1})	J_0(不接菌)
7	$W_2P_2J_2$	50%(轻度缺水)	P_2(磷酸一铵 89.2 mg·kg^{-1})	J_2(接 Fm)
8	$W_2P_3J_3$	50%(轻度缺水)	P_3(磷酸一铵 133.8 mg·kg^{-1})	J_3(Bm+Fm)
9	$W_3P_0J_2$	65%(适中)	P_0(不施磷)	J_2(接 Fm)
10	$W_3P_1J_3$	65%(适中)	P_1(磷酸一铵 44.6 mg·kg^{-1})	J_3(Bm+Fm)
11	$W_3P_2J_0$	65%(适中)	P_2(磷酸一铵 89.2 mg·kg^{-1})	J_0(不接菌)
12	$W_3P_3J_1$	65%(适中)	P_3(磷酸一铵 133.8 mg·kg^{-1})	J_1(接 Bm)
13	$W_4P_0J_3$	80%(过度浇水)	P_0(不施磷)	J_3(Bm+Fm)
14	$W_4P_1J_2$	80%(过度浇水)	P_1(磷酸一铵 44.6 mg·kg^{-1})	J_2(接 Fm)
15	$W_4P_2J_1$	80%(过度浇水)	P_2(磷酸一铵 89.2 mg·kg^{-1})	J_1(接 Bm)
16	$W_4P_3J_0$	80%(过度浇水)	P_3(磷酸一铵 133.8 mg·kg^{-1})	J_0(不接菌)

2. 苜蓿营养品质

在灌水量相同条件下，随着施磷量的增加，苜蓿蛋白质含量和磷含量呈先增加后降低的趋势，苜蓿粗蛋白质含量在 W_2 条件下（5、6、7、8）大于 W_4 条件下（13、14、15、16）的处理，均达到显著差异水平（$P<0.05$），且在 7（$W_2P_2J_2$）处理达到最大值（表 4-54）。苜蓿磷含量在 11 处理（$W_3P_2J_0$）显著大于 1、2、4、5、6、9、13、14 和 16 处理。2~16 处理苜蓿的中性洗涤纤维和酸性洗涤纤维均显著低于 1 处理（$P<0.05$），除 W_1 外，随着施磷量的增加，W_2、W_3 和 W_4 处理苜蓿的中性洗涤纤维和酸性洗涤纤维均呈先增加后降低的趋势。不同处理下，苜蓿粗蛋白质含量均为第 1 茬小于第 2 茬，磷含量为第 1 茬大于第 2 茬。

表 4-54　不同处理下苜蓿的营养品质　　　　　　　　　　　　%

处理	粗蛋白质含量		中性洗涤纤维含量		酸性洗涤纤维含量		苜蓿磷含量	
	第 1 茬	第 2 茬	第 1 茬	第 2 茬	第 1 茬	第 2 茬	第 1 茬	第 2 茬
1	17.29±0.06^{ij}	18.02±0.11^f	43.99±0.17^a	43.78±0.75^a	33.12±0.31^{ab}	32.98±0.62^a	0.21±0.003^h	0.21±0.008^h
2	17.56±0.07^{gh}	18.15±0.08^{def}	41.57±0.27^{bc}	40.4±0.69^{cd}	31.54±0.52^{bcd}	31.94±0.55^b	0.25±0.006^{de}	0.23±0.006^{ef}
3	18.18±0.11^{cd}	18.54±0.17^c	40.19±0.52^{de}	41.28±0.54^{bc}	30.47±0.78^{de}	30.88±0.40^c	0.26±0.002^{bc}	0.26±0.003^{ab}
4	17.87±0.10^{ef}	18.35±0.13^{cd}	39.42±0.27^{def}	40.99±0.44^{bc}	32.22±0.65^{bc}	30.81±0.35^c	0.26±0.007^{cd}	0.23±0.005^{de}
5	18.05±0.07^{de}	18.38±0.17^{cd}	39.37±0.41^{ef}	39.61±0.38^{de}	32.39±0.48^{abc}	28.87±0.51^{def}	0.23±0.005^{fg}	0.21±0.003^h
6	18.45±0.13^b	18.86±0.11^b	38.96±0.41^{efg}	39.49±0.33^{de}	30.52±1.01^{de}	29.03±0.44^{def}	0.24±0.003^{ef}	0.23±0.006^{efg}
7	18.87±0.08^a	19.19±0.16^a	37.98±0.48^{gh}	38.96±0.55^{ef}	30.80±0.88^{cde}	28.26±0.35^{fg}	0.27±0.005^a	0.26±0.007^{ab}
8	18.34±0.13^{bc}	18.52±0.04^c	38.4±0.16^{fgh}	39.43±0.30^{de}	31.09±1.10^{cde}	28.52±0.51^{efg}	0.27±0.003^{abc}	0.25±0.005^{bc}
9	17.84±0.11^{ef}	18.23±0.09^{def}	37.57±0.30^h	38.78±0.52^{ef}	28.21±0.34^{fg}	27.14±0.52^{hi}	0.26±0.005^{cd}	0.22±0.002^{fgh}
10	17.96±0.10^e	18.33±0.10^{cde}	36.37±0.85^i	37.87±0.40^{fg}	26.83±0.82^g	26.01±0.30^j	0.27±0.006^{ab}	0.23±0.004^{de}
11	18.32±0.08^{bc}	18.60±0.18^c	35.94±0.14^i	37.59±0.55^g	27.06±0.88^g	26.65±0.48^{ij}	0.27±0.005^a	0.27±0.005^a
12	18.24±0.08^{bcd}	18.39±0.08^{cd}	37.71±1.06^{gh}	38.03±0.68^{fg}	29.67±0.41^{ef}	27.75±0.31^{gh}	0.27±0.002^{ab}	0.25±0.006^b
13	17.19±0.01^j	17.38±0.06^h	41.59±0.91^{bc}	41.62±0.37^b	30.44±0.48^{de}	29.73±0.37^d	0.23±0.004^g	0.22±0.007^{gh}
14	17.69±0.08^{fg}	17.75±0.11^g	40.05±0.34^{de}	41.47±0.48^{bc}	33.90±1.06^a	29.63±0.64^d	0.25±0.005^{de}	0.23±0.005^{def}
15	17.74±0.10^{fg}	18.07±0.06^{ef}	40.67±0.51^{cd}	40.88±0.47^{bc}	30.78±0.65^{cde}	28.98±0.38^{def}	0.27±0.003^{abc}	0.27±0.008^a
16	17.42±0.08^{hi}	17.54±0.08^{gh}	42.37±0.88^b	41.65±0.40^b	33.12±0.31^{ab}	29.46±0.54^{de}	0.26±0.006^{cd}	0.24±0.006^{cd}

注：同列不同小写字母表示在 0.05 水平差异显著。

土壤中的磷移动性较差，但是在植物体内部的磷以各种形态移动，在缺少磷或者合适的磷条件下，苜蓿的磷素利用含量最高，在低磷胁迫的条件下，磷的转移发生进行得更早，转移的量更多，并且磷素在苜蓿植株体内的转移和分配也会随之发生一系列变化。故在缺水条件下，这是苜蓿磷含量依旧增加的原因，而植物磷含量与粗蛋白质含量有关，磷含量增加粗蛋白质含量随之增加，故苜蓿的营养品质提高。

3. 苜蓿各指标方差分析

水、磷和菌对苜蓿地上生物量、株高、粗蛋白质、中性洗涤纤维、酸性洗涤纤维、主根长、地下生物量的影响程度依次是水分>磷>菌，对茎粗、苜蓿植株磷含量的影响程度依次是磷>水分>菌，对 pH 值的影响为菌>水分>磷，对土壤全磷和速效磷的影响程度依次是磷>菌>水分。土壤持水量对苜蓿地上生物量、株高、茎粗、粗蛋白质、中性洗涤纤维、酸性洗涤纤维、苜蓿磷、主根长和地下生物量的影响呈极显著差异($P<0.01$)。施磷量对苜蓿地上生物量、株高、茎粗、粗蛋白质、苜蓿磷、主根长、地下生物量、土壤全磷和速效磷含量的影响呈极显著差异($P<0.01$)，对酸性洗涤纤维和主根长的影响呈显著差异($P<0.05$)。接种菌对土壤 pH 值和土壤全磷含量的影响呈极显著差异($P<0.01$)，对速效磷含量的影响呈显著差异($P<0.05$)(表 4-55)。

表 4-55　水、磷和菌对苜蓿各指标影响的方差分析

因素	W		P		J	
	F 值	P 值	F 值	P 值	F 值	P 值
地上生物量	1006.335	<0.001	61.031	<0.001	3.061	0.113
株高	81.331	<0.001	19.261	0.002	2.378	0.169
茎粗	4.431	0.058	27.886	0.001	0.529	0.679
粗蛋白质含量	46.543	<0.001	15.562	0.003	1.284	0.362
中性洗涤纤维含量	33.304	<0.001	4.622	0.053	2.188	0.190
酸性洗涤纤维含量	42.428	<0.001	5.729	0.034	4.042	0.069
苜蓿磷含量	19.439	0.002	123.568	<0.001	4.404	0.058
主根长	78.978	<0.001	7.975	0.016	4.584	0.054
地下生物量	37.954	<0.001	0.459	0.721	0.100	0.957
pH 值	4.419	0.058	0.561	0.660	36.396	<0.001
全磷含量	0.876	0.504	277.791	<0.001	10.966	0.008
速效磷含量	0.846	0.517	153.617	<0.001	5.546	0.036

注：W. 土壤持水量，P. 施磷量，J. 接菌。$P<0.05$ 为显著影响，$P<0.01$ 为极显著影响。

4. 苜蓿各指标相关性

通过皮尔逊相关性分析表明(表 4-56)，苜蓿干草产量与株高、主根长、地下生物量呈极显著正相关($P<0.01$)，与苜蓿磷含量呈显著相关($P<0.05$)，与中性洗涤纤维和酸性洗涤纤维呈极显著负相关($P<0.01$)。苜蓿的中性洗涤纤维和酸性洗涤纤维含量与干草产量、株高、茎粗、苜蓿磷含量、主根长和地下生物量呈显著($P<0.05$)或极显著($P<0.01$)负相关，而中性洗涤纤维和酸性洗涤纤维呈极显著正相关关系($P<0.01$)，速效磷含量与茎粗、苜蓿磷含量与土壤全磷含量呈极显著正相关($P<0.01$)，与其他指标均无显著差异($P>0.01$)。粗蛋白质除与根系生物量呈显著负相关($P<0.01$)外，与其他指标均无显著差异($P>0.05$)。

5. 苜蓿各指标主成分分析

地上生物量、株高、粗蛋白质含量、植株磷含量、茎粗、主根长和地下生物量为正向指标，中性洗涤纤维、酸性洗涤纤维含量、pH 值和全磷含量为负向指标(表 4-57)。按照主成分特征值大于 1 的原则将原先 12 个指标提取为 3 个互不相关的主成分，总积累率为 86.176%，并构建综合评价模型为：$Y_T = 0.561Y_1 + 0.203Y_2 + 0.097Y_3$，其 Y 值越大，说明此处理对苜蓿各生长性能、营养品质和地下生物量影响最好，排名前四位的分别为 $W_3P_1J_3 > W_3P_2J_0 > W_3P_3J_1 > W_3P_0J_2$ 处理。

表 4-56 不同处理下苜蓿各指标相关性分析

指标	地上生物量	株高	茎粗	粗蛋白质含量	中性洗涤纤维含量	酸性洗涤纤维含量	苜蓿磷含量	主根长	地下生物量	pH 值	全磷含量
株高	0.886**										
茎粗	0.480	0.685**									
粗蛋白质含量	0.323	0.410	0.486								
中性洗涤纤维含量	-0.752**	-0.815**	-0.529*	-0.671**							
酸性洗涤纤维含量	-0.810**	-0.904**	-0.517*	-0.411	0.885**						
苜蓿磷含量	0.541*	0.695**	0.920**	0.523*	-0.569*	-0.503*					
主根长	0.935**	0.885**	0.485	0.450	-0.854**	-0.892**	0.572*				
地下生物量	-0.222	-0.214	-0.068	0.106	0.225	0.245	-0.128	-0.322			
pH 值	0.919**	0.817**	0.341	0.498*	-0.826**	-0.842**	0.404	0.901**	-0.161		
全磷含量	0.194	0.147	0.459	0.199	-0.153	0.038	0.526*	0.074	0.070	0.051	
速效磷含量	0.244	0.326	0.793**	0.336	-0.242	-0.129	0.805**	0.219	-0.207	0.085	0.803**

注：* 表示在 0.05 水平（双侧）显著相关，** 表示在 0.01 水平（双侧）显著相关。

表 4-57 不同处理下苜蓿各指标主成分分析

指标	主成分			处理	综合得分				排序
	1	2	3		Y_1	Y_2	Y_3	Y_T	
地上生物量	0.880	0.275	0.076	$W_1P_0J_0$	-3.089	0.119	-0.092	-3.062	16
株高	0.938	0.16	0.06	$W_1P_1J_1$	-1.667	-0.134	-0.059	-1.860	15
茎粗	0.752	-0.517	0.034	$W_1P_2J_2$	-0.564	-0.387	-0.030	-0.980	13
粗蛋白质含量	0.603	-0.176	-0.526	$W_1P_3J_3$	-0.858	-0.469	0.063	-1.265	14
中性洗涤纤维含量	0.898	0.217	-0.152	$W_2P_0J_1$	-0.712	0.448	-0.027	-0.290	9
酸性洗涤纤维含量	0.857	0.393	-0.007	$W_2P_1J_0$	-0.032	0.143	-0.218	-0.107	8
苜蓿磷含量	0.797	-0.525	0.062	$W_2P_2J_2$	1.460	-0.182	-0.081	1.197	5
主根长	0.913	0.317	0.074	$W_2P_3J_3$	0.882	-0.270	0.076	0.689	7
地下生物量	0.842	0.42	-0.121	$W_3P_0J_2$	0.760	0.528	-0.027	1.261	4
pH 值	0.229	0.149	0.875	$W_3P_1J_1$	1.667	0.443	0.083	2.193	1
全磷含量	-0.364	0.777	0.075	$W_3P_2J_0$	2.311	-0.012	-0.135	2.164	2
速效磷含量	0.499	-0.811	0.245	$W_3P_3J_1$	1.783	-0.167	0.048	1.664	3
主要成分特征值	6.737	2.438	1.166	$W_4P_0J_3$	-1.255	0.353	0.196	-0.707	10
累积贡献率/%	56.144	76.46	86.176	$W_4P_1J_2$	-0.971	0.078	0.059	-0.834	12
				$W_4P_2J_1$	0.699	-0.130	0.132	0.701	5
				$W_4P_3J_0$	-0.412	-0.360	0.009	-0.763	11
				方差贡献率%	56.144	20.316	9.716		

注：Y_T 表示综合得分。

不同水磷耦合条件下，接种 AMF 和 PSB 的方式对苜蓿的生长、营养品质和地下生物量的影响不同，通过一个指标来评价最优水磷菌模式并不能全面说明不同处理的优劣，而采用主成分分析的方法能够综合多项指标来评价最优接菌模式。按照不同水磷菌最优组合排序，滴灌苜蓿各茬次最优组合前四位为 $W_3P_1J_3>W_3P_2J_0>W_3P_3J_1>W_3P_0J_2$ 处理，说明当土壤持水量为 65%（W_3）、施磷量为 44.6 mg·kg^{-1}（P_1）时，且进行双接种 AMF 和 PSB，能更有效提高苜蓿地上生物量，溶解更多的土壤全磷，促进苜蓿植株对速效磷的吸收，并提高苜蓿的营养品质。

对于土壤而言，接菌能分泌有机酸降解土壤难溶磷，但 PSB 和 AMF 两种菌只能在低磷条件下，才能更好地发挥它的功能性作用，使 AMF 更好地侵染根系形成菌根改善根系的吸收能力，促进苜蓿磷含量的增加进而提高苜蓿地上生物量。在高磷条件下，土壤中的磷含量过高，溶磷菌本身内部含有大量的磷，细胞内部吸收的磷达到了过饱和状态，使 PSB 和 AMF 受到抑制；且 PSB 和 AMF 在轻度的水分胁迫下能够提高植物根系抗旱性，重度胁迫条件下 AMF 和 PSB 不能完全抵消干旱对植物的抑制作用，故只有选择合适的水磷耦合条件下接种 AMF 和 PSB 才能达到提高苜蓿生产性能，改善营养品质及土提高土壤有效磷等效果。

五、水、磷、菌一体化对苜蓿干草产量及水分利用效率的影响

1. 苜蓿干草产量

灌溉、磷肥和 AMF 处理对每茬苜蓿产量和年总产量具有极显著影响（$P<0.0001$），磷肥和 AMF 处理交互作用对苜蓿产量具有显著影响（$P<0.05$），磷肥和 AMF 处理对地下生物量具有极显著影响（$P<0.0001$），灌溉和 AMF 处理交互作用对地下生物量具有显著影响（表4-58，$P<0.05$）。

表4-58　不同处理下苜蓿干草产量和地下生物量方差分析

| 处理 | df | 干物质产量 | | | | | | | | 地下生物量 | |
| | | 第1茬 | | 第2茬 | | 第3茬 | | 总产量 | | | |
		F值	P值	F值	P值	F值	P值	F值	P值	F值	P值
区组	3	0.312	0.579	2.134	0.151	0.001	0.976	2.451	0.958	0.693	0.409
灌溉	1	57.934	<0.0001	97.447	<0.0001	24.173	<0.0001	1314.776	<0.0001	0.099	0.754
磷肥处理（P）	3	257.460	<0.0001	131.191	<0.0001	68.124	<0.0001	677.393	<0.0001	12.919	<0.0001
菌根真菌处理（AMF）	1	99.338	<0.0001	34.700	<0.0001	19.093	<0.0001	174.489	0.001	36.068	<0.0001
灌溉×P	3	0.111	0.953	1.083	0.365	0.037	0.990	0.269	0.846	0.592	0.623
灌溉×AMF	1	3.669	0.062	0.008	0.929	0.144	0.706	1.236	0.347	7.429	0.009
P×AMF	3	6.428	0.001	4.785	0.005	0.121	0.948	9.279	0.004	0.226	0.878
灌溉×P×AMF	3	0.959	0.420	0.681	0.568	0.046	0.987	0.108	0.953	0.267	0.849

注：df 为自由度。

苜蓿产量随着施磷量的增加呈先增加后降低趋势（图4-30和图4-31）。干草产量在定额灌溉（QI）条件显著高于调亏灌溉（RDI）条件（第1茬：$|t|=6.533$，$P<0.0001$；第2茬：

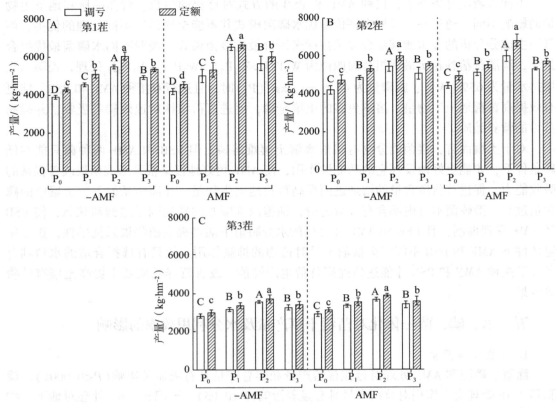

QI. 定额灌溉，灌溉量为 14 000 m³·hm⁻²；RDI. 调亏灌溉，灌溉量为定额灌溉量的 70%；AMF. 土壤不处理；－AMF. 土壤灭 AMF 处理；P_0、P_1、P_2、P_3 分别表示施磷 0、60 kg·hm⁻²、120 kg·hm⁻² 和 180 kg·hm⁻²。不同大写字母表示相同菌肥处理在调亏灌溉下不同磷肥处理间差异显著（$P<0.05$），不同小写字母表示相同菌肥处理在定额灌溉下不同磷肥处理间差异显著（$P<0.05$）。

图 4-30　不同处理下苜蓿干草产量（刈割 3 次）

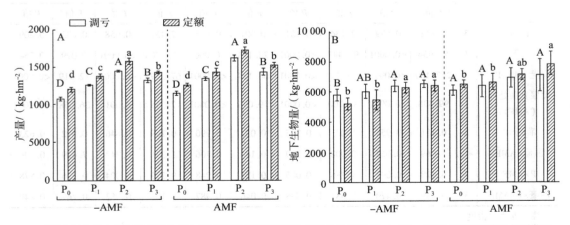

不同大写字母表示相同菌肥处理在调亏灌溉下不同磷肥处理间差异显著（$P<0.05$），不同小写字母表示相同菌肥处理在定额灌溉下不同磷肥处理间差异显著（$P<0.05$）。

图 4-31　不同处理下苜蓿干草总产量和地下生物量

$|t| = 10.297$，$P<0.0001$；第 3 茬：$|t| = 5.079$，$P<0.0001$；总产量：$|t| = 13.863$，$P<0.0001$），地下生物量在 QI 处理与 RDI 处理之间无显著性差异（$|t| = 0.373$，$P = 0.712$）。

在 AMF 处理的干草产量和地下生物量均显著高于-AMF 处理（第 1 茬：$|t| = 7.444$，$P<0.0001$；第 2 茬：$|t| = 5.954$，$P<0.0001$；第 3 茬：$|t| = 5.338$，$P<0.0001$；总生物量：$|t_{上}| = 9.675$，$P<0.0001$；地下生物量：$|t_{下}| = 5.858$，$P<0.0001$）。

2. 苜蓿植株磷含量

磷肥处理对第 2 茬苜蓿植株磷含量具有极显著影响（$P<0.0001$），对第 3 茬和地上部分平均磷含量具有显著影响（$P<0.05$），AMF 处理对第 2 茬和第 3 茬苜蓿磷含量具有显著影响（$P<0.05$），灌溉、磷肥处理、AMF 处理、（灌溉、磷肥和 AMF 处理）交互作用对地下部分磷含量具有极显著影响（$P<0.0001$），灌溉和磷肥处理交互作用、磷肥和 AMF 处理交互作用对苜蓿地下部分磷含量具有显著影响（表 4-59，$P<0.05$）。

表 4-59　不同处理下苜蓿植株地上部分和地下部分磷含量方差分析

处理	df	植株磷含量									
		第 1 茬		第 2 茬		第 3 茬		地上部分		地下部分	
		F 值	P 值	F 值	P 值	F 值	P 值	F 值	P 值	F 值	P 值
区组	3	1.469	0.270	0.059	0.900	1.202	0.410	1.905	0.105	0.922	0.400
灌溉	1	0.140	0.710	0.255	0.616	1.640	0.207	0.531	0.470	187.246	<0.0001
磷肥处理（P）	3	0.301	0.824	28.325	<0.0001	6.794	0.001	3.910	0.014	23.749	<0.0001
菌根真菌处理（AMF）	1	2.971	0.091	5.932	0.019	5.846	0.020	0.242	0.625	25.548	<0.0001
灌溉×P	3	0.587	0.626	2.360	0.083	5.697	0.002	1.767	0.166	2.832	0.048
灌溉×AMF	1	0.178	0.675	1.587	0.214	2.973	0.091	0.075	0.786	1.258	0.268
P×AMF	3	0.495	0.687	0.040	0.989	4.155	0.011	0.132	0.941	6.912	0.001
灌溉×P×AMF	3	1.329	0.276	2.808	0.050	2.644	0.060	1.199	0.321	10.871	<0.0001

苜蓿地上部分平均磷含量在 QI 处理与 RDI 处理之间无显著差异（第 1 茬：$|t| = 0.373$，$P=0.712$；第 2 茬：$|t| = 0.442$，$P=0.661$；第 3 茬：$|t| = 1.008$，$P=0.321$；地上部分平均磷含量：$|t| = 0.732$，$P=0.470$），但地下磷含量 RDI 处理下显著高于 QI 处理（$|t| = 9.272$，$P<0.0001$）。

第 2 茬和第 3 茬苜蓿植株磷含量在 AMF 处理显著高于-AMF 处理（第 2 茬：$|t| = 2.109$，$P=0.043$；第 3 茬：$|t| = 2.040$，$P=0.050$），第 1 茬和地上部分平均磷含量 AMF 处理与-AMF 处理无显著差异（第 1 茬：$|t| = 1.611$，$P=0.117$；地上部分平均磷含量：$|t| = 0.455$，$P=0.652$），地下部分磷含量在 AMF 处理显著高于-AMF 处理（$|t| = 3.034$，$P=0.005$）；苜蓿磷含量随着施磷量的增加呈先增加后降低的趋势（图 4-32 和图 4-33）。

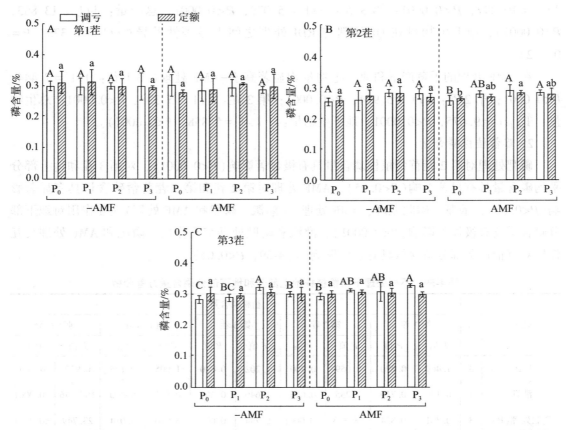

不同大写字母表示相同菌肥处理在调亏灌溉下不同磷肥处理间差异显著($P<0.05$)，不同小写字母表示相同菌肥处理在定额灌溉下不同磷肥处理间差异显著($P<0.05$)。

图 4-32　不同处理下苜蓿植株磷含量(刈割 3 次)

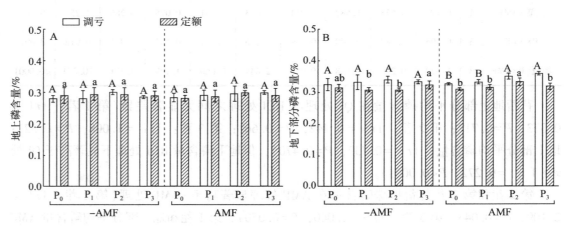

不同大写字母表示相同菌肥处理在调亏灌溉下不同磷肥处理间差异显著($P<0.05$)，不同小写字母表示相同菌肥处理在定额灌溉下不同磷肥处理间差异显著($P<0.05$)。

图 4-33　不同处理下苜蓿地上和地下部分磷含量

3. 苜蓿磷吸收量

灌溉、施磷肥和 AMF 处理对苜蓿第 2 茬、第 3 茬和地上部分磷吸收量具有极显著影响（$P<0.0001$），磷肥和 AMF 处理分别对苜蓿地下部分磷吸收量具有极显著影响（$P<0.0001$），灌溉、施磷肥和 AMF 处理交互作用对地下部分磷吸收量具有显著影响（表 4-60，$P<0.05$）。

第 2 茬、第 3 茬和地上部分总磷吸收量在 QI 处理下显著高于 RDI 处理（第 2 茬：$|t|=7.337$，$P<0.0001$；第 3 茬：$|t|=1.008$，$P=0.005$；地上部分总磷吸收量：$|t_{上}|=4.505$，$P<0.0001$），第 1 茬 RDI 条处理与 QI 处理无显著差异（$|t|=1.881$，$P=0.069$）；地下部分磷吸收量在 RDI 处理显著高于 QI 处理（$|t|=3.525$，$P=0.001$）。

第 2 茬、第 3 茬和地上部分总磷吸收量在 AMF 处理显著高于−AMF 处理（第 2 茬：$|t|=5.676$，$P<0.0001$；第 3 茬：$|t|=5.057$，$P<0.0001$；地上部分总磷吸收量：$|t|=3.798$，$P=0.001$），第 1 茬磷吸收量在 AMF 处理与−AMF 处理无显著差异（$|t|=1.245$，$P=0.223$），地下部分磷吸收量在−AMF 处理显著高于 AMF 处理（$|t|=6.545$，$P<0.0001$）；地上部分总磷吸收量随着施磷量的增加呈先增加后降低趋势（图 4-34 和图 4-35）；随着施磷量的增加，苜蓿地下部分磷吸收量在−AMF 处理呈先增加后降低趋势，在 AMF 处理下增加。

表 4-60 不同处理下苜蓿磷吸收量方差分析

处理	df	磷吸收量									
		第 1 茬		第 2 茬		第 3 茬		地上部分		地下部分	
		F 值	P 值	F 值	P 值	F 值	P 值	F 值	P 值	F 值	P 值
区组	3	0.618	0.776	2 225	0.180	0.175	0.521	1.438	0.235	1.715	0.197
灌溉	1	3.753	0.059	46.634	<0.0001	11.996	0.001	22.467	<0.0001	7.291	0.010
磷肥处理（P）	3	23.831	<0.0001	123.321	<0.0001	87.131	<0.0001	101.355	<0.0001	19.488	<0.0001
菌根真菌处理（AMF）	1	1.947	0.169	35.095	<0.0001	31.735	<0.0001	18.917	<0.0001	44.765	<0.0001
灌溉×P	3	0.524	0.668	0.984	0.408	3.064	0.037	1.292	0.288	0.187	0.905
灌溉×AMF	1	0.006	0.941	0.393	0.534	0.655	0.422	0.190	0.655	4.550	0.038
P×AMF	3	1.138	0.344	3.261	0.030	2.870	0.046	1.679	0.184	0.595	0.622
灌溉×P×AMF	3	1.161	0.335	1.170	0.331	1.445	0.242	1.205	0.318	0.382	0.767

苜蓿地上部分磷吸收量在两和灌溉量处理下均呈先增后减趋势。苜蓿地上部分磷吸收量在 QI 处理下比 RDI 处理下平均高 7.09%，相反地下部分磷吸收量在 RDI 处理下比 QI 处理下平均高 5.88%。主要原因是调亏灌溉下土壤水分亏缺时，对土壤养分的吸收利用量减少，导致运输到地上部分的养分量减少，在地下根系中积累的磷的量增加。

苜蓿的磷吸收量随着施磷量增加呈先增加后降低，与产量的变化趋势一致，但随着生育期的递进逐渐减弱，是由于施入土壤中的磷容易被土壤中的金属离子固定，随着生育期的推进，施入土壤中的磷肥对苜蓿产量的贡献逐渐下降。农作物对施入土壤中的磷肥的利用率在 5%~25%。另外，随着施磷量的增加，苜蓿地上部分磷含量逐渐增加，而地下部分磷含量先增后降低，则是因为磷肥具有后效作用，由于土壤对磷的吸附作用使土壤中磷被固定而难以被植物吸收利用，当年施入的磷肥在植物生长后期或后茬中缓慢地释放出来被植物吸收利用。

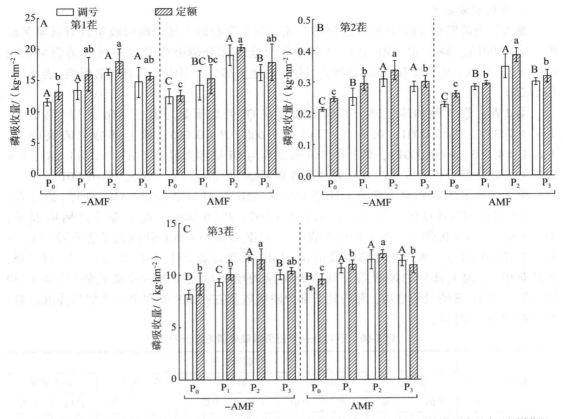

不同大写字母表示相同菌肥处理在调亏灌溉下不同磷肥处理间差异显著（$P<0.05$），不同小写字母表示相同菌肥处理在定额灌溉下不同磷肥处理间差异显著（$P<0.05$）。

图 4-34　不同处理下苜蓿磷吸收量（刈割 3 次）

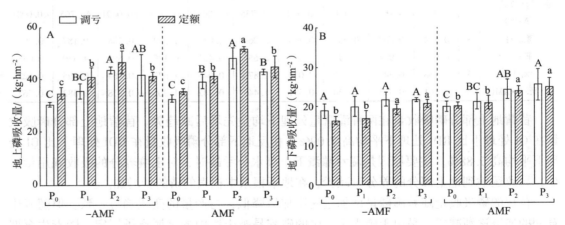

不同大写字母表示相同菌肥处理在调亏灌溉下不同磷肥处理间差异显著（$P<0.05$），不同小写字母表示相同菌肥处理在定额灌溉下不同磷肥处理间差异显著（$P<0.05$）。

图 4-35　不同处理下苜蓿地上部分和地下部分磷吸收量

　　在自然条件下，AMF 与植物共生形成的菌根对磷的吸收和利用具有重要贡献。当土壤中磷含量较高时，一方面会抑制菌根真菌孢子的发育，另一方面植物通过根系吸收的磷素已满足需求，从而降低了植物对 AMF 的依赖性；当土壤磷含量较低的情况下，更有利于植物与 AMF 真菌共生，植物依靠与 AMF 菌根真菌共生形成的菌丝来吸收土壤有效磷。-AMF 处理和 AMF 处理下苜蓿总干草产量分别为 13 450.22 kg·hm^{-2} 和 14 938.47 kg·hm^{-2}，表明 AMF 菌根真菌对苜蓿的产量贡献为 11.1%。

4. 水分利用效率

灌溉、施磷肥、AMF 处理、灌溉和磷肥处理交互作用、磷肥和 AMF 处理交互作用对水分利用效率具有极显著影响（$P<0.0001$），灌溉和 AMF 处理交互作用对水分利用效率具有显著影响（表 4-61，$P<0.05$）。水分利用效率在 RDI 处理显著高于 QI 处理（$|t|=30.678$，$P<0.0001$），AMF 处理显著高于-AMF 处理（图 4-36，$|t|=9.358$，$P<0.0001$）。

表 4-61　不同处理下苜蓿水分利用效率方差分析

处理	df	水分利用效率		处理	df	水分利用效率	
		F 值	P 值			F 值	P 值
区组	3	0.407	0.527	灌溉×P	3	13.592	<0.0001
灌溉	1	2493.624	<0.0001	灌溉×AMF	1	11.083	0.002
磷肥 P	3	508.001	<0.0001	P×AMF	3	7.874	<0.0001
菌根真菌 AMF	1	174.800	<0.0001	灌溉×P×AMF	3	0.395	0.757

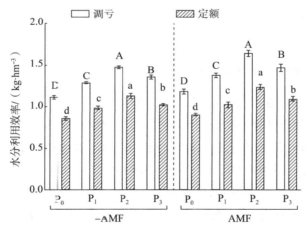

不同大写字母表示相同菌肥处理在调亏灌溉下不同磷肥处理间差异显著（$P<0.05$），不同小写字母表示相同菌肥处理在定额灌溉下不同磷肥处理间差异显著（$P<0.05$）。

图 4-36　不同处理下苜蓿水分利用效率

第五章

苜蓿高效栽培模式

第一节 苜蓿种子生产

新疆具有独特的自然环境条件，是我国苜蓿种子生产的重要地区，但苜蓿种子生产管理粗放，技术落后，主要表现为：①由于传统的条播生产方式造成第 2 年以后种植密度调控困难，苜蓿的种植密度过大，易出现疯长倒伏现象，导致种子产量下降；②用传统灌溉方式难以精量调控苜蓿生长水肥平衡，造成种子产量低；③杂草特别是检验性杂草菟丝子等危害严重，影响了苜蓿种子的产量、质量和安全性。针对以上问题，本章节重点研究：①不同种植密度对苜蓿冠层发育特征、叶面积发育规律、群体透光率变化规律和种子结实特性的影响。②苜蓿返青第 30、37、44、51、58、65 天刈割处理对其结实特性和种子产量的影响。

一、不同种植密度对苜蓿种子生产性能的影响

按照不同播种行距和株距设置了 12 种不同种植密度处理，采用完全随机实验设计，行距(cm)×株距(cm)×种植密度(株·m^{-2})分别为 A$_1$：60×2×83.33、A$_2$：60×10×16.67、A$_3$：60×20×8.33、A$_4$：60×30×5.56、B$_1$：80×2×62.5、B$_2$：80×10×12.5、B$_3$：80×20×6.25、B$_4$：80×30×4.17、C$_1$：100×2×50、C$_2$：100×10×10、C$_3$：100×20×5、C$_4$：100×30×3.33。每个处理小区面积 20 m^2(4 m×5 m)，重复 3 次，共 36 个小区。2003 年 4 月 30 日播种，5 月 20 日进行定株。2003 年 10 月底统一对各小区进行冬灌，灌溉方式为地面漫灌。

1. 株高

不同的行距和株距各处理间高度差异不显著，苜蓿植株平均高度为 70 cm(图 5-1)。此时，苜蓿处于营养生长期，苜蓿高度较矮，个体间竞争较弱，行距和株距对高度影响不大。当苜蓿开始进入现蕾期，不同行距的处理对苜蓿生长高度的影响不显著，但不同株距的处理对苜蓿生长高度有显著影响(表 5-1)。株距为 2 cm 和 10 cm 的处理与株距为 20 cm 和 30 cm 的处理间，苜蓿高度具有显著差异，前者植株高度增长的速度较快，并随株距减少呈增加的趋势，而后者增长的速度明显减慢。在现蕾期时，营养生长已到达顶峰，植株个体相对高大，个体间竞争加剧，由于行间的相对空间较大，苜蓿个体间竞争相对较小，不同行距处理对高度的影响不大，但苜蓿株距间的相对空间较小，个体间对空间的竞争加强，植株仍然保持向上生长，并持续到生殖生长的后期。

表5-1　不同处理苜蓿生长高度

cm

处理	日期										
	4/12	4/22	5/2	5/12	5/22	6/2	6/12	6/22	7/2	7/12	7/22
A_1	13.5±1.05	33.4±1.26	54.7±0.99	67.8±1.56	84.4±2.11	98.7±2.23	105.3±2.25	113.7±2.13	116.3±0.97	121.7±0.98	126.5±3.64
A_2	13.8±1.15	35.6±1.35	58.1±1.25	69.3±2.13	81.6±1.24	90.4±2.14	99.3±2.13	100.5±1.12	103.5±1.24	110.4±1.75	115.3±2.18
A_3	12.4±1.10	34.7±0.88	59.3±1.02	67.5±0.97	80.8±0.93	89.3±1.54	95.6±1.89	97.8±2.15	100.3±1.58	101.6±2.36	102.3±3.36
A_4	13.4±1.78	34.7±1.73	56.2±0.87	61.8±1.63	77.8±0.88	86.3±2.13	93.5±2.11	97.4±0.98	101.5±3.16	101.0±2.15	102.4±4.19
B_1	13.6±0.69	37.9±1.23	57.3±1.13	61.4±1.18	83.5±1.26	94.5±1.75	98.8±1.33	110.7±1.75	113.8±1.75	115.9±1.43	120.8±5.24
B_2	13.4±0.77	35.7±1.35	51.6±1.04	63.7±1.32	77.5±2.01	89.9±2.10	89.6±2.46	100.1±2.63	107.4±1.26	109.3±3.76	110.3±3.75
B_3	13.7±0.92	34.8±0.89	55.5±0.97	69.7±1.56	75.5±1.75	78.4±1.15	85.3±1.95	94.4±1.89	96.5±0.97	96.8±2.75	100.7±5.28
B_4	14.1±0.89	37.3±1.03	56.5±0.89	65.3±2.15	74.3±1.56	83.6±2.13	85.7±1.86	91.5±2.42	94.3±1.45	95±4.36	95.3±4.75
C_1	13.9±0.78	35.4±0.97	54.8±0.76	61.3±1.56	82.5±0.83	97.8±1.75	96.6±2.14	98.8±1.98	108.7±2.12	114.9±4.13	121.9±4.62
C_2	14.3±1.22	36.7±1.12	57.6±1.97	61.3±2.03	70.9±1.32	89.8±0.98	83.5±1.35	92.5±2.31	100.5±1.53	105.6±2.65	110.9±3.18
C_3	14.6±1.06	34.9±1.17	55.7±2.05	66.3±2.25	69.4±0.98	85.3±1.56	81.7±1.26	86.4±1.88	89.5±3.15	91.0±1.98	91.8±2.93
C_4	13.9±0.83	35.3±0.87	54.7±1.83	68.6±1.89	67.4±1.12	82.7±3.14	81.2±1.73	85.3±1.94	92.0±2.18	92.5±4.36	92.7±5.42
F值	0.43	0.62	0.73	0.75	4.36*	60.72**	45.3**	36.9**	41.8**	23.55**	33.4**

注：* 表示在0.05水平差异显著，** 表示在0.01水平差异显著。

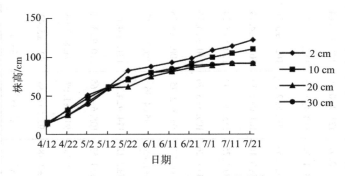

图 5-1　行距为 100 cm 处理苜蓿株高

2. 生长速率

在 4 月 22 日至 5 月 2 日苜蓿生长速率均出现一个高峰，其中最高日生长速率达到 1.93 cm（C_2 处理）（图 5-2）。这可能是由于这段时间内气温上升较快，此时土壤含水量处于较高的水平，苜蓿正处于分枝期，营养生长较为旺盛。在 6 月 2 日以后，株距为 20 cm 和 30 cm 的处理生长速率迅速下降，到 7 月 2 日生长几乎停止。而株距为 2 cm 和 10 cm 的小区在 6 月 2 日以后生长速率保持缓慢下降的趋势，到 7 月 2 日以后仍然继续生长。

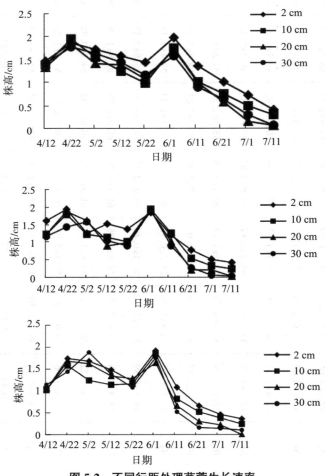

图 5-2　不同行距处理苜蓿生长速率

3. 叶片性状

在苜蓿的初花期、盛花期和结荚期，各处理在同一时期小叶面积均没有显著差异，但同一处理在不同时期小叶面积都有显著差异，在结荚期的小叶面积均小于初花期和盛花期（表5-2）。这可能是由于在结荚期正积较大的老叶开始脱落，而生殖生长期新出的叶片生长速率较慢，因而小叶面积的平均值较小。同一时期不同种植密度处理间叶面积系数的差异，是由于不同种植密度处理下单位面积叶片数量的不同引起的。在苜蓿结荚期，植株已经进入生殖生长后期，而此时新叶的生长速率相对较慢，老叶的叶面积也开始萎缩或脱落。因此，在结荚期叶面积系数和小叶面积都小于初花期和盛花期。

表5-2　种植密度对苜蓿不同生育时期的小叶面积和叶片数量的影响

处理	初花期		盛花期		结荚期	
	小叶面积/ cm	叶片数量/ （万个·m^{-2}）	小叶面积/ cm	叶片数量/ （万个·m^{-2}）	小叶面积/ cm	叶片数量/ （万个·m^{-2}）
A_1	0.956±0.132	8.26±1.15	0.957±0.112	9.61±1.25	0.894±0.085	5.48±1.03
A_2	0.897±0.085	8.14±1.03	1.026±0.126	8.38±1.03	0.893±0.107	5.76±0.98
A_3	0.936±0.121	7.80±1.63	0.935±0.098	8.13±1.26	0.885±0.092	6.44±1.01
A_4	0.935±0.113	7.27±0.85	0.866±0.083	8.89±2.13	0.835±0.084	6.95±0.87
B_1	0.988±0.088	7.89±1.07	0.876±0.079	9.93±1.35	0.827±0.120	5.68±1.02
B_2	0.879±0.112	8.08±0.95	0.898±0.106	9.13±0.97	0.817±0.096	6.36±1.24
B_3	0.912±0.157	7.79±0.82	1.055±0.134	7.11±1.03	0.898±0.079	5.79±0.97
B_4	0.934±0.135	7.07±1.07	0.933±0.099	7.82±0.85	0.828±0.105	7.00±1.06
C_1	1.028±0.097	7.49±0.92	0.893±0.089	9.74±1.11	0.818±0.113	6.36±1.07
C_2	0.969±0.124	7.12±0.88	1.025±0.153	7.51±1.46	0.918±0.127	4.68±0.69
C_3	0.975±0.133	7.54±1.05	0.915±0.118	7.99±1.23	0.831±0.085	6.78±0.75
C_4	1.059±0.098	5.95±0.93	0.858±0.097	8.16±0.95	0.826±0.093	6.90±1.19

4. 叶面积系数

植株叶面积大小是反映作物同化CO_2和冠层光截获能力、决定作物产量的一个重要指标，尤其是在作物生殖生长阶段，维持合理的叶面积指数对作物能否获得高产非常关键。由图5-3可知，各处理叶面积指数都在盛花期达到最大值，在结荚期叶面积指数最小。在初花期和盛花期，各处理间叶面积指数有随种植密度降低而降低的趋势，但并不是成比例的线性关系（如当种植密度由A_1降低至A_3时，种植密度降低了10倍，而叶面积指数仅由8.5降低至7.6）（表5-3）。各处理结荚期的叶面积指数比盛花期和初花期都有明显的降低，（A_1、B_1、C_1 3个处理下降幅度最大，如A_1处理由盛花期的8.5下降为5.3），在盛花期叶面积指数最大的处理（A_1、B_1、C_1等），结荚期反而低于其他处理。这可能是由于在苜蓿结荚期，A_1、B_1、C_1等处理在高种植密度条件下个体发育不良，群体内部透光率低，叶片衰老和功能衰退加快，植株光合产物不足，养分分配失调，而此时苜蓿枝条密集，群落内部光照不足，导致下部叶片光合替力不能充分发挥而脱落。在初花期和盛花期，不同株距的各处理之间和不同行距的各处理之间叶面积系数都有显著差异；在结荚期，株距为30 cm的处理叶面积系数显著地高于株距为2 cm的处理，而不同行距的各处理之间无显著

表 5-3　不同种植密度下的苜蓿的叶面积系数及单株叶面积

	处理	A_1	A_2	A_3	A_4	B_1	B_2	B_3	B_4	C_1	C_2	C_3	C_4
初花期	叶面积系数	7.7	7.3	7.3	6.8	7.8	7.1	7.1	6.6	7.7	6.9	6.6	6.3
	单株叶面积/cm^2	852	3019	5602	7554	1269	4320	7307	6954	1413	5233	8067	7908
盛花期	叶面积系数	8.5	8.6	7.6	7.7	8.7	8.2	7.5	7.3	8.5	7.7	7.3	7
	单株叶面积/cm^2	864	3419	6002	8153	1280	4347	7627	7754	1447	5333	8400	8609
结荚期	叶面积系数	5.1	5.3	5.7	5.8	4.8	5.3	5.2	5.8	5.2	4.9	5.3	5.5
	单株叶面积/cm^2	692	3119	5602	7494	917	3067	5867	7674	1007	4533	7733	8909

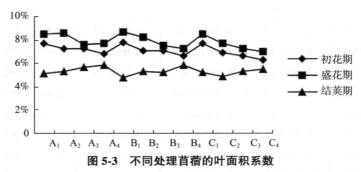

图 5-3　不同处理苜蓿的叶面积系数

差异。在初花期和盛花期，行距为 60 cm 的各处理叶面积系数都显著大于行距为 100 cm 的处理。

5. 分枝数和茎粗

从表 5-4 可知，随着种植密度从 2.5 万株·hm^{-2}（行距×株距为 100 cm×30 cm）增加至 83.3 万株·hm^{-2}（行距×株距为 60 cm×2 cm），单位面积群体枝条数从 70 枝·m^{-2} 增加至 583 枝·m^{-2}，种植密度与单位面积群体枝条数呈明显的线性关系，而与单株枝条数的变化并不呈线性关系。随株距减少，各小区单株分枝数有减少的趋势，株距为 2 cm 的小区与其他各小区单株分枝数差异极显著，而各行距间单株分枝数无显著差异。

表 5-4　种植密度对苜蓿分枝数和茎粗的影响

行距/cm	60				80				100			
株距/cm	2	10	20	30	2	10	20	30	2	10	20	30
单株枝条数/枝	7	20	24.7	25	7	19.7	23.3	25.3	7	24.7	23.3	28
单位面积群体枝条数/（枝·m^{-2}）	583	247	205	139	434	246	146	105	365	247	117	70
茎粗/cm	0.304	0.315	0.417	0.370	0.302	0.359	0.393	0.494	0.297	0.351	0.317	0.431

苜蓿枝条的粗壮程度是影响苜蓿直立性的主要原因，在生产上由于苜蓿枝条细弱，常造成其倒伏严重。从试验结果看，不同行距的枝条直径没有显著的差异，而不同株距的各处理之间有显著差异。株距为 2 cm 和 10 cm 的枝条直径平均为 0.30 cm 和 0.34 cm，较其株距为 20 cm 和 30 cm 的枝条直径小（平均分别为 0.37 cm 和 0.43 cm），说明株距越小，苜

蓿枝条直径越小。

6. 节间数和节间长度

由图5-4可知，节间数和节间长度都随种植密度的增大而增大。各处理节间数的变化幅度比节间长度的变化幅度大，由此可以判断，种植密度对节间数的影响大于对节间长度的影响。而苜蓿的高度是节间长度与节间数的乘积。因此，种植密度主要是通过影响节间数来影响苜蓿的高度变化。当种植密度过大时，由于苜蓿的节间长度增长和节间数增加，极易造成植株高度过大而出现倒伏现象。由以上结果可知，在苜蓿种子生产中，应该保证合理的种植密度，通过调整节间数控制苜蓿的生长高度。

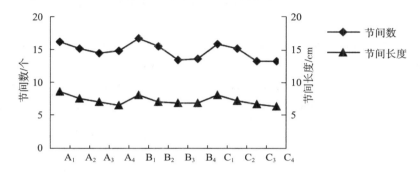

图5-4 不同种植密度处理对苜蓿节间数和节间长度的影响

7. 苜蓿群体冠层透光率

图5-5反映了苜蓿群体底层吸收的太阳净辐射占整个冠层吸收的太阳净辐射的百分比，它可以较为近似地反映冠层的郁蔽程度，其数值越大，说明冠层内部透光性越好，反之则说明冠层内部透光条件差。在结荚期以前，随苜蓿种植密度降低，群体透光率升高，而在苜蓿进入结荚期以后，群体透光率处于相对较为稳定的水平。不同种植密度下苜蓿在不同生育时期群体透光率的变化规律和叶面积的变化规律基本上是一致的，说明冠层叶面积系数是决定群体透光率大小的主要因素。在结荚期透光率上升幅度最大的是A_1处理，说明种植密度最大的处理A_1在结荚期叶片脱落最多；透光率升幅最小的是A_4和B_4处理，说明种植密度减小时叶片脱落也减少。在现蕾期、初花期、盛花期和结荚期A_4和B_4群体透光率变化较小，为11.5%~12.5%(表5-5)，说明在整个生殖生长阶段基本上都具有较为稳定

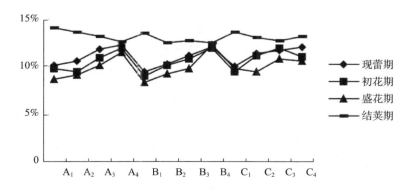

图5-5 不同种植密度处理的苜蓿在不同生育时期的群体透光率

的叶面积系数。A_4 和 B_4 处理株行距配置方式和冠层结构较为合理。以上结果说明，底层冠层吸收的太阳净辐射和冠层叶面积系数是密切相关的，而苜蓿冠层底部受光的多少则反映了群体内部透光条件的好坏。

表 5-5　不同种植密度处理下不同生育时期苜蓿冠层上方和底部净辐射　　　　$W \cdot m^{-2}$

处理		A_1	A_2	A_3	A_4	B_1	B_2	B_3	B_4	C_1	C_2	C_3	C_4
现蕾期	上	96.0	99.4	99.0	91.3	91.8	91.9	89.5	89.0	90.5	88.1	91.5	96.1
	下	9.7	10.5	11.7	11.2	8.7	9.5	10.0	10.8	9.1	10.0	10.7	11.6
	透光率/%	10.1	10.6	11.8	12.3	9.5	10.3	11.2	12.1	10.0	11.4	11.7	12.1
初花期	上	96.9	99.2	97.3	96.1	94.7	96.0	93.4	94.5	96.3	96.9	96.3	98.7
	下	9.5	9.4	10.6	11.5	8.5	9.7	10.1	11.3	9.1	10.9	11.5	11.0
	透光率/%	9.8	9.5	10.9	12.0	9.0	10.1	10.8	12.0	9.5	11.2	11.9	11.1
盛花期	上	98.7	99.8	99.2	94.0	96.1	98.9	97.9	98.6	97.3	96.3	98.1	98.1
	下	8.6	9.1	10.0	10.8	8.0	9.2	9.6	12.1	9.5	9.1	10.6	10.4
	透光率/%	8.7	9.1	10.1	11.5	8.3	9.3	9.8	12.3	9.8	9.5	10.8	10.6
结荚期	上	90.0	92.9	87.9	83.6	88.6	83.4	86.0	90.8	85.3	83.2	84.2	86.1
	下	12.7	12.6	11.6	10.5	12.0	10.4	10.9	11.4	11.7	11.0	10.8	11.4
	透光率/%	14.1	13.6	13.2	12.6	13.5	12.5	12.7	12.5	13.7	13.1	12.8	13.2

作物群落底层叶片受光强度是作物高产群体结构诸要素优化、协调的综合反映。如秦亚平等研究发现，棉花群体底层果节对位叶受光强度应在光补偿点 2 倍以上是棉花高产群体的一个基本要求。从本试验结果来看，在现蕾期、初花期、盛花期和结荚期苜蓿冠层透光率保持在 11.5%~12.5%、在结荚期叶片脱落较少可获得较高种子产量。

8. 苜蓿田间土壤含水量

表 5-6 反映了 12 个处理 20~60 cm 土层的平均含水量随时间的变化进程。在苜蓿返青期，由于气温较低，土壤中水分充足，随着气温慢慢升高，水分通过植物蒸腾和表层土壤蒸散。当苜蓿生长到现蕾期，土壤含水量逐渐降低。各种植密度处理下小区土壤含水量随时间的变化趋势基本一致，各小区土壤含水量无显著差异。灌水后(在 6 月 1 日灌溉)，各处理的土壤含水量出现一个峰值。各处理小区土壤含水量又逐渐降低，但降低速率出现差异，种植密度大的各处理(如 A_1、B_1、C_1)下降速度较慢，种植密度小的处理土壤含水量下降速度较快(如 C_4、A_4)。从苜蓿的生育期来看，从 6 月初开始，苜蓿进入初花期，植被覆盖度已很大，从而减少了土壤水分蒸发，各处理水分下降趋缓，此时，种植密度大的处理由于地上覆盖度较大，土壤蒸散减弱。因此，土壤含水量下降较慢。

表 5-6　20~60 cm 层土壤平均含水量的变化　　　　%

处理	日期										
	4/15	4/25	5/5	5/15	5/25	6/5	6/15	6/25	7/5	7/15	7/25
A_1	24.3	23.3	22.7	20.1	19.1	24.5	23.3	21.7	20.1	19.7	18.3
A_2	25.1	23.1	22.4	19.7	18.5	25.3	21.4	20.3	18.8	17.5	17.1
A_3	23.8	21.5	21.3	18.5	17.2	26.1	21.0	18.4	17.4	16.4	16.2

（续）

处理	日期										
	4/15	4/25	5/5	5/15	5/25	6/5	6/15	6/25	7/5	7/15	7/25
A_4	24.1	22.7	21.1	19.3	18.3	24.3	22.5	19.9	17.1	15.3	14.8
B_1	25.0	22.8	22.4	21.1	18.6	25.1	20.3	19.8	18.2	17.7	16.3
B_2	23.6	22.9	21.5	18.6	17.2	26.1	21.1	20.7	17.1	15.2	14.1
B_3	24.4	23.3	22.7	17.7	16.5	24.9	19.4	18.5	16.8	15.0	14.1
B_4	25.6	24.1	23.2	19.6	16.8	25.4	20.2	18.9	17.1	15.2	13.3
C_1	23.9	22.0	21.3	18.8	17.1	23.8	22.1	20.8	19.3	19.1	18.6
C_2	25.5	23.1	22.4	19.6	16.4	24.6	21.2	18.8	16.4	15.2	14.2
C_3	24.7	22.4	21.2	18.5	15.7	27.1	18.8	17.5	15.7	14.3	13.6
C_4	25.1	23.4	20.6	17.7	15.2	25.5	18.9	16.3	15.2	14.8	13.9

二、苜蓿种子生产性状

1. 花荚脱落率和每荚果种子数

由表 5-7 可知，花荚脱落率最高的是 60 cm×2 cm 的处理（达 80.3%），最低的是 100 cm×30 cm 的处理（为 26.2%）和 80 cm×30 cm 的处理（26.3%）。总体来看，种植密度越大，花荚脱落率越高；种植密度越低，花荚脱落率越低，它们在一定范围内呈线性关系；而同一行距处理间，随株距变小，花荚脱落率明显上升。而每荚果种子数的变化趋势是：株距越大，每荚果种子数越多。苜蓿营养生长和生殖生长同时并进的时期较长，开花后光合产物不但要供应花、荚和生长中的茎叶，还有一部分运向根瘤，作为固氮的能量消耗。因此，在开花结荚的一段较长时期内，根和根瘤、茎叶、花荚三者之间争夺光合产物非常激烈，植株养分不足，尤其是光合产物不足，养分分配失调，是导致花荚脱落的主要原因。在苜蓿开花和结荚期，种植密度较大的处理叶片相互遮阴，部分叶片较早脱落，花荚得不到足够的营养，可能是苜蓿花荚脱落率高的主要原因。

表 5-7　不同种植密度对花荚脱落率和每荚果种子数的影响

行距/cm	60				80				100			
株距/cm	2	10	20	30	2	10	20	30	2	10	20	30
处理	A_1	A_2	A_3	A_4	B_1	B_2	B_3	B_4	C_1	C_2	C_3	C_4
花荚的脱落率/%	80.3	47.1	31.5	38.7	57.1	33.9	32.3	26.3	42.2	26.5	29.8	26.3
每荚果种子数/粒	1.8	2.3	2.2	2.7	2	2.1	3.1	2.9	1.6	2.5	2.4	3.2

注：每荚果种子数量为每个荚果发育完全的种子粒数。

2. 种子千粒重、发芽率和种子硬实率

由表 5-8 可知，不同种植密度的各处理发芽率均达到 90%以上，各处理小区种子的硬实率都不高，最高为 5.3%，最低为 2.3%。不同种植密度处理的小区种子硬实率和发芽率均无显著差异。种子千粒重最高的是 A_4、B_4、C_4 等处理，分别为 1.96、1.95 和 2.01。各处理小区种子千粒重有随种植密度增加而降低的趋势。以上结果说明，合理的稀植可以增加苜蓿种子的千粒重，提高种子的质量和品质。

表 5-8　不同种植密度处理下苜蓿种子千粒重、发芽率和硬实率

处理	发芽率/%	硬实/%	千粒重/g
A_1	92.3±0.42	3.3±0.31	1.53±0.15^C
A_2	94.0±0.26	4.0±0.15	1.68±0.24^{BC}
A_3	92.0±0.79	5.0±0.51	1.76±0.17^{ABC}
A_4	95.0±0.15	3.0±0.23	1.96±0.22^A
B_1	93.0±0.25	2.3±0.15	1.61±0.13^{BC}
B_2	93.3±0.42	5.0±0.43	1.66±0.24^{BCc}
B_3	92.3±0.25	4.0±0.33	1.79±0.32^{AB}
B_4	91.0±0.39	5.3±0.12	1.95±0.22^A
C_1	94.3±0.46	3.0±0.32	1.62±0.15^{BC}
C_2	94.0±0.15	2.7±0.23	1.67±0.16^{BC}
C_3	91.0±0.36	5.0±0.23	1.83±0.03^{AB}
C_4	93.0±0.21	4.3±0.15	2.01±0.24^A

注：同列不同字母表示在 0.05 水平差异显著。

3. 分枝数量

在苜蓿的一级分枝中，有部分枝条没有开花结实，或者开花后没有形成种子，这样的枝条对苜蓿种子产量没有贡献，但却消耗养分和水资源，不利于种子产量的提高。苜蓿种荚一般着生在二级或二级以上的枝条上，在有效的一级分枝上有一部分二级分枝也并不开花结实形成种子。随着种植密度的增加，单位面积的苜蓿能形成种子的枝条数也呈上升的趋势。而每个一级分枝上形成的二级分枝数各处理之间有显著差异。由表 5-9 可知，随着株距的增加，二级分枝数呈上升的趋势。其中，A_1、B_1、C_1 处理的有效二级分枝数均低于其他处理，差异显著（$P<0.05$），而相同的株距不同的行距各处理之间二级分枝数差异不显著。在苜蓿的种子产量构成因素中，苜蓿单株的生殖枝数和种子产量具有显著的相关性。随着种植密度的增加，单位面积上的苜蓿生殖枝条数呈上升的趋势，但无效的二级分枝数也随种植密度的增加而增加。因此，增加苜蓿的种植密度虽然可以提高苜蓿的生物产量，但这势必会不利于制种苜蓿收获指数的提高。

表 5-9　不同种植密度处理下的苜蓿有效一级分枝和二级分枝数　　　个·m^{-2}

处理	一级分枝数	有效一级分枝数	二级分枝数	有效二级分枝数
A_1	583±32.2	570.3±24.5	8.3±1.8	5.2±1.5
A_2	247±40.1	251.7±18.7	8.2±0.7	5.7±0.4
A_3	205±21.1	203.0±20.7	8.7±1.3	6.5±1.3
A_4	139±14.4	134.0±15.3	9.2±2.5	8.1±0.9
B_1	434±21.0	430.7±21.5	8.1±0.8	4.7±0.6
B_2	246±32.0	244.3±16.3	7.9±1.2	5.3±1.1
B_3	146±14.6	143.3±8.8	8.6±1.3	7.7±2.1
B_4	105±9.3	108.3±9.5	9.2±0.9	8.3±0.8
C_1	365±23.7	362.3±21.5	8.4±1.5	5.3±1.2
C_2	247±14.5	235.7±12.8	8.8±1.0	6.8±1.1
C_3	117±12.9	116.7±9.7	9.3±2.1	6.8±1.4
C_4	70±12.3	74.7±11.5	8.9±1.6	7.9±0.9

4. 花序数量、小花数量、荚果数量及种子产量

由表 5-10 可知，随种植密度的增加，各处理单株花序数量、小花数量、荚果数量都呈减少的趋势，其中株距为 2 cm 的各处理单株花序数仅为低种植密度（如 60 cm×30 cm）的 20%，而单位面积上所有枝条花序数量、小花数量、荚果数量都随种植密度的增大而增大，但由花进而发育成荚果和种子的百分率明显下降，这可能和种群个体之间不同的竞争强度而导致不同的资源分配有关。在种子产量中，各处理下以行距 60 cm，株距 30 cm 的小区产量最高，达到了 1182.2 kg·hm^{-2}，与其他处理都有显著差异。相同行距不同株距的各处理下株距为 2 cm 的处理种子产量低于其他株距处理，差异显著，在低行距水平下，随株距增大，种子产量明显增加（如 60 cm 行距），而在大行距水平下，株距过大或过小都不利于种子产量的提高。

表 5-10　不同种植密度处理下苜蓿花序数量、小花数量、荚果数量及种子产量

处理		花序数量/		小花数量/		荚数/		种子产量/
行距/cm	株距/cm	个·株$^{-1}$	万个·m^{-2}	个·花序$^{-1}$	万个·m^{-2}	个·花序$^{-1}$	万个·m^{-2}	(kg·hm^{-2})
60	2	199	1.66	16.3	27.2	3.2	5.3	465.2^{DEF}
	10	830	1.33	16.6	23.0	8.8	12.1	652.0^{BCDE}
	20	995	0.83	19.7	16.4	13.5	11.24	1003.0^{AB}
	30	1460	0.81	23.8	19.3	14.6	11.82	1182.2^{A}
80	2	206	1.23	12.9	15.9	5.3	6.82	395.2^{EF}
	10	851	1.06	15.7	16.6	10.3	10.96	583.6^{CDEF}
	20	1042	0.65	18.9	12.3	12.8	8.33	860.4^{ABCD}
	30	1174	0.49	21.3	10.4	15.7	7.67	920.4^{ABC}
100	2	227	1.11	13.4	14.9	7.6	8.62	260.1^{F}
	10	934	0.93	16.3	15.2	13.5	12.59	807.1^{BCD}
	20	967	0.49	18.4	9.05	12.9	6.35	828.7^{BC}
	30	1500	0.38	27.5	9.67	15.1	7.13	767.1^{BCD}

注：单株种子产量为单株考种而得，群体产量由小区产量换算得来，花序、小花、荚的群体数由单株分枝数、单株的花序、小花、荚数、种植密度换算得来。同列不同字母表示在 0.05 水平差异显著。

5. 理论种子产量与实际种子产量

许多作物收获时的产量更多取决于分蘖/分枝和小花的有效率，而不是它们所分化的数量。由表 5-11 可知，随种植密度的增加，各处理实际产量在理论产量中所占的比例呈下降的趋势。不同的种植密度处理下理论产量最高的为 A$_1$（行距为 60 cm，株距为 2 cm），最低的是 C$_3$（行距为 100 cm，株距为 20 cm），前者几乎是后者的 3 倍，但后者实际产量在理论产量中的所占的比例又远高于前者（前者为 2.37%，后者为 12.72%）。实际产量和理论产量的比值，这一指标较为直观地反映了苜蓿在由花发育成荚果进而发育成成熟的种子这一整个生殖生长过程，对于营养物质的利用效率的高低。比值高说明花、荚脱落率低，反之则说明花、荚脱落率高。增大种植密度将提高苜蓿的花、荚脱落率，而种植密度影响苜蓿花、荚脱落率的生理学机理还有待于进一步研究证实。

表 5-11　不同种植密度对苜蓿种子实际产量和理论产量的影响

处理	实际产量/ （kg·hm^{-2}）	理论产量/ （kg·hm^{-2}）	实际产量/理论产量/ %
A_1	465.2^{DEF}	19 593	2.37
A_2	652.0^{BCDE}	16 568	3.94
A_3	1003.0^{AB}	11 813	8.49
A_4	1182.2^{A}	13 896	8.51
B_1	395.2^{EF}	11 448	3.45
B_2	583.6^{CDEF}	11 952	4.88
B_3	860.4^{ABCD}	8856	9.72
B_4	920.4^{ABC}	7488	12.29
C_1	260.1^{F}	10 728	2.42
C_2	807.1^{BCD}	10 944	7.37
C_3	828.7^{BC}	6516	12.72
C_4	767.1^{BCD}	6962	11.02

注：同列不同字母表示在 0.05 水平差异显著。

6. 产量构成因素间的相关性

苜蓿种子实际产量（Y）计算公式：$Y=$群体种植密度×每单株分枝数×每分枝具荚的花序数×每花序荚数×每荚果种子数×平均单粒种子重。其中，产量构成因素受生产管理水平和措施的影响。由表 5-12 可知，与产量相关性从大到小排序依次为单株花序数>单株生殖枝数>每花序荚数>千粒重>每花序花数>每荚种子数。

通过逐步回归分析，共筛选出 4 个自变量，建立回归方程：$Y=-2067.36+18.15X_1+42.95X_2+1.02X_3+72.17X_4+1108.28X_7$（$R^2=0.87$，$F=8.04^{**}$），上式的意义在于：当 4 个自变量中的其他 3 个保持平均水平时，种植密度（X_1）、单株生殖枝数（X_2）、每花序花数（X_4）、千粒重（X_7）各自变量每增加一个单位，种子产量（Y）分别增加 18.15 kg、42.95 kg、1.02 kg、72.17 kg、1108 kg。

表 5-12　苜蓿种子产量及相关性状相关系数

相关性状		X_1	X_2	X_3	X_4	X_5	X_6	X_7	Y
种植密度	X_1	1.000	-0.948	-0.893	-0.607	-0.933	-0.735	-0.853	-0.768
单株生殖枝数	X_2	-0.948	1.000	0.952	0.754	0.940	0.820	0.847	0.859
单株花序数	X_3	-0.893	0.952	1.000	0.879	0.922	0.860	0.880	0.860
每花序花数	X_4	-0.607	0.754	0.879	1.000	0.740	0.798	0.768	0.716
每花序荚数	X_5	-0.933	0.940	0.922	0.740	1.000	0.794	0.884	0.826
每荚种子数	X_6	-0.735	0.820	0.860	0.798	0.794	1.000	0.728	0.696
千粒重	X_7	-0.853	0.847	0.880	0.768	0.884	0.728	1.000	0.805
种子产量	Y	-0.768	0.859	0.860	0.716	0.826	0.696	0.805	1.000

7. 生殖分配

作物生物量的生产是有限的，增加产量的一个重要途径是通过调节产量决定过程提高收获指数。通过增加籽粒中非结构性碳水化合物和含氮化合物的积累来提高收获指数是提高作物经济产量的有效方法。作物的同化物的输出和分配模式依株龄、栽培管理方式和发育阶段而变，生殖分配反映了同化物在植物体内营养器官和生殖器官之间的运转状况和分配比例。由表 5-13 可知，不同种植密度的各处理生殖分配最高的是 C_4 处理，为 31.9%，最低的是 A_1 处理，为 18.5%。随着株距的增加，生殖分配有增加的趋势，其中株距为 2 cm 和 10 cm 的处理生殖分配较其他株距各处理有显著差异，而随着行距的增加，各处理生殖分配也有增加的趋势。以上结果说明，株行距的变化可能会影响苜蓿同化物向籽粒和营养部分分配的平衡，引起收获指数的变化。

表 5-13 不同种植密度下苜蓿单株的荚重、地上生物量及生殖分配

处理	荚重/g	地上生物量/g	生殖分配/%
A_1	8.4±0.7	45.5±8.7	18.5±3.15[b]
A_2	14.7±1.2	68.9±11.3	21.4±1.82[ab]
A_3	21.6±1.1	85.6±10.5	25.2±3.96[ab]
A_4	23.9±0.6	83.4±9.4	28.6±5.45[ab]
B_1	9.3±0.8	46.5±6.1	20.1±1.87[b]
B_2	15.4±0.5	67.3±5.7	24.3±3.06[ab]
B_3	23.4±0.9	75.6±9.6	31.0±2.44[a]
B_4	29.2±0.2	91.7±8.8	31.8±6.05[a]
C_1	9.5±0.2	47.5±10.6	20.1±1.35[b]
C_2	15.8±1.5	64.6±11.2	24.4±3.10[ab]
C_3	15.8±1.3	59.4±9.3	26.6±6.95[ab]
C_4	28.2±2.6	88.3±8.6	31.9±2.26[a]
F 值	227.3**	114.6**	5.04*

注：*表示在 0.05 水平差异显著，**表示在 0.01 水平差异显著。同列不同小写字母表示在 0.05 水平差异显著。

种植密度会影响苜蓿的生长高度和生长速率，但在现蕾期前，种植密度对苜蓿的高度和生长速率影响不大，在现蕾期后，种植密度会显著影响苜蓿的高度和生长速率，而且株距和行距对其影响程度不同。在初花期和盛花期，随种植密度增大，苜蓿叶面积系数有增大的趋势；在结荚期，苜蓿叶面积随种植密度增大有减小的趋势。在结荚期的小叶面积小于初花期和盛花期的小叶面积，同一时期不同种植密度处理间小叶面积差异不显著。在苜蓿生长发育前期，各处理之间土壤平均含水量没有显著差异，在苜蓿生长发育后期，不同处理土壤平均含水量出现差异，随种植密度增大，后期土壤平均含水量随时间下降的速度减缓，到苜蓿种子收获时高种植密度的处理土壤含水量较高。当种植密度增大时，苜蓿收获时的节间数和节间长度都有增加的趋势，但种植密度对节间数的影响大于对节间长度的影响。当种植密度增大时，苜蓿的节间拉长，节间数增加。各处理之间有效一级分枝在一级分枝中所占的比例没有显著差异，而每个一级分枝上形成的二级分枝数各处理之间有显著差异。随着株距的增加，二级分枝数呈上升的趋势，其中 A_1、B_1、C_1 处理的有效二级分枝数均低于其他处理，差异显著（$P<0.05$），而相同的株距不同的行距各处理之间二级分枝数差异不显著。在苜蓿的种子产量构成因素中，苜蓿单株的生殖枝数和种子产量具有很高的相关性，随着种植密度的增加，单位面积上的苜蓿生殖枝条数呈上升的趋势，但无效的二级分枝数也随种植密度增加而增加。

种植密度的增加不利于苜蓿单株种子产量的提高，对于二年龄的苜蓿，当株距小于 20 cm 时，株距对苜蓿种子产量的影响远大于行距，株距越小，种子产量越低。当株距大于 20 cm 时，增大行距虽然单株种子产量有所提高，但群体产量开始下降。

第二节　苜蓿的刈割管理

刈割时间和刈割次数不仅影响苜蓿的当年草产量及营养价值，而且对其安全越冬和持久利用具有重要的影响，确定苜蓿最佳刈割时期时须兼顾单位面积草产量和营养成分含量，尤其是粗蛋白质含量。对此，本节内容重点论述：①不同生育时期刈割对苜蓿生产性能的影响；②在滴灌条件下不同时期刈割对苜蓿生长、产量和品质的影响。

一、刈割管理对苜蓿种子生产的影响

1. 刈割时间对生殖格局的影响

2013 年苜蓿返青期为 3 月 25 日，试验从 4 月 24 日开始刈割，刈割时间依次为 4 月 24 日、5 月 1 日、5 月 8 日、5 月 15 日、5 月 22 日、5 月 29 日。刈割时间对苜蓿生殖格局及结荚率的影响见表 5-14 所列。在各处理中，CK（对照组）的株高低于刈割的株高，且随着刈割时间的延后，株高有升高的趋势，最后一次刈割的株高最高，为 75.80 cm，与 5 月 22 日刈割的差异不显著，与其他处理差异显著（$P<0.05$）；5 月 29 日刈割的处理，其单序小花数、单序荚果数、单荚种子数均大于其他处理，依次是 13.53 朵、7.43 荚、5.75 粒，单序小花数与 5 月 15 日、5 月 22 日差异显著（$P<0.05$），单序荚果数和单荚种子数均与 5 月 8 日差异显著（$P<0.05$）；4 月 24 日刈割的处理，其单序小花数仅次于 5 月 29 日的处理，为 12.89 朵，但其单序荚果数、结荚率均最少，分别为 6.27 荚、49.35%；5 月 15 日刈割的处理，其单序小花数最少，仅为 11.17 朵，但其结荚率最高，高达 59.71%，5 月 22 日的处理结荚率次之，为 59.20%；在各处理中，除了 4 月 24 日的结荚率小于 50% 以外，其他处理均大于 50%，其中 5 月 8 日、5 月 15 日、5 月 22 日和 5 月 29 日处理的结荚率均大于对照，但相互之间差异不显著。种子千粒重最大的是 5 月 15 日的处理，为 1.17 g，5 月 8 日的处理次之，最小的是 5 月 29 日的处理，仅为 0.82 g；种子产量较高的是 5 月 15 日的处理，为 978.02 kg·hm^{-2}，且与其他处理差异极显著（$P<0.01$），5 月 8 日处理次之，最少的是 4 月 24 日的处理，仅为 422.72 kg·hm^{-2}。

试验数据表明，刈割对苜蓿的株高、单序小花数、单序荚果数和结荚率等影响较大，主要是因为进行刈割处理的各个小区，其生育期（主要是花期）有所改变，开花时的环境如温度、光照以及传粉昆虫等不同，如苜蓿在花期时，温度相对较适宜、传粉昆虫多，这些都在一定程度上提高了苜蓿结荚率和种子产量。

表 5-14 刈割时间对苜蓿生殖格局及结荚率的影响

指标	CK	4/24	5/1	5/8	5/15	5/22	5/29
	分枝期	分枝期	现蕾初期	现蕾期	初花期	花期	花期
株高/cm	56.74±4.52[fE]	62.85±4.67[deCDE]	59.6C±5.97[efDE]	65.90±2.91[cdCD]	67.80±2.40[bcBC]	72.95±3.43[abAB]	75.80±3.52[aA]
单株分枝数/枝	10.23±1.24[bA]	11.78±0.78[aA]	10.21±0.52[bA]	13.08±1.01[aA]	13.24±1.12[aA]	12.74±1.66[abA]	10.05±0.88[bA]
单序小花数/朵	12.73±1.48[abA]	12.89±1.66[abA]	12.21±1.56[abAB]	11.75±1.21[abA]	11.17±2.45[bA]	11.53±2.41[bA]	13.53±1.66[aA]
单序荚果数/荚	7.07±2.60[abA]	6.27±0.60[bA]	6.32±0.62[bA]	6.42±0.70[bA]	6.49±0.53[abA]	6.55±0.84[abA]	7.43±0.80[aA]
结荚率/%	54.32±18.13[abA]	49.35±4.06[bA]	53.52±5.53[abA]	55.30±5.35[abA]	59.71±8.43[aA]	59.20±6.40[aA]	55.26±2.90[aA]
单荚种子数/粒	5.15±1.65[abA]	5.45±0.93[abA]	5.00±0.59[abA]	4.40±0.68[bA]	5.15±0.92[abA]	5.50±0.89[abA]	5.75±1.36[aA]
千粒重/g	0.90±0.14[abAB]	0.87±0.11[bcAB]	0.92±0.18[abcAB]	1.12±0.29[abA]	1.17±0.33[aA]	1.09±0.35[abA]	0.82±0.13[cB]
种子产量/(kg·hm⁻²)	670.50±34.54[cC]	422.72±25.94[dD]	641.95±48.34[cC]	850.59±35.20[bB]	978.02±18.46[aA]	612.38±2²·²¹[cC]	479.75±4[6.30d]

注：同行不同小写字母表示在 0.05 水平差异显著，同行不同大写字母表示在 0.01 水平差异显著。

2. 刈割管理对种子萌发的影响

不同刈割处理，硬实率最高的是 5 月 15 日的处理，高达 16%，且与其他处理之间差异显著，硬实率最低的是 4 月 24 日的处理，仅为 4.67%；刈割对种子发芽势影响较大，各处理的发芽势均低于对照，最低的是 5 月 22 日的处理，仅为 23.33%，且均与对照差异显著；发芽率最高的是 4 月 24 日的处理，对照次之，5 月 15 日的发芽率最小；幼苗株高最矮的是 5 月 15 日的处理，仅为 0.93 cm，且与其他处理差异显著，最高的是 5 月 8 日的处理，为 1.59 cm，除了 5 月 15 日的处理，其他处理株高均大于对照组；根长最长的是 5 月 15 日的处理，5 月 29 日处理次之，最短的是 5 月 22 日的处理，根长大于对照组的处理有 5 月 1 日、5 月 15 日和 5 月 29 日的处理（表 5-15）。

试验数据表明，刈割对苜蓿种子的硬实率、发芽势及株高、根长等有影响，刈割明显提高了种子的硬实率，降低了发芽势和发芽率。种子硬实率的高低主要由土壤、种子发育

表 5-15 刈割时间对苜蓿种子发芽特性的影响

刈割时间	硬实率/%	发芽势/%	发芽率/%	幼苗株高/cm	根长/cm
CK	6.00±0.00[bB]	55.33±1.15[aA]	94.00±0.00[aA]	1.07±0.17[deDE]	2.61±0.97[bAB]
4/24	4.67±1.15[bB]	50.00±2.00[bA]	95.33±1.15[aA]	1.21±0.24[cdBCD]	2.48±0.71[bB]
5/1	6.67±1.15[bB]	26.67±1.15[eD]	93.33±1.15[aA]	1.46±0.34[abAB]	2.74±1.02[abAB]
5/8	8.00±2.00[bB]	36.00±2.00[dC]	92.00±2.00[aA]	1.59±0.39[aA]	2.59±1.01[bAB]
5/15	16.00±2.00[aA]	43.33±1.15[cB]	84.00±2.00[bB]	0.93±0.24[eE]	3.44±1.14[aA]
5/22	8.67±2.31[bB]	23.33±1.15[eD]	91.33±2.31[aA]	1.16±0.25[cdCDE]	2.41±0.79[bB]
5/29	6.67±1.15[bB]	24.00±2.00[eD]	93.33±1.15[aA]	1.37±0.36[bcABC]	3.04±0.93[abAB]

注：同列不同小写字母表示在 0.05 水平差异显著，同列不同大写字母表示在 0.01 水平差异显著。

成熟过程中的天气条件和遗传因素决定，种子发育期间的高温天气可使种子硬实率提高，并降低种子活力，在低纬度地区苜蓿种子硬实率较低，而在高纬度地区则较高；在同一地区，收获早的种子硬实率比收获晚的种子高。

3. 刈割管理与苜蓿种子产量的相关性

回归分析表明，刈割时间与种子产量之间呈抛物线关系，即随着刈割时间的延后，苜蓿种子产量先呈现上升的趋势，而后下降(图 5-6)。分析表明，在苜蓿孕蕾至花期刈割 1 次，能够提高种子产量。

通过对苜蓿种子产量与其构成因子进行相关性分析(表 5-16)，结果表明苜蓿单序荚果数与单序小花数呈极显著正相关；结荚率与单序小花数呈极显著负相关，与单序荚果数呈显著正相关；种子产量与结荚率、单荚种子数呈显著正相关，与千粒重呈极显著正相关，相关系数依次为 0.487、0.365、0.545。相关性分析表明，结荚率高，单荚种子数多，千粒重大，种子产量相对较高。

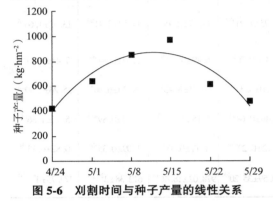

图 5-6 刈割时间与种子产量的线性关系

表 5-16 刈割条件下苜蓿种子产量与其构成因子的相关性分析

种子产量构成因子	株高	分枝数	单序小花数	单序荚果数	结荚率	单荚种子数	千粒重	种子产量	硬实率	发芽势	发芽率
株高	1.00										
分枝数	−0.024	1.00									
单序小花数	0.148	−0.216	1.00								
单序荚果数	0.210	0.028	0.558**	1.00							
结荚率	0.112	0.180	−0.583**	0.489*	1.00						
单荚种子数	0.221	−0.182	0.076	−0.182	0.112	1.00					
千粒重	−0.265	0.355*	−0.280	−0.118	0.181	−0.011	1.00				
种子产量	−0.165	0.310	0.227	0.157	0.487*	0.365*	0.545**	1.00			
硬实率	0.228	0.355*	−0.290	−0.104	0.445**	−0.008	0.204	0.243	1.00		
发芽势	−0.45**	0.005	0.049	−0.089	−0.200	−0.068	−0.032	0.124	−0.024	1.00	
发芽率	−0.173	−0.343*	0.278	−0.012	−0.484**	0.081	−0.218	−0.123	−0.956**	0.025	1.00

注：* 表示在 0.05 水平差异显著，** 表示在 0.01 水平差异显著。

刈割通过调节花期，改变花期生长及传粉受精环境，从而改变苜蓿结实率和种子产量。刈割对苜蓿种子产量和质量具有明显的影响。王显国认为刈割对苜蓿的生育期、单枝花序数、单枝结荚花序数、单序荚果数、单荚种子数和千粒重等影响显著，刈割能够增加单位面积生殖枝数、单序小花数、荚果数/结荚花序、单荚种子数和种子硬实率，但降低了单枝花序数、单枝结荚花序数、种子千粒重、种子产量及发芽率；耿智广认为刈割对苜蓿的生育期、种子产量及种子产量的构成因子具有显著的影响，随着刈割时间的延后，单位面积枝条数和种子硬实率显著增加，但单枝花序数、单序荚果数、种子千粒重、种子产量、发芽势和发芽率等显著降低；随着刈割留茬高度的降低，单位面积枝条数显著增加，种子产量则相反，而对种子的硬实率、发芽势及发芽率等没有显著影响。

刈割能够改变苜蓿的生育期，从而影响种子的产量和质量，并对构成种子产量的因子产生明显的影响。刈割对苜蓿的株高、单序小花数、单序荚果数、结荚率和种子产量等影响较大，苜蓿在5月刈割(孕蕾-花期)，苜蓿花期延后，天气变暖，同时苜蓿访花昆虫的种类和数量明显增加，传粉率提高，有助于提高结荚率和种子产量，这一点与Drak、Free的观点相符，认为苜蓿在种子生产过程，通过刈割手段能够调节苜蓿花期，使其生育高峰与野生访花昆虫的活动高峰以及有利的气候条件相一致，提高传粉效率和结荚率，从而提高种子的产量和品质；Iannucci等也认为通过刈割能够提高苜蓿的种子产量，并且对构成种子产量的各因素影响显著。刈割对苜蓿种子的硬实率、发芽势及株高、根长等有影响，结论与王显国、耿智广的研究结果一致，刈割明显提高了种子的硬实率，降低了发芽势和发芽率。

5月8日、5月15日的刈割处理，与CK相比，种子千粒重分别增加了24.44%、30%，种子产量分别提高26.85%、45.86%，种子发芽率分别降低了2.12%、10.63%。相关性分析表明，在苜蓿孕蕾期至花期适时刈割1次，能够提高开花结实率，增加种子产量，但刈割明显提高了种子的硬实率，降低了发芽势和发芽率。通过适时刈割，能够提高授粉结实率，但由于植物营养物质积累不足，对种子的品质有一定的影响，表现为种子较小、硬实率高等。在进行以调节花期为目的的刈割时，在保证访花昆虫活动与苜蓿花期充分相遇的情况下，尽可能地延长刈割后苜蓿的生育周期，以保证苜蓿在种子发育过程中有充分的营养物质积累，从而提高种子的产量和品质。

二、刈割管理对苜蓿干草生产的影响

试验采用单因素随机区组设计，选取重点体现苜蓿干草产量及营养品质的4个生育时期并进行刈割及各项指标测定，具体生育时期分别为：孕蕾盛期(孕蕾50%，S_1)、初花期(开花5%，S_2)、初花期(开花10%，S_3)、盛花期(开花50%，S_4)。按照以上生育时期进行刈割，则S_1期共刈割6茬，具体刈割时间为2017年，S_2期刈割5茬，S_3期共刈割4茬，S_4期共刈割3茬。

1. 苜蓿株高

表5-17中，随着苜蓿生育时期的推进，相同茬次苜蓿的株高表现为逐渐增大的趋势。不同生育时期之间，S_2处理的株高显著大于S_1处理($P<0.05$)。S_2与S_3处理、S_3与S_4处理之间，各茬次株高均差异不显著($P>0.05$)，说明株高在苜蓿进入到初花期后变化不大。S_1与S_3处理、S_1与S_4处理之间，各茬次均为差异显著($P<0.05$)。S_2与S_4处理之间，除了'巨能551'第1、2茬差异显著外($P<0.05$)，'WL354HQ'第1~3茬和'巨能551'第3茬均表现为差异不显著($P>0.05$)。

苜蓿的株高是评价苜蓿干草产量的重要指标之一，同时也是最能直观体现其生物量积累过程的性状指标。研究表明，生育时期对苜蓿株高的影响很大程度上是受苜蓿本身生物学特性的影响，即在整个生育期内苜蓿的株高是呈"慢速—快速—慢速"的生长规律。在苜蓿生长进入分枝期后，其生长速率加快，在初花期基本达到其株高峰值，之后几乎停止生

表 5-17　不同生育时期下苜蓿株高 　　　　　　　　　　　　　　cm

品种	生育时期	茬次					
		第 1 茬	第 2 茬	第 3 茬	第 4 茬	第 5 茬	第 6 茬
'WL354HQ'	S_1	59.4±2.83^b	58.1±4.77^b	65.2±3.77^b	63.5±2.16^b	56.7±1.89^b	54.6±1.75^a
	S_2	72.2±1.89^a	73.4±3.03^a	78.5±2.55^a	80.2±1.75^a	72.5±2.36^a	—
	S_3	79.1±4.56^a	77.8±4.61^a	82.4±1.78^a	81.8±3.43^a	—	—
	S_4	78.9±2.67^a	79.3±2.78^a	84.0±2.91^a	—	—	—
'巨能 551'	S_1	62.9±3.16^c	63.6±2.37^c	64.4±3.33^b	61.1±2.02^b	49.3±3.23^b	47.4±1.94^a
	S_2	75.1±2.96^b	74.5±4.14^b	79.4±2.41^a	73.8±2.94^a	68.8±2.83^a	—
	S_3	78.6±4.66^{ab}	82.8±4.32^{ab}	81.3±3.37^a	78.6±1.69^a	—	—
	S_4	82.4±3.36^a	84.3±2.51^a	82.9±3.07^a	—	—	—

注：同列不同小写字母表示在 0.05 水平差异显著。

长。随着苜蓿生育时期的推进，苜蓿的株高表现为逐渐增大的趋势，在 S_4 处理达到最大。在 S_1 与 S_2 处理之间，S_2 处理的株高显著大于 S_1 处理的株高（$P<0.05$），这是因为 S_1 处理相较于其他时期（S_2、S_3、S_4），苜蓿植株尚未成熟，生长速率较快，苜蓿的生物量在此期积累迅速，故 S_2 处理的株高显著大于 S_1 处理的株高（$P<0.05$）。而在 S_2 与 S_3 处理、S_3 与 S_4 处理之间，各茬次株高均表现为差异不显著（$P>0.05$），这很有可能是在 $S_2 \sim S_4$ 期间，苜蓿生长进入花期，其植株体内的营养物质用于维持开花而不再或很少用于增加植株高度。同时，植株生长符合"S"形生长曲线，一般在开花期株高就达到最大值，进而导致苜蓿植株生长速率变缓而进入慢速生长的阶段，故 $S_2 \sim S_4$ 处理之间苜蓿株高差异不大。

2. 苜蓿茎粗

随着苜蓿生育期的推进，苜蓿的茎粗呈现逐渐增大的趋势，在 S_4 处理达到最大值，'WL354HQ' 和 '巨能 551' 分别为 3.32 mm 和 3.51 mm（表 5-18）。S_1 与 S_2 处理之间，除了'WL354HQ'的第 1 茬和第 2 茬的茎粗差异不显著外（$P>0.05$），其他茬次均表现为 S_2 处理显著大于 S_1 处理（$P<0.05$）。S_2 与 S_3 处理之间，'WL354HQ'第 2 茬和'巨能 551'第 2～4 茬表现为差异显著（$P<0.05$），其余茬次均为 S_2 与 S_3 处理差异均不显著（$P>0.05$）。S_3 与 S_4 处理之间，各茬次茎粗差异均不显著（$P>0.05$）。S_1 与 S_3 处理之间，除'WL354HQ'第 1 茬差异不显著外（$P>0.05$），其余茬次均为 S_3 处理显著大于 S_1 处理（$P<0.05$）。S_2 与 S_4 处理之间，除了'WL354HQ'的第 3 茬差异不显著外（$P>0.05$），其余茬次均为 S_4 处理显著大于 S_2 处理（$P<0.05$）。S_4 处理各茬次的茎粗显著大于 S_1 处理（$P<0.05$）。在同一生育时期不同茬次内，苜蓿的茎粗随茬次的递进而逐渐降低。

茎粗是评价苜蓿植株纤维含量高低的一个指标，也是衡量苜蓿生长性能的一个重要指标，但其可视变化不如株高明显。赵力兴等通过相关性分析得出，苜蓿的茎粗对干草产量的贡献度最大。随着苜蓿生育期的推进，苜蓿植株的茎粗呈现逐渐增大的趋势。这是因为茎秆是植株运送营养物质和水分的主要通道，而苜蓿茎粗的大小是与干物质的积累程度相适应的，即茎粗在一定程度上是由生育时期决定的。苜蓿各茬次的茎粗为 S_2 处理显著大于 S_1 处理，这极有可能是因为 S_1 处理的苜蓿处于快速生长阶段，茎秆直径增大较快，因而导致苜蓿植株干物质积累较快，故 S_2 处理的茎粗显著大于 S_1 处理。S_2 与 S_3 处理、S_3 与 S_4

表 5-18 不同生育时期下苜蓿的茎粗 mm

品种	生育时期	茬次					
		第 1 茬	第 2 茬	第 3 茬	第 4 茬	第 5 茬	第 6 茬
'WL354HQ'	S_1	2.98±0.09^b	2.95±0.08^b	2.76±0.11^b	2.56±0.12^b	2.41±0.05^b	2.32±0.04^a
	S_2	3.11±0.12^b	3.08±0.07^b	3.11±0.12^b	2.89±0.14^b	2.78±0.07^a	—
	S_3	3.18±0.15^{ab}	3.29±0.05^a	3.22±0.17^a	2.92±0.11^a	—	—
	S_4	3.32±0.14^a	3.32±0.09^a	3.06±0.15^a	—	—	—
'巨能 551'	S_1	3.02±0.14^c	2.96±0.10^c	2.56±0.08^c	2.41±0.10^c	2.30±0.10^a	2.28±0.05^a
	S_2	3.18±0.07^b	3.19±0.04^b	2.83±0.09^b	2.81±0.13^b	2.75±0.12^a	—
	S_3	3.27±0.07^{ab}	3.44±0.09^a	3.15±0.13^a	2.95±0.16^a	—	—
	S_4	3.36±0.08^a	3.5±0.18^a	3.10±0.15^a	—	—	—

注：同列不同小写字母表示在 0.05 水平差异显著。

处理之间，各茬次茎粗均表现为差异不显著，说明此生育时期苜蓿的生长与其生长曲线相符，处于慢速生长阶段，故生长缓慢，差异不明显。而 S_4 处理各茬次均显著大于 S_2 和 S_1 处理，造成这种现象的原因可能是在进入初花期后苜蓿植株逐渐开始成熟老化，木质化加剧，而此时苜蓿的木质化主要集中在茎秆上，增加了茎秆的粗纤维含量，故 S_4 处理的茎粗显著大于 S_2 和 S_1 处理的茎粗。

3. 苜蓿茎叶比

不同生育时期苜蓿的茎叶比各不相同，总体来看，各茬次茎叶比均随着苜蓿的日渐成熟而表现出逐渐增大的趋势（表 5-19）。其中，S_1 与 S_2 处理之间，除了'巨能 551'第 4 茬差异不显著外（$P>0.05$），'WL354HQ'的全部茬次和'巨能 551'其余茬次均为 S_2 处理显著大于 S_1 处理（$P<0.05$）。S_2 与 S_3 处理之间，除了'巨能 551'第 4 茬的 S_2 和 S_3 处理之间差异显著外（$P<0.05$），'WL354HQ'全部茬次和'巨能 551'其余茬次差异均不显著（$P>0.05$）。在 S_3 与 S_4 之间，除了'巨能 551'第 2 茬的 S_3 与 S_4 处理之间差异不显著外（$P>0.05$），'WL354HQ'全部茬次和'巨能 551'的第 1、3 茬均为 S_4 处理均显著大于 S_3 处理（$P<0.05$）。相同苜蓿品种，各茬次 S_1 与 S_3 处理、S_2 与 S_4 处理、S_1 与 S_4 处理之间的茎叶比均差异显著（$P<0.05$）。

表 5-19 不同生育时期对苜蓿茎叶比的影响

品种	生育时期	茬次					
		第 1 茬	第 2 茬	第 3 茬	第 4 茬	第 5 茬	第 6 茬
'WL354HQ'	S_1	0.75±0.04^c	0.79±0.04^c	0.80±0.04^c	0.76±0.03^b	0.73±0.02^b	0.68±0.03^a
	S_2	1.09±0.05^b	1.14±0.04^b	1.05±0.05^b	1.04±0.02^a	1.08±0.03^a	—
	S_3	1.11±0.03^b	1.09±0.05^b	1.13±0.05^b	1.15±0.04^a	—	—
	S_4	1.38±0.06^a	1.32±0.07^a	1.39±0.09^a	—	—	—
'巨能 551'	S_1	0.79±0.02^c	0.38±0.04^c	0.94±0.04^c	0.80±0.03^b	0.69±0.03^b	0.58±0.02^a
	S_2	1.18±0.04^b	1.24±0.05^b	1.21±0.06^b	0.89±0.04^b	0.93±0.04^a	—
	S_3	1.25±0.05^b	1.26±0.06^b	1.32±0.05^b	1.21±0.05^a	—	—
	S_4	1.41±0.06^a	1.37±0.06^a	1.36±0.07^a	—	—	—

注：同列不同小写字母表示在 0.05 水平差异显著。

茎叶比作为苜蓿生长性状的一个重要指标，其通过茎、叶在不同生育时期的比值大小来反映干草产量的高低，比值越大，产量越高，比值越小，产量越低。研究表明，随着生育时期的推进，苜蓿植株的茎叶比逐渐增大，进而导致苜蓿植株体内的木质素和纤维素含量增多，尤其是酸性洗涤纤维（ADF）含量明显上升，而粗蛋白质含量也随之下降。另有研究表明，苜蓿的茎叶比随着生育期的推进而上升，在结实期最大。表 5-19 表明，各茬次茎叶比均随着苜蓿的日渐成熟而表现出逐渐增大的趋势。各茬次在 S_1 与 S_2 处理之间，S_2 处理的茎叶比除'巨能 551'的第 4 茬外均显著大于 S_1 处理（$P<0.05$），这主要是因为 S_1 处理的苜蓿植株的生长速率较快，木质化程度低，因而造成与 S_2 处理的差异。在 S_2 与 S_3 处理中，除了'巨能 551'第 4 茬的 S_2 和 S_3 处理之间差异显著外（$P<0.05$），其余各茬次 S_2 和 S_3 处理的茎叶比之间的差异均不显著（$P>0.05$），这与株高、茎粗在此期的变化基本一致，可能是因为此生育时期苜蓿生长缓慢，差异不显著。相同苜蓿品种，S_4 处理茎叶比显著大于 S_1 和 S_2 处理，这说明在苜蓿慢速生长时期茎秆的木质化程度可能要大于叶片的木质化程度，茎秆粗纤维含量增高导致茎秆干重增大，进而使茎叶比增大。

4. 苜蓿干草产量

表 5-20 中，随着生育时期的推进，两个苜蓿品种'WL354HQ'和'巨能 551'的干草产量均呈现逐渐增大的趋势，刈割 3 茬的均在 S_4 处理下达到最大，分别达到 7463.29 kg·hm^{-2} 和 7599.70 kg·hm^{-2}。S_1 与 S_2 处理、S_2 与 S_3 处理之间，除了'巨能 551'第 3 茬差异不显著外（$P>0.05$），其他茬次均表现为差异显著（$P<0.05$）。S_3 与 S_4 处理之间，'WL354HQ'和'巨能 551'均在第 2 茬差异显著（$P<0.05$），而在第 1 茬和第 3 茬差异均不显著（$P>0.05$）。各茬次间 S_1 与 S_3、S_2 与 S_4、S_1 与 S_4 处理的干草产量均差异显著（$P<0.05$）。

表 5-20　不同生育时期苜蓿的干草产量　　　　　　　　　　　kg·hm^{-2}

品种	生育时期	茬次						总干草产量
		第 1 茬	第 2 茬	第 3 茬	第 4 茬	第 5 茬	第 6 茬	
'WL354 HQ'	S_1	4806.60±74.56^c	3190.40±44.38^c	4187.41±44.96^c	3004.50±62.98^b	2479.76±32.92^a	1518.74±56.82^a	19 187.41
	S_2	5958.02±82.45^b	4775.11±65.53^b	5199.40±56.52^b	4470.76±74.52^a	2544.23±58.54^a	—	22 947.53
	S_3	6646.18±86.19^{ab}	5140.93±83.09^b	5475.26±71.71^b	4731.63±53.02^a	—	—	21 994.00
	S_4	7463.29±93.27^a	6229.39±84.21^a	5952.02±38.75^a	—	—	—	19 644.68
'巨能 551'	S_1	4878.56±72.23^c	3434.78±58.93^c	4422.79±88.72^b	3062.97±75.61^b	2320.84±69.27^a	1478.26±47.84^a	19 598.20
	S_2	5998.50±63.52^b	5206.90±74.91^b	4760.12±64.41^b	4290.85±46.79^a	2416.79±79.21^a	—	22 673.16
	S_3	6797.60±85.35^{ab}	5478.26±72.92^b	5470.76±61.89^a	4469.27±57.16^a	—	—	22 215.89
	S_4	7599.70±97.43^a	7161.92±79.87^a	5656.67±87.47^a	—	—	—	20 418.29

注：同列不同小写字母表示在 0.05 水平差异显著。

从总干草产量来看，苜蓿的各个生育时期对应的总干草产量为在 S_2 时期（刈割 5 茬）最大，'WL354HQ'和'巨能 551'的最大值分别为 22 947.59 kg·hm^{-2} 和 22 673.16 kg·hm^{-2}，苜蓿的总干草产量大小顺序为 $S_2>S_3>S_4>S_1$。

5. 苜蓿生长性状与干草产量的关系

灰色关联度分析法是一种描述多个因素间单个因素重要性强弱的统计分析方法，关联系数数值在 0~1，数值越大，表示该因素的作用越大；数值越小，其作用越小。为了进一步说明苜蓿各生长性状指标与干草产量之间的关系，将不同生育时期苜蓿的株高、茎粗、茎叶比与干草产量进行灰色关联度分析。结果显示（表 5-21），'WL354HQ'在 S_1、S_3、S_4 处理的各生长性状与干草产量的相关性大小顺序为茎粗>茎叶比>株高，而 S_2 处理下其相关性大小顺序为茎粗>株高>茎叶比，说明茎粗与'WL354HQ'苜蓿干草产量的关联度最高，即其对苜蓿干草产量的贡献率最大。'巨能 551'在 S_1、S_2 处理的各生长性状中与干草产量相关性最大的是株高，而在 S_3 和 S_4 处理下，茎粗与干草产量关联系数最大，说明不同生育时期苜蓿各生长性状与干草产量的关联度是不同的。

表 5-21　不同生育时期苜蓿各生长性状与干草产量的灰色关联度分析

品种	生育时期	株高	茎粗	茎叶比
'WL354HQ'	S_1	0.6001	0.6690	0.6318
	S_2	0.5180	0.7351	0.4546
	S_3	0.4636	0.5711	0.5023
	S_4	0.4696	0.6298	0.5987
'巨能 551'	S_1	0.6595	0.6077	0.6424
	S_2	0.6114	0.5834	0.4958
	S_3	0.5558	0.6932	0.6851
	S_4	0.6170	0.6971	0.5658

影响苜蓿干草产量的因素有很多，如刈割时期、刈割方式、调制技术等均能使其产量和品质下降，而刈割时期是诸多影响因素中对苜蓿干草质量影响最大且最便于控制和改变的因素。不同刈割时期对苜蓿的干草产量和营养价值有着十分显著的影响，挑选适于刈割的生育时期是苜蓿优质高效生产的重要环节。干草产量作为最能直观体现苜蓿生产性能的一个指标，可以有效反映苜蓿生产的经济效益。研究表明，刈割期对苜蓿的草产量具有十分显著的影响。随着生育时期的推进，'WL354HQ'和'巨能 551'两个品种在各茬次的干草产量均呈现逐渐增大的趋势，在 S_4 时期达到最大，分别达到 7463.29 kg·hm^{-2} 和 7599.70 kg·hm^{-2}，这主要是因为随着生育期的推进，苜蓿植株日渐成熟，植株体内光合产物也在逐渐增多，而光合产物的增多有利于生物量的积累，故干草产量逐渐增加。但是从一年内苜蓿的整个生育期来看，苜蓿的各个生育时期对应的总干草产量为在 S_2 处理下最大，'WL354HQ'和'巨能 551'总干草产量的最大值分别为 22 947.59 kg·hm^{-2} 和 22 673.16 kg·hm^{-2}，说明虽然单茬苜蓿产量是在 S_4 时期达到最大，但其一年内的总干草产量不如 S_2 和 S_3 处理，且总干草产量的大小不仅与刈割期有关，还与刈割的次数有关。理论上在单茬产量一定的情况下，茬次越多，总干草产量越大，但实际生产中，每一茬的产量随着茬次的增大而减小。因此，在确定最佳刈割期时，要综合考虑总干草产量、营养品质和生产成本等因素。

苜蓿植株各生长性状指标与苜蓿干草产量的形成有着十分紧密的联系。研究表明，株高、生长速率、再生速度与苜蓿草产量的相关性达到极显著水平。耿慧等人对多个苜蓿品种的主要生长性状指标进行灰色关联度分析，结果表明，株高对苜蓿单株产量影响最大；而另有研究发现，茎粗对苜蓿干草产量的贡献作用最大。通过对不同生育时期苜蓿的株高、茎粗、茎叶比与干草产量的灰色关联度分析，表明：茎粗与'WL354HQ'品种苜蓿干草产量的关联度最大，即其对苜蓿干草产量的贡献最大，这与韩路等人的研究结果一致，而与耿慧等人的结果有所差异，其原因可能是本研究采用的是滴灌条播方式进行田间管理，而耿慧等人采用穴播方式播种和末行灌溉处理，两者之间农艺措施的差异可能导致关联度排序结果不同。'巨能 551'品种在 S_1、S_2 处理的各生长性状中与干草产量相关性最大的是株高，而 S_3、S_4 处理下，与干草产量关联度最大的是茎粗，说明不同生育时期苜蓿各生长性状与苜蓿干草产量的关联度是不同的，这可能是因为苜蓿在生长过程中，各生长性状指标随着生育时期的不同而发生变化。

三、苜蓿最优刈割期

1. 苜蓿物候期

由于对照区每茬都在初花期刈割，因此，仅对初花期刈割的处理（处理Ⅲ）和对照区（CK）物候期进行观察比较，处理Ⅲ于 3 月 27 日返青，第 1 茬草于 5 月 10 日开始现蕾，5 月 28 日达到初花期；CK 第 1 茬草于 5 月 10 日开始现蕾，5 月 27 日达到初花期，两者物候期基本保持一致；刈割后处理Ⅲ第 2 茬草间隔了 45 d 进入初花期，第 3 茬草间隔时间为 42 d；而 CK 第 2 茬草从刈割到初花期间隔了 43 d，第 3 茬草用时 40 d；处理Ⅲ和 CK 第 4 茬草于 10 月 1 日刈割时均处于现蕾期，分别间隔了 39 d 和 44 d。

研究结果表明，不同灌溉方式和频次对苜蓿第 1 茬草物候期影响不大，可能是因为 2014 年冬季积雪较多，土壤墒情较好，不同灌溉频次处理之间没有显著差异；但从刈割到苜蓿进入初花期，采用 8 d·次$^{-1}$ 的高频次灌溉时，第 2 茬用时 45 d，第 3 茬用时 42 d，分别比对照区延长了 3 d 和 2 d。

2. 苜蓿株高日增长量

各处理中，第 1 茬处理Ⅰ和处理Ⅱ株高日均增长量最大，分别为 1.35 cm 和 1.25 cm，与处理Ⅲ有显著的差异，与处理Ⅳ及处理Ⅴ有极显著差异，表明苜蓿株高日增长量进入花期后呈下降的趋势；同一处理各茬次中第 2 茬和第 3 茬株高日均增长量均比第 1 茬和第 4 茬高；处理Ⅴ第 2 茬日均增长量均低于其他处理，且差异极显著；处理Ⅰ和处理Ⅲ第 3 茬日均增长量显著高于其他处理，处理Ⅱ和 CK 日均增长量最小（表 5-22）。

表 5-22　刈割时间和刈割次数对苜蓿各茬日均增长量的影响　　　　　　　cm

处理	株高日均增长量			
	第 1 茬	第 2 茬	第 3 茬	第 4 茬
CK（初花期）	1.18±0.12[bA]	1.46±0.21[bA]	1.40±0.15[bA]	0.92±0.05[bA]
Ⅰ（现蕾初期）	1.35±0.13[aA]	1.74±0.17[aA]	1.56±0.20[aA]	1.12±0.02[aA]
Ⅱ（现蕾期）	1.25±0.21[aA]	1.72±0.23[aA]	1.40±0.13[bA]	1.05±0.07[aA]
Ⅲ（初花期）	1.16±0.07[bA]	1.61±0.26[aA]	1.52±0.12[aA]	1.09±0.10[aA]
Ⅳ（盛花期）	1.05±0.08[cB]	1.60±0.21[aA]	1.18±0.16[cB]	—
Ⅴ（盛花后期）	0.96±0.15[cB]	1.27±0.17[cC]	1.42±0.21[bA]	—

注：同列不同小写字母表示在 0.05 水平差异显著，同列不同大写字母表示在 0.01 水平差异极显著。

3. 苜蓿营养品质

随着苜蓿刈割时间的推迟，各处理茎叶比呈增加的趋势，处理Ⅳ和处理Ⅴ茎叶比分别达到 2.67 和 2.81，与其他各处理差异极显著($P<0.01$)，说明苜蓿进入花期以后茎秆占植株干物质比例在迅速增加，苜蓿品质开始下降；各处理中粗蛋白质含量以处理Ⅰ和处理Ⅱ最高，和其他各处理之间有显著的差异，处理Ⅳ和处理Ⅴ粗蛋白质含量最低，这一结果和茎叶比的变化规律相吻合(表 5-23)。

结果表明，物候期对苜蓿中性洗涤纤维和酸性洗涤纤维含量有显著的影响($P<0.05$)，现蕾期和现蕾初期的苜蓿草中性洗涤纤维与酸性洗涤纤维含量最低，随着生育期的发展，苜蓿草的中性洗涤纤维与酸性洗涤纤维含量呈现逐渐增加的趋势；处理Ⅳ和处理Ⅴ中性洗涤纤维和酸性洗涤纤维含量显著地高于其他处理。

表 5-23　不同刈割处理对苜蓿粗蛋白质、中性洗涤纤维、酸性洗涤纤维及茎叶比的影响

处理	粗蛋白质/%	中性洗涤纤维/%	酸性洗涤纤维/%	茎叶比
CK(初花期)	17.25[bBC]	44.21[bA]	35.16[aA]	2.31[bB]
Ⅰ(现蕾初期)	21.50[aA]	40.36[cB]	33.16[bA]	1.98[cB]
Ⅱ(现蕾期)	21.08[aA]	42.56[cB]	34.18[bA]	2.09[cB]
Ⅲ(初花期)	17.68[bB]	44.09b[AB]	34.69[bA]	2.36[bB]
Ⅳ(开花期)	16.37[cC]	45.05[aA]	35.09[aA]	2.67[aA]
Ⅴ(盛花期)	16.07[cC]	46.73[aA]	36.58[aA]	2.81[aA]

注：同列不同小写字母表示在 0.05 水平差异显著，同列不同大写字母表示在 0.01 水平差异极显著。

4. 苜蓿干草产量

由于刈割期不同，各处理全年的刈割次数不同，全年干草产量和粗蛋白质产量差异较大；处理Ⅲ全年干草产量最高，为 18 220.5 kg·hm^{-2}，其次是处理Ⅳ，为 18 156 kg·hm^{-2}，两者之间差异不显著，但和其他处理之间均存在显著($P<0.05$)或极显著($P<0.01$)差异；处理Ⅱ干草产量(17 563 kg·hm^{-2})高于处理Ⅴ(16 770 kg·hm^{-2})，比 CK 提高了 10.1%，差异极显著($P<0.01$)；粗蛋白质产量最高的是处理Ⅱ，为 3702.2 kg·hm^{-2}，与其他处理差异显著，处理Ⅴ全年粗蛋白质产量最低，为 2332.8 kg·hm^{-2}。粗蛋白质含量是评价牧草品质最重要的指标，结果表明，苜蓿进入开花期以后，其品质会快速下降；所有处理第 1 茬干草产量和粗蛋白质产量均高于其他各茬次，而且各茬产量随刈割次数增加呈减少的趋势。

在干旱半干旱地区，水是制约植物生长的主要因素。本研究中，处理Ⅲ全年干草产量和粗蛋白质产量均高于 CK，分别提高了 13.9% 和 11.7%；第 2 茬和第 3 茬生育期比对照分别延后了 3 d 和 2 d，表明对照处理苜蓿从刈割到现蕾开花的发育进程加快，说明土壤水分条件会影响苜蓿发育进程；试验中滴灌处理的灌溉频次高但灌溉量较低，而对照区虽然每次灌溉量相对较大，但由于灌溉周期较长，在当地干旱、高温的气候条件下，苜蓿处于干旱胁迫时间较长，牧草产量降低。

苜蓿进入花期以后，株高增长趋缓；所有处理第 2 茬和第 3 茬草日均增长量均高于第 1 茬和第 4 茬，这和各茬生长的平均气温有关，当地春季气温回升慢，进入 8 月以后，气温开始缓慢下降，昼夜温差加大，苜蓿第 1 茬和第 4 茬生长速率较第 2 茬和第 3 茬缓慢，日均增长量降低。

刈割是苜蓿生产管理的重要措施，适期刈割可以提高草地生产力和牧草品质。在苜蓿进入花期以后，干物质积累加快，但粗蛋白质含量在快速下降；在高频滴灌条件下，初花期刈割可以得到最大干草产量，但干草品质较现蕾期有一定程度下降；在现蕾期刈割可以获得最大的粗蛋白质产量，牧草品质相对较好，但干草产量较初花期刈割有所降低。

第三节　苜蓿保护播种

在我国北方地区，特别是靠近沙漠边缘的农田，土壤砂粒含量高，土质结构松散，保水性差、地表温度高、季节性风沙大。在沙地种植时地面没有植被覆盖的情况下，苗期极易受到风蚀影响，导致幼苗根部裸露甚至被连根拔起。因此，风沙和高温是沙地苜蓿种植失败的主要原因。针对以上问题，发明了一种风沙地苜蓿保苗节水的种植方法，采用冬小麦等一年生作物作为保护植物，对苜蓿幼苗可起到防风沙和遮阴的双重保护作用；根据风沙地特点和苜蓿生长习性在苜蓿的不同发育时期选择不同的灌溉方式，在苜蓿苗期根系浅、不耐高温和抗风能力弱的情况下选用灌溉均匀、地表降温快的微喷灌溉，起到快速降温保苗的作用，灌溉深度可以根据苜蓿根系的生长状况由浅至深，减少水肥深层渗漏，苜蓿生长 90 d 后转用水分利用效率更高、操作简便的地下滴灌装置，起到提高水分利用效率的作用。该方法的应用既有效抵御风沙侵蚀，显著提高了风沙地苜蓿幼苗成活率（达 90% 以上），又提高了苜蓿干草产量和水分利用效率。

新疆南疆风沙地区种植的苜蓿因苗期生长缓慢、受风沙影响成活率低，采用小麦保护苜蓿播种的方式，不仅可以提高苜蓿建植的成功率，而且显著提高了单位面积土地的经济效益。该模式中小麦的播种量不仅影响小麦产量和效益，也会对套种的苜蓿生长产生重要影响。对此，重点研究了以下几方面：①冬/春小麦和苜蓿套种模式对苜蓿产量、营养价值和经济效益的影响。②小麦套种苜蓿保护播种模式中小麦不同的播种量对小麦产量和苜蓿草产量及营养品质的影响。

一、苜蓿保护播种

1. 春小麦植株及籽实产量

随着播种量的增加，春小麦穗重、秸秆重及整株干物质重均呈逐渐增大的趋势，其大小顺序均为 $S_3 > S_2 > S_1 > S_0$ 处理，且 S_2 和 S_3 处理显著大于 S_1 处理（$P < 0.05$），而 S_2 和 S_3 处理间差异不显著（$P > 0.05$）；穗重/秸秆重比值表现出相同的规律（表 5-24）。可见，在适宜的春小麦种子播种量 $0 \sim 240$ kg·hm^{-2} 范围内，随播种量的增加春小麦整株干物质产量也随之增加。

表 5-24　不同处理下春小麦干物质产量

处理	穗重/(kg·hm^{-2})	秸秆重/(kg·hm^{-2})	穗重/秸秆重/%	干物质/(kg·hm^{-2})
S_0	0	0	0	0
S_1	2577±18[b]	2196±21[b]	1.17±0.02[b]	4773±22[b]
S_2	3026±25[a]	2456±35[a]	1.23±0.01[a]	5482±63[a]
S_3	3080±33[a]	2510±28[a]	1.23±0.01[a]	5590±51[a]

注：同列不同小写字母表示不同处理在 0.05 水平差异显著。

2. 苜蓿产量性状指标及田间杂草比例

苜蓿种植当年第 1 茬的株高、茎粗、茎叶比、干草产量均为 $S_1 > S_0 > S_2 > S_3$ 处理，两个苜蓿品种表现出相同的变化规律。结果表明（表5-25），两个品种间的差异显著性略有不同，'WL354HQ'的株高、茎粗的差异显著性水平为 S_1、S_2、S_0 处理显著大于 S_3 处理（$P<0.05$），S_1、S_2 与 S_0 处理差异不显著（$P>0.05$）；茎叶比为 S_1 处理显著大于 S_2、S_3、S_0 处理（$P<0.05$），S_2、S_3 与 S_0 处理差异不显著（$P>0.05$）。'巨能551'的株高、茎叶比均为 S_1、S_2、S_0 处理显著大于 S_3 处理（$P<0.05$），且 S_1、S_2 与 S_0 处理差异不显著（$P>0.05$）。两个苜蓿品种的干草产量均为 S_1 处理显著大于 S_3、S_0 处理（$P<0.05$），而 S_1 与 S_2 处理、S_2 与 S_3、S_0 处理差异不显著（$P>0.05$）。随春小麦播种量的增加，灰藜、狗尾草等杂草比例显著降低（$P<0.05$），从最高的35.3%降至18.4%。说明春小麦作为保护作物与苜蓿混合播种能够有效降低苜蓿田间的杂草危害，三对苜蓿种植当年第1茬各产量性状产生影响春小麦播种量为180 kg·hm^{-2}（S_2 处理）时有利于苜蓿第1茬干草产量的保持，而当春小麦种子的播种量增加至240 kg·hm^{-2} 时，播种当年苜蓿第1茬干草产量显著下降。

表 5-25　不同处理下苜蓿产量性状指标

品种	处理	株高/cm	茎粗/mm	茎叶比	干草产量/ （kg·hm^{-2}）	杂草比例/ %
'WL354HQ'	S_0	65.9±3.1[a]	2.41±0.03[a]	0.811±0.01[b]	3265±48[b]	35.3±2.6[a]
	S_1	66.6±3.2[a]	2.46±0.05[a]	0.997±0.02[a]	3353±72[a]	28.5±2.4[b]
	S_2	65.7±3.4[a]	2.39±0.04[a]	0.806±0.01[b]	3277±75[ab]	23.1±2.1[c]
	S_3	62.2±2.9[b]	2.10±0.01[b]	0.803±0.01[b]	3217±60[b]	18.4±2.3[d]
'巨能551'	S_0	66.3±3.3[a]	2.55±0.02[ab]	0.843±0.02[a]	3240±55[b]	34.8±2.8[a]
	S_1	66.9±4.2[a]	2.60±0.03[a]	0.863±0.03[a]	3450±69[a]	27.6±2.5[b]
	S_2	66.1±3.6[a]	2.41±0.04[b]	0.855±0.02[a]	3347±56[ab]	23.7±2.4[c]
	S_3	63.1±2.5[b]	2.19±0.02[c]	0.814±0.01[b]	3289±71[b]	19.5±2.2[d]

注：同列不同小写字母表示不同处理在0.05水平差异显著。

3. 苜蓿营养品质

研究表明（表5-26），种植当年两个苜蓿品种第1茬各营养品质中，粗蛋白质含量均为 S_1、S_2 处理显著大于 S_0、S_3 处理（$P<0.05$），S_1 与 S_2 处理、S_0 与 S_3 处理差异不显著（$P>0.05$）；中性洗涤纤维含量差异显著性略有不同，但两个苜蓿品种均为 S_1 处理显著大于 S_0、S_3 处理（$P<0.05$）；酸性洗涤纤维含量均为 S_1 处理显著大于 S_2、S_0、S_3 处理（$P<0.05$），S_2 与 S_3 处理差异不显著（$P>0.05$）；两个苜蓿品种的粗脂肪、钙、磷含量在不同处理间均差异不显著（$P>0.05$）。随小麦播种量的逐渐增加，苜蓿播种当年第1茬的粗蛋白质、中性洗涤纤维、酸性洗涤纤维、粗脂肪、钙、磷含量均逐渐减小，S_1 处理显著大于 S_0、S_3 处理（$P<0.05$），两个苜蓿品种表现出相同的变化规律。说明春小麦作为保护作物和苜蓿混合播种，随播种量的增加，对苜蓿第1茬营养品质具有重要影响，尤其是对粗蛋白质、中性洗涤纤维、酸性洗涤纤维含量影响显著。且在增加春小麦播种量进而提高小麦饲草产量的基础上，播种量为180 kg·hm^{-2}（S_2 处理）时苜蓿第1茬的粗蛋白质含量下降不显著，中性洗涤纤维和酸性洗涤纤维含量也保持在相对较低的范围内，进而有利于单位土地面积上小麦饲草产量与苜蓿饲草产量及营养品质的最大化。

表 5-26 不同处理下苜蓿营养品质 %

品种	处理	粗蛋白质含量	中性洗涤纤维含量	酸性洗涤纤维含量	粗脂肪含量	钙含量	磷含量
'WL354HQ'	S_0	17.21 ± 0.19^b	48.17 ± 2.15^b	37.95 ± 1.34^b	3.81 ± 0.55^a	1.58 ± 0.14^a	0.45 ± 0.12^a
	S_1	18.01 ± 0.25^a	49.08 ± 2.45^a	38.65 ± 1.67^a	4.05 ± 0.65^a	1.64 ± 0.13^a	0.55 ± 0.11^a
	S_2	17.86 ± 0.31^a	48.34 ± 2.19^{ab}	38.01 ± 1.08^b	3.85 ± 0.52^a	1.53 ± 0.11^a	0.44 ± 0.14^a
	S_3	17.17 ± 0.17^b	47.97 ± 2.35^b	37.88 ± 1.52^b	3.73 ± 0.49^a	1.51 ± 0.16^a	0.42 ± 0.29^a
'巨能551'	S_0	17.44 ± 0.15^b	47.08 ± 1.53^b	36.86 ± 1.25^b	3.89 ± 0.58^a	1.54 ± 0.15^a	0.48 ± 0.19^a
	S_1	18.13 ± 0.21^a	48.51 ± 2.17^a	37.84 ± 1.23^a	4.08 ± 0.53^a	1.61 ± 0.18^a	0.51 ± 0.24^a
	S_2	17.91 ± 0.18^a	47.15 ± 1.86^b	37.05 ± 1.36^b	3.95 ± 0.46^a	1.47 ± 0.11^a	0.46 ± 0.19^a
	S_3	17.34 ± 0.11^b	47.02 ± 1.67^b	36.64 ± 1.19^b	3.82 ± 0.67^a	1.44 ± 0.15^a	0.45 ± 0.25^a

注：同列不同小写字母表示不同处理在 0.05 水平差异显著。

4. 田间杂草防除

保护播种即为把一年生的作物与苜蓿混合进行播种，由于一年生作物产生的遮掩可以有效防止苜蓿幼苗被烈日暴晒及大风干扰，尤其是对西北干旱区的保护效果更好。同时，还可使播种当年有所收益。研究表明，一年生作物的播种量为单播时的 50%～75% 时，对苜蓿的保护效果较好，苜蓿的出苗数可以提高 77%。春小麦播种量为单播的 60% 时能够显著提高苜蓿草产量及保持较高的营养品质，并获得相对较高的春小麦饲草产量，进而提升综合经济效益。不同种类保护作物对牧草产量的影响各有差异，青稞对多年生牧草第 1～2 年生长的影响最大，燕麦其次，油菜的影响最大，中华羊茅(*Festuca sinensis*)由于苗期生长弱进行保护播种的效果较好。另有研究认为，胡麻(*Linum usitatissimum*)、谷子(*Setaria italica*)、荞麦(*Fagopyrum esculentum*)、苦豆子(*Sophora alopecuroides*)、糜子(*Panicum miliaceum*)等作为苜蓿的保护作物，进行播种均能够对苜蓿幼苗起到保护作用且具有一定的经济收益。因此，在牧草实际生产中可根据生产目的进行适宜的保护播种作物品种的选择。

综上所述，将春小麦作为保护作物与苜蓿种子混合播种，能够有效减轻杂草对苜蓿播种当年第 1 茬草产量性状的影响。在小麦灌浆期将其刈割并作为饲草利用的情况下，播种量 0～240 kg·hm^{-2} 范围内，春小麦播种量的增加有利于小麦饲草产量的提高。春小麦作为保护作物与苜蓿种子混合播种的播种量为 120～180 kg·hm^{-2} 时，在有效减轻杂草危害的同时，能够有效保持苜蓿第 1 茬草的高产优质。

二、不同种植模式对苜蓿生产性能的影响

试验设置 5 种苜蓿种植模式，分别记作 M_1～M_5。冬小麦/苜蓿模式(M_1～M_4)于 2019 年 10 月播种冬小麦，2020 年 6 月收获小麦籽粒和秸秆。M_1 模式于 2020 年 4 月 20 日(小麦分蘖期)套种苜蓿，M_2 模式于小麦收割后 10 d(2020 年 6 月 10 日)复种苜蓿，M_3 和 M_4 模式分别于 2021 年 3 月 15 日和 4 月 20 日在冬小麦麦茬地进行免耕复种苜蓿。M_5 为春小麦/苜蓿套种模式，于 2021 年 3 月 10 日播种春小麦，2021 年 4 月 1 日套种苜蓿，前茬作物为青贮玉米。每种模式种植面积约为 150 亩。冬小麦、春小麦和苜蓿播种量分别为 375 kg/hm^2、375 kg/hm^2、22.5 kg/hm^2。上述中春/冬小麦及苜蓿均为条播，行距为 15 cm，播种深度为 2 cm。

1. 苜蓿生产性能及产量

（1）株高和茎粗

如图 5-7A 所示，每次刈割时 M_1 和 M_2 模式苜蓿的株高具有差异。其中，第 1 茬刈割时 M_1 模式比 M_2 模式高 23.67%（$P<0.05$）；第 2 次刈割时 M_1 模式苜蓿株高比 M_2 高 1.43%（$P>0.05$）；第 3 次刈割时 M_1 模式比 M_2 高 8.06%（$P>0.05$）；第 4 次刈割时 M_1 模式比 M_2 高 7.30%（$P>0.05$）。如图 5-7B 所示，在每次刈割时 M_1 和 M_2 模式苜蓿的茎粗具有差异。第 1 次、第 2 次和第 3 次刈割时，M_1 和 M_2 之间均无显著差异（$P>0.05$）。第 4 次刈割时，M_1 模式显著高于 M_2 模式（$P<0.05$），高 21.43%。如图 5-8A 所示，在每次刈割时 M_3、M_4 和 M_5 模式下苜蓿的株高具有差异。其中，第 1 茬刈割时，M_4 模式的株高显著高于 M_3 和 M_5 模式（$P<0.05$），M_3 和 M_5 模式差异不显著（$P>0.05$），M_4 模式分别比 M_3 和 M_5 高 12.66% 和 21.39%。第 2 茬刈割时，M_3 模式显著高于 M_4 和 M_5 模式（$P<0.05$），M_5 模式显著高于 M_4 模式（$P<0.05$），M_3 模式分别比 M_4 和 M_5 模式高 17.63% 和 8.79%。如图 5-8B 所示，在每次刈割时 M_3、M_4 和 M_5 模式下苜蓿的茎粗具有差异。

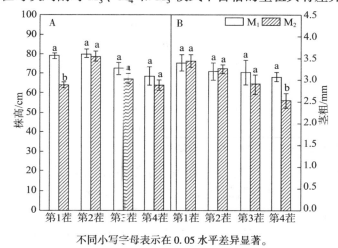

不同小写字母表示在 0.05 水平差异显著。

图 5-7　M_1 和 M_2 两种模式对苜蓿株高和茎粗的影响

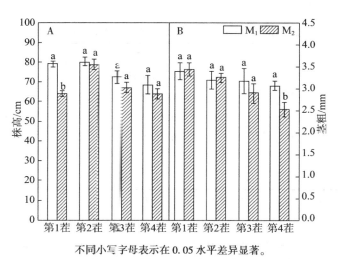

不同小写字母表示在 0.05 水平差异显著。

图 5-8　M_3、M_4 和 M_5 模式对苜蓿株高和茎粗的影响

第 1 次刈割时，M_4 模式的茎粗显著高于 M_5（$P<0.05$）。M_4 模式与 M_3 之间无显著差异（$P>0.05$），M_4 的茎粗分别比 M_3 和 M_5 高 37.23% 和 69.37%。第 2 次刈割时，M_3、M_4 和 M_5 模式差异不显著（$P>0.05$）。

（2）茎叶比和干鲜比

表 5-27 中，在每次刈割时，M_1 和 M_2 模式苜蓿的茎叶比和干鲜比具有差异。在 4 次刈割中，苜蓿的茎叶比 M_2 模式均高于 M_1 模式，但差异不显著（$P>0.05$）。第 1 次刈割时，M_1 和 M_2 模式苜蓿干鲜比差异不显著（$P>0.05$）。第 2 次刈割时，M_2 模式苜蓿干鲜比比 M_1 模式高 19.29%（$P<0.05$）。第 3 次刈割时，M_2 模式比 M_1 模式高 41.18%（$P<0.05$）。第 4 次刈割时，M_2 模式比 M_1 高 22.54%（$P<0.05$）。

表 5-27　M_1 和 M_2 模式对苜蓿茎叶比和干鲜比的影响

茬次	处理	茎叶比	干鲜比
第 1 茬	M_1	1.01 ± 0.08^a	0.25 ± 0.03^a
	M_2	1.25 ± 0.10^a	0.29 ± 0.02^a
第 2 茬	M_1	0.92 ± 0.04^a	0.20 ± 0.01^b
	M_2	1.06 ± 0.04^a	0.24 ± 0.03^a
第 3 茬	M_1	0.97 ± 0.09^a	0.17 ± 0.01^b
	M_2	1.07 ± 0.07^a	0.24 ± 0.01^a
第 4 茬	M_1	0.85 ± 0.03^a	0.18 ± 0.02^b
	M_2	0.87 ± 0.01^a	$0.22\pm0.01a$

注：M_1 和 M_2 间不同小写字母表示在 0.05 水平差异显著。

表 5-28 中，在每次刈割时，M_3、M_4 和 M_5 模式苜蓿的茎叶比和干鲜比具有差异。在两次刈割中，M_3、M_4 和 M_5 模式苜蓿的茎叶比之间差异不显著。第 1 次刈割时，M_3 和 M_5 模式的苜蓿干鲜比显著高于 M_4 模式（$P<0.05$），M_3 和 M_5 模式之间差异不显著（$P>0.05$），M_3 和 M_5 模式分别比 M_4 高 32.20% 和 43.45%。第 2 次刈割时，M_5 模式显著高于 M_3 和 M_4 模式（$P<0.05$），M_3 和 M_4 模式之间差异不显著（$P>0.05$），M_5 模式分别比 M_3 和 M_4 模式高 51.48% 和 27.01%。

表 5-28　M_3、M_4 和 M_5 模式对苜蓿茎叶比和干鲜比的影响

茬次	处理	茎叶比	干鲜比
第 1 茬	M_3	0.73 ± 0.05^a	0.20 ± 0.02^a
	M_4	0.76 ± 0.03^a	0.15 ± 0.01^b
	M_5	0.81 ± 0.03^a	0.22 ± 0.02^a
第 2 茬	M_3	0.72 ± 0.07^a	0.20 ± 0.03^b
	M_4	0.69 ± 0.04^a	0.24 ± 0.05^b
	M_5	0.69 ± 0.09^a	0.31 ± 0.02^a

注：M_3、M_4 和 M_5 间不同小写字母表示在 0.05 水平差异显著。

（3）干物质产量

如图 5-9A 所示，在每次刈割时，M_1 和 M_2 模式苜蓿的干物质产量差异不明显。在 4 次刈割中，苜蓿的干物质产量在 M_1 和 M_2 模式之间均无显著差异（$P>0.05$）。从 4 次刈割的产量来看，第 2 次刈割时，M_1 和 M_2 模式下苜蓿的干物质产量均达到了单次收获的最大产量，分别为 4741.03 kg·hm⁻² 和 4966.51 kg·hm⁻²。如图 5-9B 所示，在总产量上，苜蓿年总产量 M_1 和 M_2 模式之间无显著差异（$P > 0.05$），分别为 16 622.60 kg·hm⁻² 和 16 709.01 kg·hm⁻²。

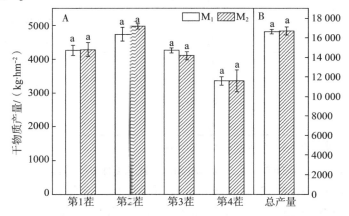

图 5-9　M_1 和 M_2 模式对苜蓿干物质产量的影响

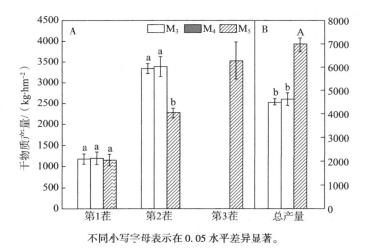

不同小写字母表示在 0.05 水平差异显著。

图 5-10　M_3、M_4 和 M_5 模式对苜蓿干物质产量的影响

如图 5-10A 所示，在每次刈割时，M_3、M_4 和 M_5 模式苜蓿的干物质产量具有差异。第 1 次刈割时，M_3、M_4 和 M_5 模式之间均无显著差异（$P > 0.05$）。第 2 次刈割时，M_3 和 M_4 模式显著高于 M_5 模式（$P < 0.05$），M_3 和 M_4 模式之间无显著差异（$P > 0.05$），M_3 和 M_4 模式产量分别为 3341.76 kg·hm⁻² 和 3393.62 kg·hm⁻²，分别比 M_5 模式高 47.17% 和 49.45%。如图 5-10B 所示，在总产量上，M_5 模式年总产量为 6961.92 kg·hm⁻²，分别比 M_3 和 M_4 模式高 54.14% 和 51.40%，差异极显著（$P < 0.01$）。

（4）植株密度

表 5-29 中，在每次刈割时，M_1 和 M_2 模式苜蓿的密度具有差异。第 1 次和第 2 次刈割时，M_1 模式和 M_2 模式之间无显著差异（$P > 0.05$）。第 3 次刈割时，M_1 模式比 M_2 高 24.23%（$P < 0.05$）。第 4 次刈割时，M_1 模式和 M_2 模式之间差异不显著（$P > 0.05$）。

表 5-29　M_1 和 M_2 模式对苜蓿密度的影响　　　　　株·m^{-2}

茬次	处理	分枝/蘖密度
第 1 茬	M_1	708.00 ± 205.13^a
	M_2	446.00 ± 65.69^a
第 2 茬	M_1	429.00 ± 110.63^a
	M_2	390.00 ± 35.55^a
第 3 茬	M_1	682.00 ± 72.04^a
	M_2	549.00 ± 36.28^b
第 4 茬	M_1	579.00 ± 75.71^a
	M_2	568.00 ± 59.60^a

注：M_1 和 M_2 间不同小写字母表示在 0.05 水平差异显著。

表 5-30 中，在每次刈割时，M_3、M_4 和 M_5 模式苜蓿的密度具有差异。第 1 次刈割时，M_3 和 M_4 模式显著高于 M_5 模式（$P<0.05$），M_4 和 M_3 模式之间无显著差异（$P>0.05$）。其中，M_4 模式下苜蓿密度最大，为 690.00 株·m^{-2}，分别比 M_3 和 M_5 模式高 3.60% 和 76.92%，M_3 模式也比 M_5 模式高 70.77%。第 2 次刈割时，M_3 和 M_4 模式显著高于 M_5（$P<0.05$），M_3 和 M_4 模式之间无显著差异（$P>0.05$）。其中 M_3 模式下苜蓿密度最大，为 833.00 株·m^{-2}，分别比 M_4 和 M_5 高 17.32% 和 68.28%，M_4 模式也比 M_5 模式高 43.43%。

表 5-30　M_3、M_4 和 M_5 模式对苜蓿密度的影响　　　　　株·m^{-2}

茬次	处理	分枝/蘖密度
第 1 茬	M_3	666.00 ± 182.68^a
	M_4	690.00 ± 38.99^a
	M_5	390.00 ± 58.20^b
第 2 茬	M_3	833.00 ± 104.84^a
	M_4	710.00 ± 130.01^a
	M_5	495.00 ± 126.13^b

注：M_3、M_4 和 M_5 间不同小写字母表示在 0.05 水平差异显著。

2. 苜蓿营养品质

表 5-31 中，4 次刈割中苜蓿的营养价值 M_1 模式均高于 M_2 模式。第 1 次刈割时，M_1 模式苜蓿的粗蛋白质含量较 M_2 模式高 22.04%，M_1 模式中性洗涤纤维含量比 M_2 模式显著高 22.60%（$P<0.05$）；而 M_2 模式下苜蓿的酸性洗涤纤维含量比 M_1 显著高 12.28%（$P<0.05$）。第 2 次刈割时，M_1 模式苜蓿的粗蛋白质含量比 M_2 高 2.40%；M_1 模式中性洗涤纤维含量比 M_2 模式高 3.46%（$P>0.05$）；M_1 模式的酸性洗涤纤维含量比 M_2 模式显著高 20.20%（$P<0.05$）。第 3 次刈割时，M_1 模式苜蓿的粗蛋白质含量比 M_2 高 1.01%；M_1 模式的酸性洗涤纤维含量比 M_2 模式高 4.08%（$P>0.05$）；M_2 模式的酸性洗涤纤维含量比 M_1 显著高 7.70%（$P<0.05$）。第 4 次刈割时，M_1 模式苜蓿的粗蛋白质含量比 M_2 高 1.05%；M_1 模式的中性洗涤纤维含量比 M_2 高 6.19%（$P>0.05$）；M_1 模式的酸性洗涤纤维含量比 M_2 模式高 2.57%（$P>0.05$）。

表 5-31　M_1 和 M_2 模式对苜蓿营养价值的影响　　　　　　　　　　%

茬次	处理	粗蛋白质含量	中性洗涤纤维含量	酸性洗涤纤维含量
第 1 茬	M_1	22.69 ± 2.70^a	41.06 ± 0.86^a	25.95 ± 0.25^b
	M_2	18.59 ± 3.08^a	33.49 ± 0.09^b	29.14 ± 1.74^a
第 2 茬	M_1	19.73 ± 2.44^a	45.73 ± 2.25^a	34.08 ± 0.47^a
	M_2	19.27 ± 2.25^a	44.20 ± 1.38^a	28.35 ± 0.67^b
第 3 茬	M_1	23.08 ± 1.40^a	43.63 ± 2.11^a	29.82 ± 0.38^b
	M_2	22.85 ± 1.76^a	41.92 ± 0.94^a	32.12 ± 0.88^a
第 4 茬	M_1	20.30 ± 1.77^a	41.32 ± 2.32^a	31.92 ± 1.90^a
	M_2	20.08 ± 3.01^a	38.91 ± 1.49^a	31.12 ± 0.32^a

注：M_1 和 M_2 间不同小写字母表示在 0.05 水平差异显著。

表 5-32 中，每次刈割时 M_3、M_4 和 M_5 模式苜蓿的营养价值具有差异。第 1 次刈割时，M_3 和 M_4 模式的粗蛋白质含量分别比 M_5 模式显著高 40.35%、50.73%（$P<0.05$），M_3 和 M_4 模式之间差异不显著（$P>0.05$）；M_5 模式的中性洗涤纤维分别比 M_3 和 M_4 模式显著高 13.23%、18.27%（$P<0.05$），M_3 和 M_4 模式之间差异不显著（$P>0.05$）；M_5 模式的酸性洗涤纤维分别比 M_3 和 M_4 模式显著高 22.42%、33.41%（$P<0.05$），M_3 和 M_4 模式之间差异不显著（$P>0.05$）。第 2 次刈割时，M_5 模式的粗蛋白质含量分别比 M_3 和 M_4 模式显著高 14.45%、22.55%（$P<0.05$），M_3 和 M_4 模式之间差异不显著（$P>0.05$）；M_5 模式的中性洗涤纤维比 M_3 模式显著高 11.16%（$P<0.05$），M_4 比 M_3 模式高 3.42%（$P>0.05$），M_5 比 M_4 模式高 7.48%（$P>0.05$）；M_3 和 M_4 模式的酸性洗涤纤维分别比 M_5 模式显著高 10.76%、12.53%（$P<0.05$），M_3 和 M_4 模式之间差异不显著（$P>0.05$）。

表 5-32　M_3、M_4 和 M_5 模式对苜蓿营养价值的影响　　　　　　　　%

茬次	处理	粗蛋白质含量	中性洗涤纤维含量	酸性洗涤纤维含量
第 1 茬	M_3	15.92 ± 1.37^a	45.34 ± 3.68^b	31.44 ± 1.36^b
	M_4	17.10 ± 0.83^a	43.41 ± 1.91^b	28.85 ± 4.71^b
	M_5	11.34 ± 1.44^b	51.34 ± 2.40^a	38.49 ± 2.19^a
第 2 茬	M_3	18.05 ± 1.73^b	35.92 ± 0.84^b	30.77 ± 0.23^a
	M_4	16.85 ± 0.77^b	37.15 ± 2.45^{ab}	31.26 ± 1.44^a
	M_5	20.66 ± 0.65^a	39.93 ± 0.69^a	27.78 ± 0.56^b

注：M_3、M_4 和 M_5 间不同小写字母表示在 0.05 水平差异显著。

表 5-33 中，每次刈割时 M_1 和 M_2 模式苜蓿的饲用价值具有差异。在可消化总养分方面，第 1 次刈割时，M_1 模式比 M_2 模式显著高 6.45%（$P<0.05$）；第 2 次刈割时，M_2 模式比 M_1 模式显著高 12.89%（$P<0.05$）；第 3 次刈割时，M_1 模式比 M_2 模式显著高 4.95%（$P<0.05$）；第 4 次刈割时，M_2 模式比 M_1 模式高 1.72%（$P>0.05$）。

在净能方面，第 1 次刈割时，M_1 模式比 M_2 模式显著高 5.43%（$P<0.05$）；第 2 次刈割时，M_2 模式比 M_1 显著高 10.69%（$P<0.05$）；第 3 次刈割时，M_1 模式比 M_2 模式显著高 4.09%（$P<0.05$）；第 4 次刈割时，M_2 模式比 M_1 模式高 1.41%（$P>0.05$）。

在干物质采食量方面，第 1 次刈割时，M_1 模式比 M_2 显著高 5.43%（$P<0.05$）；第 2 次

刈割时，M_2 模式比 M_1 模式高 3.30%（$P>0.05$）；第 3 次刈割时，M_2 模式比 M_1 模式高 3.87%（$P>0.05$）；第 4 次刈割时，M_2 模式比 M_1 高 6.06%（$P>0.05$）。

在可消化干物质方面，第 1 次刈割时，M_1 模式比 M_2 模式显著高 3.75%（$P<0.05$）；第 2 次刈割时，M_2 模式比 M_1 模式显著高 7.15%（$P<0.05$）；第 3 次刈割时，M_1 模式比 M_2 模式显著高 2.80%（$P<0.05$）；第 4 次刈割时，M_2 模式比 M_1 模式高 0.98%（$P>0.05$）。

在相对饲喂价值方面，第 1 次刈割时，M_1 模式比 M_2 显著高 9.94%（$P<0.05$）；第 2 次刈割时，M_2 模式比 M_1 模式显著高 10.71%（$P<0.05$）；第 3 次刈割时，M_2 模式比 M_1 模式高 1.11%（$P>0.05$）；第 4 次刈割时，M_2 模式比 M_1 模式高 7.17%（$P>0.05$）。

表 5-33　M_1 和 M_2 模式对苜蓿饲用价值的影响

茬次	处理	可消化总养分/%	净能/（MJ·kg⁻¹）	干物质采食量/%	可消化干物质/%	相对饲喂价值
第 1 茬	M_1	67.85±0.32ª	6.79±0.03ª	2.92±0.07ª	68.68±0.20ª	155.67±2.82ª
	M_2	63.74±2.24ᵇ	6.44±0.19ᵇ	2.76±0.01ᵇ	66.20±1.36ᵇ	141.60±2.60ᵇ
第 2 茬	M_1	57.36±0.60ᵇ	5.89±0.06ᵇ	2.63±0.13ᵇ	62.36±0.37ᵇ	127.11±5.52ᵇ
	M_2	64.75±0.87ª	6.52±0.08ª	2.72±0.09ª	66.82±0.53ª	140.72±3.30ª
第 3 茬	M_1	62.85±0.49ª	6.36±0.04ª	2.76±0.14ª	65.67±0.30ª	140.30±6.17ª
	M_2	59.88±1.14ᵇ	6.11±0.10ᵇ	2.86±0.07ª	63.88±0.69ᵇ	141.86±4.71ª
第 4 茬	M_1	60.14±2.45ª	6.13±0.21ª	2.91±0.17ª	64.03±1.48ª	144.43±4.78ª
	M_2	61.17±0.42ª	6.22±0.04ª	3.09±0.12ª	64.66±0.25ª	154.78±5.33ª

注：M_1 和 M_2 间不同小写字母表示在 0.05 水平差异显著。

表 5-34 中，每次刈割时 M_3、M_4 和 M_5 模式苜蓿的饲用价值具有差异。在可消化总养分方面，第 1 次刈割时，M_3 和 M_4 模式显著高于 M_5 模式（$P<0.05$），M_3 和 M_4 模式之间差异不显著（$P>0.05$），其中 M_3 和 M_4 模式分别比 M_5 模式高 17.62%、24.09%；第 2 次刈割时，M_5 模式显著高于 M_3 和 M_4 模式（$P<0.05$），M_3 和 M_4 模式之间差异不显著（$P>0.05$），M_5 模式分别比 M_3 和 M_4 模式高 6.26%、7.37%。

在净能方面，第 1 次刈割时，M_3 和 M_4 模式均显著高于 M_5 模式（$P<0.05$），M_3 和 M_4 模式之间差异不显著（$P>0.05$），其中 M_3 和 M_4 模式分别比 M_5 模式高 14.31%、19.57%；第 2 次刈割时，M_5 模式显著高于 M_3 和 M_4 模式（$P<0.05$），M_3 和 M_4 模式之间差异不显著（$P>0.05$），其中 M_5 模式分别比 M_3 和 M_4 模式高 5.27%、6.18%。

在干物质采食量方面，第 1 次刈割时，M_3 和 M_4 模式均显著高于 M_5 模式（$P<0.05$），M_3 和 M_4 模式之间差异不显著（$P>0.05$），其中 M_3 和 M_4 模式分别比 M_5 模式高 13.86%、18.36%；第 2 次刈割时，M_3 模式比 M_5 模式显著高 11.09%（$P<0.05$），M_3 和 M_4 模式之间差异不显著（$P>0.05$），M_4 和 M_5 模式之间差异不显著（$P>0.05$）。

在可消化干物质方面，第 1 次刈割时，M_3 和 M_4 模式均显著高于 M_5 模式（$P<0.05$），M_3 和 M_4 模式之间差异不显著（$P>0.05$），其中 M_3 和 M_4 模式分别比 M_5 模式高 9.32%、12.75%；第 2 次刈割时，M_5 模式显著高于 M_3 和 M_4 模式（$P<0.05$），M_3 和 M_4 模式之间差异不显著（$P>0.05$），其中 M_5 模式分别比 M_3 和 M_4 模式高 3.59%、4.20%。

在相对饲喂价值方面，第 1 次刈割时，M_3 和 M_4 模式均显著高于 M_5 模式（$P<0.05$），M_3 和 M_4 模式之间差异不显著（$P>0.05$），其中 M_3 和 M_4 模式分别比 M_5 模式高 24.67%、33.81%；第 2 次刈割时，M_3 模式比 M_4 模式高 3.53%（$P>0.05$），M_3 模式比 M_5 模式高 7.33%（$P>0.05$），M_4 模式比 M_5 模式高 3.68%（$P>0.05$）。

表 5-34　M_3、M_4 和 M_5 模式对苜蓿饲用价值的影响

茬次	处理	可消化总养分/%	净能/（MJ·kg^{-1}）	干物质采食量/%	可消化干物质/%	相对饲喂价值
第 1 茬	M_3	60.76±1.76^a	6.18±0.15^a	2.66±0.22^a	64.41±1.06^a	133.20±12.98^a
	M_4	64.10±6.08^a	6.47±0.52^a	2.77±0.12^a	66.43±3.67^a	142.97±14.15^a
	M_5	51.66±2.83^b	5.41±0.24^b	2.34±0.11^b	58.92±1.71^b	106.84±11.90^b
第 2 茬	M_3	61.63±0.30^b	6.26±0.03^b	3.34±0.08^a	64.93±0.18^b	168.25±4.40^a
	M_4	60.99±1.86^b	6.20±0.16^b	3.24±0.22^{ab}	64.55±1.12^b	162.52±13.53^a
	M_5	65.49±0.73^a	6.59±0.07^a	3.01±0.06^b	67.26±0.44^a	156.76±3.73^a

注：M_3、M_4 和 M_5 间不同小写字母表示在 0.05 水平差异显著。

3. 土壤有效养分含量

（1）有机碳含量

表 5-35 中，M_1 和 M_2 模式对土壤有机碳的影响差异不明显。在 0~20 cm 土层中，M_2 模式比 M_1 模式高 2.71%（$P>0.05$）；在 20~40 cm 土层中，M_1 模式比 M_2 模式高 10.57%（$P>0.05$）；在 40~60 cm 土层中，M_2 模式比 M_1 模式高 12.61%（$P>0.05$）。

表 5-35　M_1 和 M_2 模式对土壤有机碳含量的影响

深度/cm	处理	有机碳/（g·kg^{-1}）
0~20	M_1	11.81±0.85^a
	M_2	12.13±0.53^a
20~40	M_1	11.40±1.18^a
	M_2	10.31±0.87^a
40~60	M_1	9.36±0.63^a
	M_2	10.54±0.88^a

注：M_1 和 M_2 间不同小写字母表示相同土层在 0.05 水平差异显著。

表 5-36 中，M_3、M_4 和 M_5 模式对土壤有机碳的影响具有差异。在 0~20 cm 土层中，M_5 模式显著高于 M_3 和 M_4 模式（$P<0.05$），M_3 和 M_4 模式之间差异不显著（$P>0.05$），其中 M_5 模式分别比 M_3 和 M_4 模式高 55.89%、49.80%；在 20~40 cm 土层中，M_5 模式比 M_3 模式高 71.27%，差异极显著（$P<0.001$），M_5 模式比 M_4 模式高 54.00%，差异显著（$P<0.05$），M_3 和 M_4 模式之间差异不显著（$P>0.05$）；在 40~60 cm 土层中，M_5 模式比 M_3 模式高 12.58%（$P>0.05$），M_5 模式比 M_4 模式高 18.48%（$P>0.05$），M_3 模式比 M_4 模式高 5.24%（$P>0.05$）。

表 5-36   M₃、M₄ 和 M₅ 模式对土壤有机碳含量的影响

深度/cm	处理	有机碳/$(g \cdot kg^{-1})$
0~20	M₃	9.84±0.57[b]
	M₄	10.24±1.26[b]
	M₅	15.34±0.75[a]
20~40	M₃	7.31±0.75[b]
	M₄	8.13±0.77[b]
	M₅	12.52±1.27[a]
40~60	M₃	8.03±1.20[a]
	M₄	7.63±0.82[a]
	M₅	9.04±0.64[a]

注：M₃、M₄ 和 M₅ 间不同小写字母表示相同土层在 0.05 水平差异显著。

（2）土壤氮素含量

表 5-37 中，M₁ 和 M₂ 模式对土壤氮素的影响具有差异。从土壤全氮含量来看，在 0~20 cm 土层中，M₁ 模式比 M₂ 模式显著高 78.26%（$P<0.05$）；在 20~40 cm 土层中，M₁ 和 M₂ 模式之间无显著差异（$P>0.05$）；在 40~60 cm 土层中，M₁ 和 M₂ 模式之间无显著差异（$P>0.05$）。

从土壤碱解氮含量来看，在 0~20 cm 土层中，M₁ 模式极显著高于 M₂ 模式（$P<0.001$），M₁ 模式土壤碱解氮含量是 M₂ 模式的 4 倍多；在 20~40 cm 土层中，M₁ 模式比 M₂ 模式高 58.45%（$P>0.05$）；在 40~60 cm 土层中，M₁ 模式比 M₂ 模式高 46.21%（$P>0.05$）。

表 5-37   M₁ 和 M₂ 模式对土壤全氮、碱解氮含量的影响

深度/cm	处理	全氮/$(g \cdot kg^{-1})$	碱解氮/$(mg \cdot kg^{-1})$
0~20	M₁	0.41±0.07[a]	17.97±5.16[a]
	M₂	0.23±0.04[b]	3.58±0.94[b]
20~40	M₁	0.45±0.16[a]	4.50±2.73[a]
	M₂	0.26±0.08[a]	2.84±2.26[a]
40~60	M₁	0.46±0.11[a]	5.60±1.76[a]
	M₂	0.27±0.17[a]	3.83±0.95[a]

注：M₁ 和 M₂ 间不同小写字母表示相同土层在 0.05 水平差异显著。

表 5-38 中，M₃、M₄ 和 M₅ 模式对土壤氮素的影响具有差异。从土壤全氮含量来看，在 0~20 cm 土层中，3 种模式之间均无显著差异（$P>0.05$）；在 20~40 cm 土层中，M₃ 模式比 M₅ 模式高 0.81%（$P>0.05$），M₄ 模式与 M₃ 和 M₅ 模式之间差异不显著（$P>0.05$）；在 40~60 cm 土层中，M₄ 模式比 M₃ 模式高 8.33%（$P>0.05$），M₅ 模式与 M₃ 和 M₄ 模式之间差异不显著（$P>0.05$）。

从土壤碱解氮含量来看，在 0~20 cm 土层中，M₅ 模式极显著高于 M₃ 模式（$P<0.001$），M₅ 模式土壤碱解氮含量是 M₃ 模式的 4 倍多；M₅ 模式比 M₄ 模式显著高

123.58%（$P<0.05$），M_3 和 M_4 模式之间差异不显著（$P>0.05$）；在 20～40 cm 土层中，M_4 模式分别比 M_3 和 M_5 模式高 61.19%、109.60%（$P>0.05$），M_3 和 M_5 模式之间差异不显著（$P>0.05$）；在 40～60 cm 土层中，M_3 模式分别比 M_4 和 M_5 模式高 52.70%、7.62%（$P>0.05$），M_5 模式比 M_4 模式高 41.89%（$P>0.05$）。

表 5-38　M_3、M_4、M_5 模式对土壤全氮、碱解氮含量的影响

深度/cm	处理	全氮/（g·kg^{-1}）	碱解氮/（mg·kg^{-1}）
0～20	M_3	0.16±0.04^a	3.50±1.62^b
	M_4	0.32±0.15^a	7.93±1.21^b
	M_5	0.62±0.26^a	17.73±4.55^a
20～40	M_3	0.45±0.18^a	4.20±1.53^a
	M_4	0.16±0.14^a	6.77±2.02^a
	M_5	0.45±0.14^a	3.23±0.78^a
40～60	M_3	0.12±0.05^a	2.26±0.64^a
	M_4	0.13±0.05^a	1.48±0.53^a
	M_5	0.32±0.11^a	2.10±1.18^a

注：M_3、M_4 和 M_5 间不同小写字母表示相同土层在 0.05 水平差异显著。

（3）土壤磷素含量

表 5-39 中，M_1 和 M_2 模式对土壤磷素的影响差异不明显。从土壤全磷含量来看，在 0～20 cm 土层中，M_2 模式比 M_1 模式高 8%（$P>0.05$）；在 20～40 cm 土层中，M_1 模式比 M_2 模式高 1.72%（$P>0.05$）；在 40～60 cm 土层中，M_1 和 M_2 模式之间差异不显著（$P>0.05$）。

从土壤速效磷含量来看，在 0～20 cm 土层中，M_1 模式比 M_2 模式高 19.19%（$P>0.05$）；在 20～40 cm 土层中，M_1 模式比 M_2 模式高 2.90%（$P>0.05$）；在 40～60 cm 土层中，M_1 模式比 M_2 模式高 10.53%（$P>0.05$）。

表 5-39　M_1 和 M_2 模式对土壤全磷、速效磷含量的影响

深度/cm	处理	全磷/（g·kg^{-1}）	速效磷/（mg·kg^{-1}）
0～20	M_1	0.50±0.21^a	3.23±1.92^a
	M_2	0.54±0.04^a	2.71±0.80^a
20～40	M_1	0.59±0.06^a	2.48±0.30^a
	M_2	0.58±0.09^a	2.41±0.29^a
40～60	M_1	0.56±0.14^a	2.52±0.46^a
	M_2	0.56±0.09^a	2.28±1.00^a

注：M_1 和 M_2 间不同小写字母表示相同土层在 0.05 水平差异显著。

表 5-40 中，M_3、M_4 和 M_5 模式对土壤磷素的影响差异不明显。从土壤全磷含量来看，在 0～20 cm 土层中，M_5 模式分别比 M_3 和 M_4 模式高 18.87%、10.53%（$P>0.05$），M_4 模式比 M_3 模式高 7.55%（$P>0.05$）；在 20～40 cm 土层中，M_5 模式分别比 M_3 和 M_4 模式高 12.73%、10.71%（$P>0.05$），M_4 模式比 M_3 模式高 1.82%（$P>0.05$）；在 40～60 cm 土层

表 5-40　M_3、M_4 和 M_5 模式对土壤全磷、速效磷含量的影响

深度/cm	处理	全磷/(g·kg^{-1})	速效磷/(mg·kg^{-1})
0~20	M_3	0.53±0.04^a	2.19±0.10^b
	M_4	0.57±0.05^a	3.82±1.16^{ab}
	M_5	0.63±0.03^a	4.46±1.74^a
20~40	M_3	0.55±0.02^a	2.45±0.50^a
	M_4	0.56±0.06^a	2.77±0.52^a
	M_5	0.62±0.04^a	2.19±0.10^a
40~60	M_3	0.65±0.11^a	2.70±0.35^a
	M_4	0.53±0.04^a	2.60±0.74^a
	M_5	0.51±0.09^a	2.48±0.27^a

注：M_3、M_4 和 M_5 间不同小写字母表示相同土层在 0.05 水平差异显著。

中，M_3 模式分别比 M_4 和 M_5 模式高 22.64%、27.45%（$P>0.05$），M_4 模式比 M_5 高 3.92%（$P>0.05$）。

从土壤速效磷含量来看，在 0~20 cm 土层中，M_5 模式比 M_3 模式显著高 103.65%（$P<0.05$），M_5 模式比 M_4 模式高 16.75%（$P>0.05$），M_4 模式比 M_3 模式高 74.43%（$P>0.05$）；在 20~40 cm 土层中，M_4 模式分别比 M_3 和 M_5 模式高 13.06%、26.48%（$P>0.05$），M_3 模式和 M_5 模式之间差异不显著（$P>0.05$）；在 40~60 cm 土层中，M_3 模式分别比 M_4 和 M_5 模式高 3.85%、8.87%（$P>0.05$），M_4 模式和 M_5 模式之间差异不显著（$P>0.05$）。

（4）土壤钾素含量

表 5-41 中，M_1 和 M_2 模式对土壤钾素的影响具有差异。从土壤全钾含量来看，在 0~20 cm 土层中，M_1 模式比 M_2 模式高 3.02%（$P>0.05$）；在 20~40 cm 土层中，M_1 模式比 M_2 模式高 3.79%（$P>0.05$）；在 40~60 cm 土层中，M_2 模式比 M_1 模式显著高 69.75%（$P<0.05$）。

从土壤速效钾含量来看，在 0~20 cm 土层中，M_1 模式比 M_2 模式显著高 63.16%（$P<0.05$）；在 20~40 cm 土层中，M_1 模式比 M_2 模式高 27.28%（$P>0.05$）；在 40~60 cm 土层中，M_1 模式比 M_2 模式显著高 37.11%（$P<0.05$）。

表 5-41　M_1 和 M_2 模式对土壤全钾、速效钾含量的影响

深度/cm	处理	全钾/(g·kg^{-1})	速效钾/(mg·kg^{-1})
0~20	M_1	6.48±2.09^a	86.23±12.36^a
	M_2	6.29±2.50^a	52.85±1.48^b
20~40	M_1	7.66±1.46^a	80.54±9.05^a
	M_2	7.38±2.04^a	63.28±4.53^a
40~60	M_1	6.48±1.29^b	82.65±4.47^a
	M_2	11.00±1.32^a	60.28±4.58^b

注：M_1 和 M_2 间不同小写字母表示相同土层在 0.05 水平差异显著。

表 5-42 中，M_3、M_4 和 M_5 模式对土壤钾素的影响具有差异。从土壤全钾含量来看，在 0~20 cm 土层中，M_3 模式分别比 M_4 和 M_5 模式高 74.31%、23.04%（$P>0.05$），M_4 和 M_5 模式之间差异不显著（$P>0.05$）；在 20~40 cm 土层中，M_5 模式分别比 M_3 和 M_4 模式高 4.67%、6.63%（$P>0.05$），M_3 和 M_4 模式之间差异不显著（$P>0.05$）；在 40~60 cm 土层中，M_4 模式分别比 M_3 和 M_5 模式高 15.93%、9.62%（$P>0.05$），M_3 模式和 M_5 模式之间差异不显著（$P>0.05$）。

从土壤速效钾含量来看，在 0~20 cm 土层中，M_5 模式分别比 M_3 和 M_4 模式极显著高 58.93%、82.77%（$P<0.001$），M_3 模式比 M_4 模式高 15%（$P>0.05$）；在 20~40 cm 土层中，M_5 模式比 M_4 极显著高 140.39%（$P<0.001$），M_5 模式比 M_3 模式显著高 52.96%（$P<0.05$），M_3 模式比 M_4 模式显著高 57.16%（$P<0.05$）；在 40~60 cm 土层中，M_5 模式分别比 M_3 和 M_4 模式极显著高 87.99%、197.49%（$P<0.001$），M_3 模式比 M_4 模式高 58.25%（$P>0.05$）。

表 5-42 M_3、M_4 和 M_5 模式对土壤全钾、速效钾含量的影响

深度/ cm	处理	全钾/(g·kg⁻¹)	速效钾/(mg·kg⁻¹)
0~20	M_3	7.53±1.71[a]	70.36±2.64[b]
	M_4	4.32±1.70[a]	61.18±6.80[b]
	M_5	6.12±0.92[a]	111.82±4.91[a]
20~40	M_3	7.07±1.05[a]	68.02±4.87[b]
	M_4	6.94±0.13[a]	43.28±9.49[c]
	M_5	7.40±0.85[a]	104.04±6.27[a]
40~60	M_3	4.52±0.88[a]	61.10±2.09[b]
	M_4	5.24±1.31[a]	38.61±0.47[b]
	M_5	4.78±1.44[a]	114.86±10.4[a]

注：M_3、M_4 和 M_5 间不同小写字母表示相同土层在 0.05 水平差异显著。

4. 不同种植模式下苜蓿的经济效益

表 5-43 为不同种植模式下的资金投入情况。资金投入包括种子、灌溉、人工、耕地等。在种子投入中，苜蓿播种量为 1.5 kg·亩⁻¹，单价为 40 元·kg⁻¹；春小麦及冬小麦播种量为 25 kg·亩⁻¹，单价均为 4 元·kg⁻¹；青贮玉米播种量为 2.5 kg·亩⁻¹，单价为 20 元·kg⁻¹。灌溉投入包括肥料及水电费。人工投入包括日常管理费、灌溉设备维修费等。耕地投入包括旋耕、播种、收获、运输费。不同种植模式间产投情况受自然因素、市场价格波动、生产条件的区域性差异等影响因素，通过计算加权平均值得到。

表 5-44 为不同种植模式作物的产量及总产值。在 2020 年 M_1、M_2 因播种了冬小麦及苜蓿两种作物，总产值均超过总投入，M_5 播种青贮玉米，总产值超过总投入一倍多，而 M_3、M_4 因为仅播种了冬小麦，其总产值低于总投入。在 2021 年，M_1、M_2 总产值分别达到了 33 245.20 元·hm⁻²、33 418.02 元·hm⁻²，M_5 因采用春小麦套种苜蓿，总产值为 20 403.84 元·hm⁻²，而 M_3、M_4 为麦茬地复种苜蓿，苜蓿苗期生长缓慢，总产值分别为 9033.52 元·hm⁻²、9197.02 元·hm⁻²，略高于总投入。其中，苜蓿干草单价为 2 元·kg⁻¹，春小麦及冬小麦单价为 2.4 元·kg⁻¹，青贮玉米单价为 0.5 元·kg⁻¹。

表 5-43　不同种植模式的资金投入　　　　　　　　　　　　元·hm^{-2}

年份	处理	种子投入	灌溉投入	人工投入	耕地投入	总投入
	M$_1$	2400	5164.5	2700	4500	14 764.5
	M$_2$	2400	5164.5	2250	3525	13 339.5
2020	M$_3$	1500	2692	1350	1275	6817
	M$_4$	1500	2692	1350	1275	6817
	M$_5$	750	3228.25	1350	1275	6603.25
	M$_1$	0	5785	2209.95	3900	11 894.95
	M$_2$	0	5785	2209.95	3900	11 894.95
2021	M$_3$	900	4453.25	1350	2250	8953.25
	M$_4$	900	4103.25	1350	2250	8603.25
	M$_5$	2400	5549.5	1800	3225	12 974.5

表 5-44　不同种植模式作物的产量及总产值

年份	处理	产量/(kg·hm^{-2})	总产值/(元·hm^{-2})
	M$_1$	7500★(1050▲)	17 520.00
	M$_2$	5700★(1200▲)	14 280.00
2020	M$_3$	1200▲	2880.00
	M$_4$	1200▲	2880.00
	M$_5$	37 500●	18 750.00
	M$_1$	16 622.60★	33 245.20
	M$_2$	16 709.01★	33 418.02
2021	M$_3$	4516.76★	9033.52
	M$_4$	4598.51★	9197.02
	M$_5$	6961.92★(2700▲)	20 403.84

注："★"表示苜蓿产量，"▲"表示春小麦/冬小麦产量，"●"表示青贮玉米产量。

如图 5-11 所示，2020 年不同种植模式的净收益及投入产出比各有不同。M$_1$、M$_2$、M$_5$ 均为盈利，其中 M$_5$ 净收益最大为 12 146.75 元·hm^{-2}，M$_3$、M$_4$ 为负盈利。投入产出比值越低，代表经济效益越高，M$_5$ 模式投入产出比在 2020 年所有模式中最低，为 35.22%。

如图 5-12 所示，2021 年不同种植模式的净收益及投入产出比各有不同。5 种模式均盈利，其中 M$_2$ 净收益最大为 21 523.07 元·hm^{-2}。在投入产出比中，M$_2$ 模式投入产出比在 2021 年所有模式中最低，为 35.59%；M$_3$、M$_4$ 的投入产出比较高分别为 99.11%、93.54%。

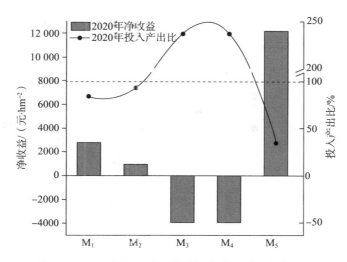

图 5-11　2020 年不同种植模式的净收益及投入产出比

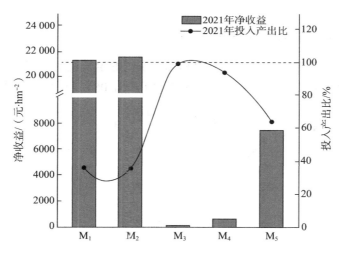

图 5-12　2021 年不同种植模式的净收益及投入产出比

第四节　苜蓿与无芒雀麦混播草地

一、混播草地牧草的株高

由图 5-13 可知，苜蓿和无芒雀麦的株高均呈现不一致的规律。在第一次刈割前的生长期，苜蓿单播时地下滴灌植株略高于地面滴灌（$P > 0.05$）。混播时的苜蓿地下滴灌与地面滴灌无显著差异（$P > 0.05$）。无芒雀麦单播时地下滴灌略高于地面滴灌（$P > 0.05$），混播时地下滴灌与地面滴灌无显著差异（$P > 0.05$）。另外，无芒雀麦株高极显著高于苜蓿（单播：$P < 0.01$；混播：$P < 0.01$）。

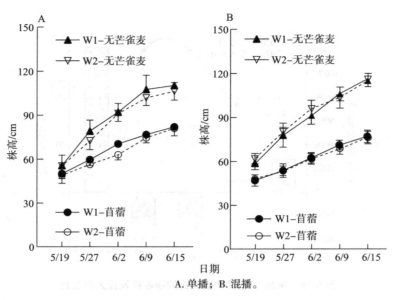

A. 单播；B. 混播。

图 5-13　两种滴灌方式对苜蓿和无芒雀麦单播和混播的株高的影响

二、混播草地牧草的生长速率

由图 5-14 可知，两种灌溉方式对苜蓿和无芒雀麦的生长速率具有显著影响。对单播的苜蓿来说，地下滴灌生长速率显著高于地面滴灌（$P<0.05$），且呈现出先增加后减小的趋

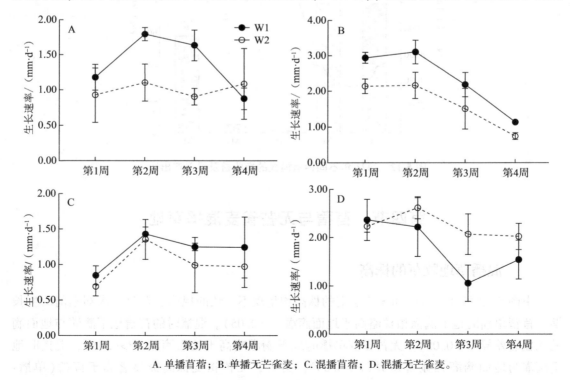

A. 单播苜蓿；B. 单播无芒雀麦；C. 混播苜蓿；D. 混播无芒雀麦。

图 5-14　两种滴灌方式对苜蓿和无芒雀麦单播和混播的生长速率的影响

势。对于单播的无芒雀麦来说，地下滴灌处理下无芒雀麦的生长速率总是高于地面滴灌($P<0.05$)，且随着时间的推移，生长速率逐渐降低。对于混播的苜蓿，地下滴灌的苜蓿总是高于地面滴灌($P>0.05$)。而对于混播的无芒雀麦来说，地面滴灌的无芒雀麦显著高于地下滴灌处理($P>0.05$)。另外，在第1茬刈割前的生长期，无芒雀麦的生长速率要大于苜蓿的生长速率。

三、混播草地牧草产量

由图 5-15 可知，种植方式和滴灌方式对第 1 茬牧草产量均具有显著影响($P<0.001$)。苜蓿单播，无芒雀麦单播以及苜蓿和无芒雀麦混播的牧草产量在地下滴灌处理下显著高于地面滴灌($P<0.05$)。另外，苜蓿和无芒雀麦混播的牧草生物量介于苜蓿单播和无芒雀麦单播牧草生物量之间(图 5-15A)。在苜蓿和无芒雀麦的混播中苜蓿和无芒雀麦的产量也是地下滴灌显著高于地面滴灌(图 5-15B)。

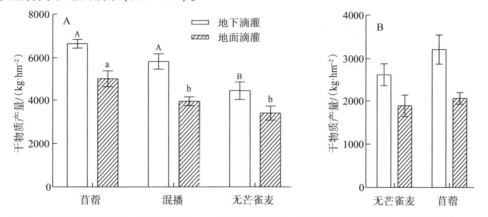

图中不同小写字母表示地面滴灌处理在 0.05 水平差异显著，不同大写字母表示地下滴灌处理在 0.05 水平差异显著。

图 5-15 两种滴灌方式对苜蓿和无芒雀麦单播和混播的第 1 茬牧草产量的影响

四、混播草地牧草的 SPAD 值

由图 5-16 可知，地面滴灌处理下无芒雀麦的 SPAD 值显著高于地下滴灌($P<0.05$)。地面滴灌处理下苜蓿的 SPAD 值与地下滴灌处理无显著差异($P>0.05$)。地下滴灌下无芒雀麦的 SPAD 值在混播与单播之间无显著差异($P>0.05$)，地面滴灌下无芒雀麦的 SPAD 值在混播与单播之间无显著差异($P>0.05$)。地下滴灌下苜蓿的 SPAD 值在混播与单播之间无显著差异($P>0.05$)，地面滴灌下苜蓿的 SPAD 值在混播与单播之间有显著差异($P<0.05$)。

两种灌溉方式对苜蓿和无芒雀麦单播和混播下牧草产量的影响研究表明，苜蓿单播、无芒雀麦单播以及苜蓿和无芒雀麦混播的牧草产量在地下滴灌处理下显著高于地面滴灌($P<0.05$)。另外，苜蓿和无芒雀麦混播的牧草生物量介于苜蓿单播和无芒雀麦单播牧草生物量之间。在苜蓿和无芒雀麦的混播中，苜蓿和无芒雀麦的产量也是地下滴灌显著高于地面滴灌。因此，滴灌带埋深 20 cm 以下的地下滴灌更有利于苜蓿生长，可提高苜蓿干草产量，更适于在我国西北干旱地区进行推广和应用。

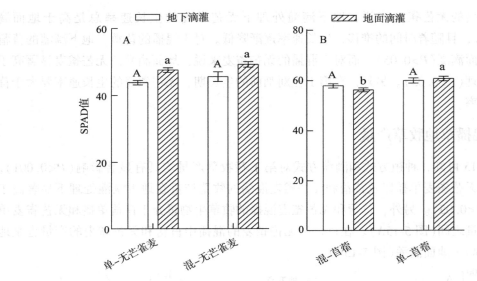

图中不同小写字母表示地面滴灌处理在0.05水平差异显著，不同大写字母表示地下滴灌处理在0.05水平差异显著。

图5-16　地下滴灌和地表滴灌下单播与混播处理苜蓿和无芒雀麦 SPAD 值

第六章

新疆北疆区域苜蓿品种的适应性

苜蓿生产性能受遗传、生长环境和栽培条件等多方面的影响，不同来源的苜蓿品种在同一地区的生产性能会有很大不同，而在决定生产潜力的各种内在因素中，最为关键的是苜蓿的品种因素。一般来说，苜蓿品种只有种植在与其起源地区相似的土壤、气候环境中才能表现出较高的产量和生态适应性。另外，栽培方式、水肥条件、收获时期等因素都会影响品种的生产性能。研究比较不同苜蓿品种的农艺指标、干草的产量和品质，以及对杂草、病虫害等外部不利因素的抗逆能力，了解其生产性能，可以筛选出适应当地环境的优质苜蓿品种，对当地饲草料生产具有重要的指导意义。

第一节　北疆地区苜蓿品种的生产性能

北疆即新疆的北部，包括乌鲁木齐市、吐鲁番市、阿勒泰地区、塔城地区、昌吉回族自治州、伊犁哈萨克自治州、博尔塔拉蒙古自治州等，北疆大部为温带大陆性干旱半干旱气候，夏季高温干旱、冬季低温且大多有积雪覆盖，四季分明是北疆的一大特点。北疆大部分地区年均降水为150~300 mm，苜蓿生产一般需要有灌溉条件才能获得高产，选择苜蓿品种需要综合考虑气候、土壤、灌溉等条件，以及品种的产量、品质特性、抗寒、抗旱和病虫草害抗逆能力等各种因素。

一、不同年份苜蓿干草产量和株高

干草产量的高低直接影响苜蓿种植的经济效益，而苜蓿农艺性状与干草产量密切相关。研究发现，株高、茎粗和鲜干比是产量性状中最稳定的指标，其中株高决定苜蓿产草量的65%。在北疆地区苜蓿一般利用年限为4~5年，不同利用年限的苜蓿生产性能会有不同表现，一般呈"低—高—低"的趋势，不同品种其维持高产的时间可能会有一定差异，这也是品种选择时的一项重要参考指标。

北疆地区32个苜蓿品种比较试验结果表明(图6-1)，年份、品种及年份×品种互作对年干草产量呈现极显著影

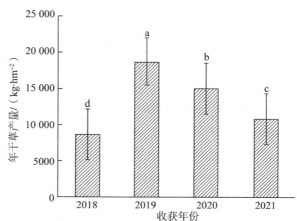

不同小写字母表示不同年份收获的年干草产量存在显著差异($P<0.05$)。

图6-1　不同年份干草产量比较

响($P<0.01$)。2018—2021 年，32 个苜蓿品种的年均干草产量和分别为 8641. 29 kg·hm^{-2}、18 718. 61 kg·hm^{-2}、15 127. 11 kg·hm^{-2} 和 10 765. 33 kg·hm^{-2}，不同年份产量存在显著差异($P<0.05$)。其中，第 2 年(2019)平均年产量最高，第 3 年(2020)、第 4 年(2021)平均年产量依次下降，但仍显著高于第 1 年(2018)。

互作分析结果表明，年份、品种对株高的影响达到极显著($P<0.01$)，年份×品种的互作效应对株高的影响不显著(表 6-1)。不同品种不同年份株高的变化为：2018 年，各品种年株高最低，随着种植年限的增加年株高呈现先增加后降低趋势(表 6-2)。2018—2021 年，4 年平均株高排名靠前的品种是'甘农 6 号''中苜3 号''甘农 5 号''中苜 1 号''甘农 4 号''敖汉苜蓿'的平均株高最低。

表 6-1　年干草产量与年株高的方差分析

变异来源	年产量(F 值)	年株高(F 值)
年份	893. 21**	1102. 09**
品种	2. 82**	4. 87**
年份×品种	1. 99**	1. 13

注：**表示在 0.01 水平差异极显著。

表 6-2　32 个苜蓿品种不同年份年株高比较

品种	各年株高/cm				平均值
	2018	2019	2020	2021	
'WL343HQ'	135. 46^{abc}	227. 76^{abc}	222. 01^{cdefg}	169. 87^{defghi}	188. 77^{bcde}
'WL354HQ'	131. 42^{abc}	227. 53^{abc}	217. 21^{defg}	168. 23^{defghi}	186. 10^{bcdef}
'北极熊'	133. 11^{abc}	228. 34^{abc}	222. 64^{cdefg}	172. 79^{cdefghi}	189. 22^{bcde}
'甘农 5 号'	138. 42^{abc}	235. 85^{a}	246. 28^{a}	189. 09^{abc}	202. 41^{a}
'甘农 9 号'	130. 35^{abc}	227. 22^{abc}	231. 02^{abcd}	182. 14^{bcd}	192. 68^{abcd}
'皇冠'	129. 34^{abc}	226. 98^{abc}	206. 80^{fgh}	163. 54^{efghi}	181. 66^{def}
'旱地'	131. 84^{abc}	232. 73^{ab}	222. 26^{cdefg}	171. 02^{defghi}	189. 46^{bcde}
'前景'	122. 17^{abc}	226. 55^{abc}	209. 26^{efgh}	165. 3^{defghi}	180. 82^{def}
'雷霆'	133. 65^{abc}	241. 63^{a}	228. 05^{abcdef}	180. 08^{bcdef}	195. 85^{abc}
'巨能 2'	132. 90^{abc}	230. 10^{abc}	219. 00^{cdefg}	160. 36^{hi}	185. 59^{bcdef}
'巨能 7'	130. 43^{abc}	232. 75^{abc}	223. 97^{bcdefg}	169. 71^{defghi}	189. 21^{bcde}
'康赛'	134. 56^{abc}	227. 49^{abc}	212. 48^{defgh}	160. 27^{hi}	183. 7^{cdef}
'耐盐之星'	125. 06^{abc}	229. 77^{abc}	224. 22^{bcdefg}	165. 44^{defghi}	186. 12^{bcdef}
'骑士 T'	119. 58^{bc}	224. 52^{abcd}	213. 63^{defgh}	167. 85^{defghi}	181. 39^{def}
'WL319HQ'	116. 71^{c}	228. 09^{abc}	211. 91^{defgh}	168. 35^{defghi}	181. 26^{def}
'甘农 6 号'	141. 57^{abc}	240. 40^{a}	243. 19^{ab}	191. 7^{ab}	204. 21^{a}
'阿尔冈金'	131. 11^{abc}	226. 61^{abc}	192. 99^{hi}	158. 94^{i}	177. 41^{efg}
'敖汉苜蓿'	131. 05^{abc}	205. 18^{cd}	177. 45^{i}	162. 77^{fghi}	169. 11^{g}
'中苜 1 号'	143. 32^{ab}	230. 91^{abc}	226. 69^{abcdefg}	189. 76^{ab}	197. 66^{ab}
'中苜 3 号'	137. 83^{abc}	239. 26^{a}	239. 43^{abc}	198. 33^{a}	203. 71^{a}
'龙威 3010'	126. 89^{abc}	225. 47^{abcd}	212. 76^{defgh}	164. 5^{defghi}	182. 40^{def}
'公农 5 号'	126. 69^{abc}	217. 61^{abcd}	208. 73^{efgh}	177. 62^{bcdefgh}	182. 66^{def}
'陇东苜蓿'	129. 53^{abc}	207. 02^{bcd}	208. 55^{fgh}	171. 59^{defghi}	179. 17^{efg}
'WL363HQ'	131. 24^{abc}	221. 29^{abcd}	211. 05^{defgh}	161. 3^{ghi}	181. 22^{def}
'WL168HQ'	117. 45^{c}	215. 78^{abcd}	210. 24^{defgh}	158. 62^{i}	175. 52^{fg}
'阿迪娜'	129. 53^{abc}	228. 05^{abc}	210. 36^{defgh}	168. 12^{defghi}	184. 01^{cdef}
'甘农 4 号'	136. 85^{abc}	240. 55^{a}	229. 93^{abcde}	180. 51^{bcde}	196. 96^{ab}
'甘农 3 号'	144. 83^{a}	208. 73^{bcd}	224. 47^{bcdefg}	178. 20^{bcdefg}	189. 06^{bcde}
'SR4030'	143. 89^{ab}	228. 01^{abc}	216. 41^{defg}	169. 62^{defghi}	189. 48^{bcde}
'新牧 4 号'	138. 68^{abc}	231. 09^{abc}	224. 70^{bcdefg}	158. 12^{i}	188. 15^{bcde}
'MF4020'	128. 46^{abc}	200. 87^{d}	213. 40^{defgh}	169. 15^{defghi}	177. 97^{efg}
'冲击波'	133. 00^{abc}	221. 46^{abcd}	206. 57^{gh}	164. 78^{defghi}	181. 45^{def}

注：同列不同小写字母表示同一年份不同品种之间在 0.05 水平差异显著。

二、不同品种苜蓿的干草产量

苜蓿的干草产量是品种选择的一个重要参考指标。随着生长年限的延长，各品种年干草产量表现出先升高后降低的趋势，部分品种间差异显著（$P<0.05$）（表6-3）。2018 年，产量排前 3 位的品种分别为'WL354HQ''甘农 5 号''甘农 4 号'，32 个品种中产量最高的品种较产量最低品种增产 42.18%。2019 年，产量排前 3 位的品种为'SR4030''甘农 4 号''MF4020'，产量最高的品种较产量最低的品种增产 27.96%。2020 年，产量排前 3 位的品种为'甘农 5 号''MF4020''甘农 4 号'，'甘农 5 号'较产量最低品种'敖汉苜蓿'增产 55.16%。2021 年，产量排前 3 位的品种为'中苜 3 号''中苜 1 号''甘农 3 号'，'中苜 3 号'较 32 个品种中产量最低品种'阿尔冈金'增产 33.64%。从 4 年平均产量来看，产量排

表 6-3　不同品种年干草产量比较

品种	秋眠级	各年干草产量/（kg·hm^{-2}）				4 年平均干草产量/（kg·hm^{-2}）	排序
		2018	2019	2020	2021		
'WL343HQ'	4.0	8898.93^{abcdefg}	13 306.98^{bcdef}	16 558.64^{abc}	11 089.28^{abcd}	13 713.46^{abcdefg}	11
'WL354HQ'	4.0	10 273.97^{a}	18 713.96^{bcdef}	15 520.25^{bcde}	10 599.7^{abcd}	13 776.97^{abcdef}	10
'北极熊'	2.0	9452.02^{abcde}	13 916.71^{abcde}	15 207.86^{bcdef}	10 482.23^{abcd}	13 514.70^{bcdefgh}	6
'甘农 5 号'	8.0	9945.71^{ab}	18 283.88^{bcdef}	18 219.22^{a}	11 414.87^{abcd}	14 467.17^{ab}	3
'甘农 9 号'	7.5	9617.83^{abcd}	18 487.78^{bcdef}	15 510.79^{bcde}	11 514.97^{abcd}	13 782.84^{abcdef}	9
'皇冠'	4.1	9314.89^{abcdef}	20 313.29^{abc}	15 451.10^{bcde}	10 491.00^{abcd}	13 892.57^{abcd}	5
'旱地'	3.0	8523.74^{abcdefg}	18 255.69^{bcdef}	14 895.25^{cdefg}	10 858.28^{abcd}	13 133.99^{defghij}	20
'前景'	5.0	8654.61^{abcdefg}	18 327.35^{bcdef}	14 080.83^{efgh}	10 473.78^{abcd}	12 884.15^{defghijk}	23
'雷霆'	4.0	8482.42^{bcdefg}	16 450.60^{f}	16 258.47^{bcd}	11 067.34^{abcd}	13 064.71^{defghij}	22
'巨能 2'	3.2	8384.39^{bcdefg}	18 367.43^{bcdef}	15 146.79^{cdef}	11 404.12^{abcd}	13 325.69^{cdefghi}	16
'巨能 7'	3.8	7847.19^{defg}	18 295.46^{bcdef}	14 164.92^{efgh}	10 581.21^{abcd}	12 721.19^{fghijk}	25
'康赛'	3.0	7226.26^{g}	17 160.61^{ef}	13 289.15^{fghi}	10 098.32^{abcd}	11 948.59^{k}	32
'耐盐之星'	4.0	8353.97^{bcdefg}	18 293.39^{bcdef}	14 246.18^{defgh}	10 190.63^{abcd}	12 771.04^{efghijk}	24
'骑士 T'	3.9	7268.52^{g}	18 355.29^{bcdef}	15 786.38^{bcde}	10 946.85^{abcd}	13 089.26^{defghij}	21
'WL319HQ'	2.8	7780.81^{efg}	19 868.966^{abcd}	15 962.56^{bcde}	11 321.23^{abcd}	13 733.39^{abcdef}	14
'甘农 6 号'	3.0	8600.03^{abcdefg}	19 602.43^{abcd}	15 258.91^{bcdef}	10 991.79^{abcd}	13 613.29^{bcdefg}	15
'阿尔冈金'	2.0	8043.82^{cdefg}	19 272.01^{abcde}	13 056.80^{ghi}	9328.98^{d}	12 425.40^{ijk}	29
'敖汉苜蓿'	2.0	8561.23^{abcdefg}	18 059.37^{cdef}	11 742.22^{i}	10 081.07^{bcd}	12 110.97^{jk}	30
'中苜 1 号'	2.0	9127.63^{abcdef}	18 164.56^{cdef}	15 957.60^{bcde}	12 017.45^{ab}	13 816.84^{abcde}	7
'中苜 3 号'	3.0	7518.64^{fg}	18 462.53^{bcdef}	16 265.56^{bcd}	12 467.04^{a}	13 678.46^{bcdefg}	12
'龙威 3010'	—	7691.22^{efg}	19 838.95^{abcd}	14 812.58^{cdefg}	10 419.34^{abcd}	13 190.53^{defghi}	18
'公农 5 号'	—	8204.75^{bcdefg}	16 988.96^{ef}	14 581.85^{cdefgh}	10 841.52^{abcd}	12 654.27^{ghijk}	27
'陇东苜蓿'	1.2	8341.65^{bcdefg}	17 628.45^{def}	12 800.84^{hi}	9638.14^{cd}	12 102.28^{jk}	31
'WL363HQ'	4.9	8690.45^{abcdefg}	18 576.26^{bcdef}	14 204.37^{efgh}	9405.93^{cd}	12 719.26^{fghijk}	26
'WL168HQ'	2.0	7685.07^{efg}	17 956.18^{def}	13 906.06^{efgh}	10 363.69^{abcd}	12 477.75^{hijk}	28
'阿迪娜'	4.5	9073.62^{abcdef}	19 766.10^{abcd}	14 238.99^{defgh}	10 112.05^{bcd}	13 297.68^{cdefghi}	17
'甘农 4 号'	3.5	9798.03^{abc}	20 572.93^{ab}	17 204.76^{ab}	11 384.89^{abcd}	14 740.15^{a}	1
'甘农 3 号'	3.0	9245.44^{abcdef}	19 266.95^{abcde}	15 567.95^{bcde}	11 571.63^{abc}	13 912.99^{abcd}	8
'SR4030'	4.0	9600.73^{abcd}	21 050.78^{a}	15 597.21^{bcde}	11 041.64^{abcd}	14 322.59^{abc}	4
'新牧 4 号'	—	9291.36^{abcdef}	17 334.72^{def}	15 364.70^{bcde}	10 105.20^{bcd}	13 148.99^{defghij}	19
'MF4020'	4.0	8451.65^{bcdefg}	20 371.20^{abc}	18 198.83^{a}	11 029.85^{abcd}	14 512.89^{ab}	2
'冲击波'	4.0	8570.68^{abcdefg}	19 161.77^{abcde}	15 009.60^{cdefg}	11 156.53^{abcd}	13 474.65^{bcdefghi}	13

注：同列不同小写字母表示同一农艺性状在不同品种之间差异显著（$P<0.05$）。

前3位的品种是'甘农4号''MF4020''甘农5号'。其中,'甘农4号'4年平均产量最高达 14 740.15 kg·hm^{-2},较产量最低品种'康赛'(11 948.95 kg·hm^{-2})增产23.36%。'甘农4号''MF4020''甘农5号'产量2018年、2019年、2020年和2021年及4年平均产量之和都排名靠前。4年平均产量最低的品种是'康赛',为11 948.95 kg·hm^{-2},与最高产量之间相差2791.2 kg·hm^{-2}。

三、不同品种苜蓿丰产性和产量稳定性比较

丰产和稳产持续时间长短也会直接影响苜蓿生产成本和种植效益,不同苜蓿品种的干草产量在定植后不同年份表现不同,由北疆地区32个苜蓿品种比较试验得出2018—2021年各品种丰产性和稳定性分析(表6-4)。4年平均产量前3位的品种是'甘农4号'

表 6-4 2018—2021 年各品种丰产性和稳定性分析

品种	丰产性参数		稳定性参数		回归系数	综合评价
	产量/(kg·hm^{-2})	效应	方差	变异度		
'甘农4号'	14 740.15	1427.07	443 650.08	4.52	1.11	很好
'MF4020'	14 512.88	1199.80	2 171 472.54	10.15	1.24	很好
'甘农5号'	14 467.17	1154.09	2 180 520.53	10.21	0.93	很好
'SR4030'	14 322.59	1009.51	860 163.95	6.48	1.14	好
'甘农3号'	13 912.99	599.91	23 525.20	1.11	0.98	好
'皇冠'	13 892.57	579.49	611 249.95	5.63	1.11	好
'中苜1号'	13 816.84	503.75	595 374.47	5.58	0.89	好
'甘农9号'	13 782.84	469.76	277 799.03	3.82	0.88	好
'WL354HQ'	13 776.97	463.89	662 298.85	5.91	0.89	好
'WL319HQ'	13733.39	420.31	788 038.30	6.46	1.17	好
'WL343HQ'	13713.46	400.37	582 953.26	5.57	0.97	较好
'中苜3号'	13 678.45	365.37	1 661 301.18	9.42	1.03	较好
'甘农6号'	13 613.29	300.20	163 667.89	2.97	1.08	较好
'北极熊'	13 514.70	201.62	206 861.02	3.37	0.97	较好
'冲击波'	13 474.65	161.56	87 939.31	2.20	1.02	较好
'巨能2'	13 325.68	12.60	199 044.29	3.35	0.96	较好
'阿迪娜'	13 297.69	−15.40	832 903.17	6.48	1.06	较好
'龙威3010'	13 190.52	−122.56	772 115.40	6.66	1.18	较好
'新牧4号'	13 148.99	−164.09	529 456.48	5.53	0.91	较好
'旱地'	13 133.99	−179.10	53 147.03	1.76	0.96	较好
'骑士T'	13 089.26	−223.82	761 233.37	6.67	1.09	较好
'雷霆'	13 064.71	−248.38	2 097 843.77	11.09	0.83	一般
'前景'	12 884.15	−428.94	198 997.39	3.46	0.95	一般
'耐盐之星'	12 771.04	−542.04	64 813.07	1.99	0.98	一般
'巨能7'	12 721.19	−591.89	123 806.55	2.77	1.00	一般
'WL363HQ'	12 719.25	−593.83	437 183.57	5.20	1.01	一般
'公农5号'	12 654.27	−658.81	583 072.20	6.03	0.86	一般
'WL168HQ'	12 477.75	−835.3322	118 930.01	2.76	0.99	一般
'阿尔冈金'	12 425.40	−887.68	1 286 851.92	9.13	1.09	一般
'敖汉苜蓿'	12 110.97	−1202.11	2 195 451.35	12.23	0.88	较差
'陇东苜蓿'	12 102.27	−1210.81	698 677.81	6.91	0.90	较差
'康赛'	11 948.59	−1364.50	247 771.36	4.17	0.95	较差

注:同列不同小写字母表示同一农艺性状在不同品种之间差异显著($P<0.05$)。

'MF4020''甘农 5 号'，产量较低的品种是'康赛''陇东苜蓿''敖汉苜蓿'。效应值较高的品种是'甘农 4 号''MF4020''甘农 5 号'，'康赛''陇东苜蓿''敖汉苜蓿'效应值较低。方差最大的是'敖汉苜蓿'，其次为'甘农 5 号'，最小的是'甘农 3 号'。变异度较小的品种是'甘农 3 号''旱地''耐盐之星'。回归系数>1 的品种有 13 个，回归系数<1 的品种有 18 个，回归系数=1 的有 1 个。综合评价中"很好"的品种是'甘农 4 号''MF4020''甘农 5 号'，评价为"好"的品种是'SR4030''甘农 3 号''皇冠''中首 1 号''甘农 9 号''WL354HQ''WL319HQ'，评价为"较好"的品种是'WL343HQ''中首 3 号''甘农 6 号''北极熊''冲击波''巨能 2''阿迪娜''龙威 3010''新牧 4 号''旱地''骑士 T'，评价为"一般"的品种是'雷霆''前景''耐盐之星''巨能 7''WL363HQ''公农 5 号''WL168HQ''阿尔冈金'，评价为"较差"的品种是'敖汉苜蓿''陇东苜蓿''康赛'。

四、不同品种苜蓿各茬次产量分布特征

由于收获时间、积温等因素影响，苜蓿的各茬次产量差异较大，而不同品种各茬次产量在总产中的占比也会有较大差异。研究不同品种苜蓿各茬次的产量分布特征对品种选择也具有重要意义。

如图 6-2 所示，2018—2021 年 32 个苜蓿品种不同茬次干草产量分布，总体呈现出第 1 茬>第 2 茬>第 3 茬的规律，第 1 茬产量占总产量的 44.1%～53.2%，第 2 茬产量占总产量的 29.7%～34.7%，第 3 茬产量占总产量的 16.7%～22.2%，由此可知第 1 茬产量对年产量起决定性作用。其中，'甘农 4 号'第 1 茬产量最高为 27 968.59 kg·hm^{-2}，'中首 1 号''中首 3 号''甘农 5 号''甘农 3 号''SR4030'产量都在 26 000 kg·hm^{-2} 以上。第 2 茬中'甘农 5 号'产量最高为 19 519.72 kg·hm^{-2}，'骑士 T''SR4030''MF4020'产量都在 19 000 kg·hm^{-2} 以上。第 3 茬中'MF4020'产量最高为 12 913.35 kg·hm^{-2}，'甘农 4 号''WL319HQ'产量都在 12 000 kg·hm^{-2} 以上，产量靠前的品种中，第 1～3 茬产量基本都排名靠前且比较稳定(图 6-2)。

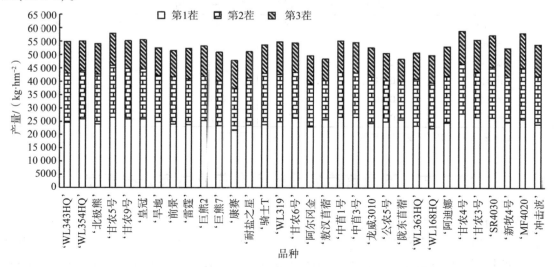

图 6-2　4 年不同苜蓿品种各茬次产量分布情况

五、不同品种苜蓿各茬次产量与年产量的相关性

2018—2021 年，各茬次产量与年产量基本呈极显著正相关（$P<0.01$），综合 4 年年产量和总产量发现，第 3 年（即 2020 年）产量与总产量之间的相关性最高，相关系数达0.8815。通过关联度分析显示，第 1 茬产量和年产量间的关联系数最高，并且总体表现出下降趋势，即关联度第 1 茬>第 2 茬>第 3 茬。从 4 年年产量与总产量的关联度看，第 2年（即 2019 年）关联度最高（表 6-5）。

表 6-5　各茬次和年产量间的相关性与关联度分析

年份	系数	茬次			平均值
		第 1 茬	第 2 茬	第 3 茬	
2018	相关系数	0.8471**	0.7050**	—	0.604**
	关联系数	0.4091	0.4051	—	0.3578
2019	相关系数	0.6167**	0.7492**	0.5583**	0.6341**
	关联系数	0.4714	0.408	0.367	0.4186
2020	相关系数	0.6433**	0.6241**	0.9056**	0.8815**
	关联系数	0.4258	0.3887	0.3689	0.3944
2021	相关系数	0.7344**	0.2678	0.5321**	0.6696**
	关联系数	0.4888	0.3801	0.4094	0.3691

注：**表示在 0.01 水平差异极显著。

六、不同苜蓿品种各指标相关性

对 32 份苜蓿品种的株高、总产量、干鲜比、2021 年返青率和秋眠级进行了相关性分析（表 6-6），其中株高与总产量呈极显著正相关（$P<0.01$），总产量与返青率和秋眠级分别呈极显著正相关（$P<0.01$）和显著正相关（$P<0.05$），干鲜比与秋眠级呈极显著正相关（$P<0.01$），返青率和秋眠级呈显著正相关（$P<0.05$）（表 6-6）。

表 6-6　不同苜蓿品种各指标相关性分析

相关系数	株高	总产量	干鲜比	返青率	秋眠级
株高	1				
总产量	0.54**	1			
干鲜比	0.04	0.23	1		
返青率	0.36	0.63**	0.33	1	
秋眠级	0.28	0.41*	0.50**	0.47*	1

注：**表示在 0.01 水平差异极显著，*表示在 0.05 水平差异显著。

第二节　不同苜蓿品种田间杂草及虫害分布规律

苜蓿为多年生植物，种子细小，苗期采取"先根后苗"的生存策略，地上部分生长极其缓慢，在建植初期，杂草竞争与病虫危害对苜蓿生长与发育极为不利，也是苜蓿建植当年影响草产量和品质的首要因素，严重情况下会导致建植失败。生态因子、生育年龄、环境条件等因素对不同品种影响不同，优秀的品种在相同条件下较其他品种往往占绝对优势。

一、苜蓿干草产量与杂草及虫口密度

杂草和虫口密度对建植当年的苜蓿生长发育会产生较大的影响，同时，不同品种苜蓿在苗期与杂草及虫害的竞争能力会有一定差异。

通过在新疆呼图壁进行的品种比较试验小区杂草和虫害调查发现，播种当年，试验小区的杂草种类主要为狗尾草、龙葵、灰绿藜，害虫种类为斑蚜、豌豆蚜、蓟马，单位面积杂草密度大小顺序为狗尾草>灰绿藜>龙葵。其中，狗尾草密度较高的品种为'耐盐之星''康赛''骑士 T'和'WL319HQ'，均在 900 株·m^{-2}，灰绿藜密度较高的品种为'龙威 3010''巨能 2'和'公农 5 号'，均在 330 株·m^{-2} 以上，分布最少的是'WL343HQ'，为 41.33 株·m^{-2}。小区内杂草数量多的苜蓿品种，其干草产量均较低，这说明杂草对播种当年苜蓿的产草量影响较大，且不同品种苗期对杂草的竞争能力存在差异(表 6-7)。

表 6-7　32 个苜蓿品种的干草产量与小区内杂草、虫数的变化

品种名称	苜蓿/ (株·m^{-2})	狗尾草/ (株·m^{-2})	龙葵/ (株·m^{-2})	灰绿藜/ (株·m^{-2})	斑蚜/ (头·枝$^{-1}$)	豌豆蚜/ (头·枝$^{-1}$)	蓟马/ (头·枝$^{-1}$)	年干草产量/ (kg·hm^{-2})	产量 排名
'WL343HQ'	233.33	194.67	13.33	41.33	6.26	0.36	0.29	9398.01	14
'WL354HQ'	240	329.33	20	49.33	4.62	0.47	0.15	10 433.85	8
'北极熊'	245.33	318.67	20	97.33	6.17	0.32	0.1	10 033.32	10
'甘农 5 号'	180	306	4	124	5.44	0.42	0.35	11 069.4	1
'甘农 9 号'	197.33	406.67	5.33	86.67	5.22	0.36	0.19	10 471.61	6
'皇冠'	256	390.67	14.67	132	5.95	0.59	0.18	9314.87	16
'旱地'	300	345.33	14.67	142.67	5.92	0.7	0.2	9066.48	19
'前景'	277.33	364	6.67	73.33	8.89	0.45	0.19	8940.2	22
'雷霆'	298.67	412	33.33	170.67	5.28	0.67	0.14	8831.2	23
'巨能 2'	240	777.33	18.67	338.67	5.12	0.6	0.13	9249.3	18
'巨能 7'	260	822.67	28	170.67	4.4	0.79	0.17	8488.77	28
'康赛'	122.67	978.67	8	140	7.18	1.02	0.27	7500.69	30
'耐盐之星'	248	1034.67	4	136	5.25	0.67	0.14	8942.54	21
'骑士 T'	178.67	917.33	9.33	206.67	8.19	1.13	0.18	7159.06	32
'WL319HQ'	218.67	904	9.33	137.33	7.11	0.8	0.18	7477.96	31
'甘农 6 号'	304	665.33	8	46.67	10.3	0.36	0.62	9026.17	20
'阿尔冈金'	198.67	800	2.67	157.33	8.86	0.51	0.24	8602.93	25
'敖汉苜蓿'	208	781.33	20	157.33	8.21	0.43	0.16	8561.2	27
'中苜 1 号'	321.33	729.33	18.67	140	9.31	0.42	0.19	10 366.69	9
'中苜 3 号'	254.67	866.67	57.33	125.33	7.21	0.75	0.09	9329.59	15
'龙威 3010'	261.33	604	41.33	513.33	6.87	0.49	0.17	9287.95	17
'公农 5 号'	180	720	18.67	330.67	9.56	0.56	0.17	8571.31	26
'陇东苜蓿'	240	557.33	32	297.33	8.07	0.38	0.51	8341.63	29
'WL363HQ'	356	520	25.33	218.67	6.23	0.37	0.14	9925.87	11
'WL168HQ'	281.33	454.67	14.67	184	23.9	1.59	0.57	8717.57	24
'阿迪娜'	270.67	361.33	6.67	116	9.03	0.84	0.16	10 598	4
'甘农 4 号'	236	309.33	16	129.33	7.32	0.51	0.22	9798.01	12
'甘农 3 号'	270.67	454.67	16	114.67	8.03	0.65	0.23	10 470.25	7
'SR4030'	277.33	410.67	10.67	156	8.77	0.63	0.14	10 696.53	3
'新牧 4 号'	158.67	429.33	36	178.67	10.45	1.1	0.23	10 578.72	5
'MF4020'	285.33	277.33	29.33	186.67	8.34	0.64	0.27	9504.87	13
'冲击波'	233.33	301.33	16	157.33	7.19	0.89	0.11	11 031.09	2

　　试验区主要害虫种类为斑蚜、豌豆蚜、蓟马，单个枝条虫口密度最多的为斑蚜，其次为豌豆蚜，最少的为蓟马。斑蚜分布数量较多的苜蓿品种为'WL168HQ''新牧4号''甘农6号'，分别为23.9头·枝$^{-1}$、10.45头·枝$^{-1}$、10.3头·枝$^{-1}$，其他品种都在10头·枝$^{-1}$以下，豌豆蚜和蓟马的头数少，最多仅为1.59头·枝$^{-1}$，大部分品种不足1头·枝$^{-1}$，影响较小，说明第1茬苜蓿收割时，虫害不是最主要的影响因素。

　　所有参试品种中'甘农5号'干草产量最高，为11 069.40 kg·hm^{-2}，干草产量排在前5的苜蓿品种还有'冲击波''SR4030''阿迪娜''新牧4号'，产量靠前的品种杂草及虫害发生率都均较低，且杂草对苜蓿产草量的影响要大于虫害。

二、杂草数量、虫口密度与苜蓿各指标间的相关性

　　通过32个苜蓿品种种植当年小区杂草数量、虫口密度与苜蓿各产量指标间的相关性分析结果可知，除狗尾草的数量与第1茬干草产量、年干草总产量间的负相关性达到极显著外，其他杂草数量和虫口密度与苜蓿干草总产量间的负相关性均不显著，2018年度杂草对苜蓿产草量的影响要大于虫害。调查还发现，单枝斑蚜的虫口密度与第2茬干草产量呈显著负相关，单枝斑蚜与豌豆蚜、蓟马两两间的虫口密度呈现极显著正相关，这说明在第1茬苜蓿刈割前的虫口密度大小对第2茬苜蓿的生长具有影响作用，且3种虫害的发生是同步的(表6-8)。

表 6-8　杂草数量、虫口密度与苜蓿各指标间的相关性分析

相关性	X_1	X_2	X_3	X_4	X_5	X_6	X_7	X_8	X_9	X_{10}
X_1	1	−0.271	0.197	−0.042	0.087	−0.225	0.069	0.308	−0.05	0.238
X_2		1	0.016	0.257	−0.033	0.206	−0.105	−0.658**	−0.266	−0.658**
X_3			1	0.423*	−0.06	0.03	−0.155	0.041	−0.021	0.026
X_4				1	0.049	0.078	−0.064	−0.229	−0.079	−0.223
X_5					1	0.598**	0.580**	0.038	−0.359*	−0.112
X_6						1	0.116	−0.235	−0.179	−0.269
X_7							1	−0.064	−0.229	−0.146
X_8								1	0.202	0.919**
X_9									1	0.572**
X_{10}										1

　　注：＊表示在0.05水平差异显著，＊＊表示在0.01水平差异显著。$X_1 \sim X_4$分别为小区内苜蓿、狗尾草、龙葵和灰绿藜的株数，$X_5 \sim X_7$分别为单枝苜蓿上斑蚜、豌豆蚜和蓟马的头数，$X_8 \sim X_{10}$分别为苜蓿第1茬产量、第2茬产量和年干草总产量。

白玉龙，姜永，赵剑平，等，2007. 禾本科牧草与豆科牧草营养成分比较[J]. 当代畜牧(12)：34-35.

布尔金，赵澍，何峰，等，2014. 新疆草地畜牧业可持续发展战略研究[J]. 中国农业资源与区划，35(3)：120-127.

蔡国军，张仁陟，柴春山，2012. 半干旱黄土丘陵区施肥对退耕地紫花苜蓿生物量的影响[J]. 草业学报，21(5)：204-212.

陈文，李琪，张小虎，1992. 黄土高原农业系统国际学术会议论文集[C]. 兰州：甘肃科技出版社.

方辉，2004. 农牧交错区草业助推技术体系研究[D]. 咸阳：西北农林科技大学.

伏哲兵，高雪芹，蔡伟，等，2018. 宁夏引黄灌区种植不同苜蓿品种对土壤速效养分的影响[J]. 中国草地学报，40(2)：20-26.

葛怀贵，2016. 甘肃中西部干旱半干旱地区草原管理问题研究[J]. 中国畜牧兽医文摘，32(3)：13.

国家牧草产业技术体系，2015. 中国栽培草地[M]. 北京：科学出版社.

侯向阳，2017. 西部半干旱地区应大力发展旱作栽培草地[J]. 草业科学，34(1)：161-164.

李蓓，李久生，2009. 滴灌带埋深对田间土壤水氮分布及春玉米产量的影响[J]. 中国水利水电科学研究院学报，7(3)：222-226.

李陈建，王玉祥，张博，2018. 配比施肥对苜蓿品质和产量的影响[J]. 中国农学通报，34(36)：146-152.

李浩波，高云英，历卫宏，等，2006. 紫花苜蓿耗水规律及其用水效率研究[J]. 干旱地区农业研究，24(6)：163-167.

李红，2005. 地下滴灌条件下土壤水分运动试验及数值模拟[D]. 武汉：武汉大学.

李圣昌，朱树森，1993. 紫花苜蓿施用磷肥试验研究[J]. 草业科学，10(1)：41-43.

李雪萍，李建宏，刘永刚，等，2020. 甘南草原不同退化草地植被和土壤微生物特性[J]. 草地学报，28(5)：1252-1259.

李元，2000. 中国土地资源[M]. 北京：中国大地出版社.

梁维维，张荟荟，张学洲，等，2023. 新疆北疆地区32个紫花苜蓿品种的生产性能研究[J]. 中国草地学报，45(3)：68-77.

刘东霞，刘贵河，杨志敏，2015. 种植及收获因子对紫花苜蓿干草产量和茎叶比的影响[J]. 草业学报，24(3)：48-57.

刘虎，魏永富，郭克贞，2013. 北疆干旱荒漠地区青贮玉米需水量与需水规律研究[J]. 中国农学通报，29(33)：94-100.

刘俊英，回金峰，孙梦瑶，等，2020. 施磷及接菌对苜蓿干物质产量及磷素利用效率的影响[J]. 农业工程学报，36(19)：142-149.

刘敏国，2021. 内陆干旱区调亏灌溉对紫花苜蓿草地的生产性能和水分利用的影响[D]. 兰州：兰州大学.

刘玉凤，王明利，胡向东，等，2014. 美国苜蓿产业发展及其对中国的启示[J]. 农业展望，10(8)：49-54.

卢欣石，2013. 中国苜蓿产业发展问题[J]. 中国草地学报，35(5)：1-5.

卢轩，2022. 水肥耦合对科尔沁沙地紫花苜蓿人工草地产量、品质及根系生理特性的影响[D]. 呼和浩特：

内蒙古民族大学.

罗雯,王丹,边佳辉,等,2019. 紫花苜蓿的皂苷研究[J]. 草业科学,36(1):261-272.

蒙洋,2018. 不同施肥处理对苜蓿产量和品质的影响研究[D]. 石家庄:河北农业大学.

苗晓茸,刘俊英,张前兵,等,2019. 喷施硼、钼肥对滴灌紫花苜蓿生产性能及营养品质的影响[J]. 浙江农业学报,31(10):1583-1590.

南丽丽,师尚礼,陈建纲,等,2013. 硼锌配施对苜蓿矿质元素和碳水化合物含量的影响[J]. 中国草地学报,35(1):23-28.

权文利,2016. 紫花苜蓿抗旱机制研究进展[J]. 生物技术通报,32(10):34-41.

任继周,侯扶江,2002. 要正确对待西部种草[J]. 草业科学(2):1-6.

任杰,王振华,温新明,等,2008. 毛管埋深对地下滴灌线源入渗土壤水分运移影响研究[J]. 灌溉排水学报,27(5):80-82.

沈丽娜,朱进忠,李科,等,2010. 硼钼肥配施对紫花苜蓿生理生化指标及产量的影响[J]. 草原与草坪,30(4):16-21.

沈禹颖,杨轩,李向林,等,2016. 栽培草地与食物安全[J]. 科学中国人,25:20-27.

石嘉琦,刘忠宽,王东奎,等,2023. 河北滨海盐碱地14个苜蓿品种光合性能与产量性状分析[J]. 草地学报,31(7):2107-2115.

孙洪仁,关天复,孙建益,等,2009. 不同年限紫花苜蓿(生长)水分利用效率和耗水系数的差异[J]. 草业科学,26(3):39-42.

孙洪仁,刘国荣,张英俊,等,2005. 紫花苜蓿的需水量、耗水量、需水强度、耗水强度和水分利用效率研究[J]. 草业科学,22(12):24-30.

孙洪仁,张英俊,历卫宏,等,2007. 北京地区紫花苜蓿建植当年的耗水系数和水分利用效率[J]. 草业学报,16(1):41-46.

孙艳梅,刘选帅,张前兵,等,2019. 施磷对滴灌苜蓿干草产量及磷素含量的影响[J]. 草业学报,28(3):154-163.

孙艳梅,张前兵,苗晓茸,等,2019. 解磷细菌和丛枝菌根真菌对紫花苜蓿生产性能及地下生物量的影响[J]. 中国农业科学,52(13):2230-2242.

田长彦,买文选,赵振勇,2016. 新疆干旱区盐碱地生态治理关键技术研究[J]. 生态学报,36(22):7064-7068.

王文信,朱俊峰,2012. 美国的苜蓿产业发展历程及对中国的启示[J]. 世界农业(4):18-21.

王运华,徐芳森,鲁剑巍,2015. 中国农业中的硼[M]. 北京:中国农业出版社.

王运涛,于林清,王富贵,等,2013. 11份苜蓿材料的抗倒春寒性及生产性能比较[J]. 中国草地学报,35(5):34-39.

吴勤,宋杰,牛芳英,1997. 紫花苜蓿草地地上生物量动态规律的研究[J]. 中国草地,12(6):21-24.

仵峰,2010. 地下滴灌土壤水分运动特性与系统设计参数研究[D]. 咸阳:西北农林科技大学.

谢开云,何峰,李向林,等,2016. 我国紫花苜蓿主产田土壤养分和植物养分调查分析[J]. 草业学报,25(3):202-214.

谢勇,孙洪仁,张新全,等,2012. 坝上地区紫花苜蓿氮、磷、钾肥料效应与推荐施肥量[J]. 中国草地学报,34(2):52-57.

徐芳森,王运华,2017. 我国作物硼营养与硼肥施用的研究进展[J]. 植物营养与肥料学报,23(6):1556-1564.

旭日干,任继周,南志标,等,2016. 保障我国草地生态与食物安全的战略和政策[J]. 中国工程科学,18(1):8-16.

杨青川,康俊梅,张铁军,等,2016. 苜蓿种质资源的分布、育种与利用[J]. 科学通报,61(2):

261-270.

杨秋云, 介晓磊, 化党领, 等, 2009. 硼锰钼配施对紫花苜蓿草产量和矿物质元素吸收的影响[J]. 中国农学通报, 25(5): 182-185.

于磊, 张前兵, 张凡凡, 等, 2019. 绿洲区滴灌苜蓿优质高效生产管理与科学施策[J]. 草食家畜, (1): 34-43.

张前兵, 于磊, 鲁为华, 等, 2016. 优化灌溉制度提高苜蓿种植当年产量及品质[J]. 农业工程学报, 32(23): 116-122.

张岁岐, 2001. 根冠关系对作物水分利用的调控[D]. 咸阳: 西北农林科技大学.

赵庆雷, 吴修, 袁守江, 等, 2014. 长期不同施肥模式下稻田土壤磷吸附与解吸的动态研究[J]. 草业学报, 23(1): 113-122.

ALLEN V G, BATELLO C, BERRETTA E J, et al, 2011. An international terminology for grazing lands and grazing animals[J]. Grass & Forage Science, 66(1): 2-28.

ALMARSHADI M H, ISMAIL S M, 2011. Effects of precision irrigation on productivity and water use efficiency of alfalfa under different irrigation methods in arid climates[J]. Journal of Applied Sciences Research, 7(3): 299-308.

AVRAMOVA V, ABDELGAWAD H, ZHANG Z, et al, 2015. Drought induces distinct growth response, protection, and recovery mechanisms in the maize leaf growth zone[J]. Journal of Plant Physiology, 169(2): 1382-1396.

BENDER S F, CONEN F, HEIJDEN V D, et al, 2015. Mycorrhizal effects on nutrient leaching and N$_2$O production in experimental grassland[J]. Soil Biology and Biochemistry, 80: 283-292.

DA S W, VILELA D, COBUCCI T, et al, 2004. Decreasing of weed plants using herbicides and herbicides mixin alfalfa crop[J]. Ciencia Agrotecnologia, 28(4): 729-735.

DELAVAUX C S, LAUREN M, KUEBBING S E, 2017. Beyond nutrients: a meta-analysis of the diverse effects of arbuscular mycorrhizal fungi on plants and soils[J]. Ecology, 98(8): 2111-2119.

FANG Y, XU B C, TURNER N C, et al, 2010. Does root pruning increase yield and water-use efficiency of winter wheat[J]. Crop and Pasture Science, 61(11): 899-910.

FAN S, PARDEY P G, 1997. Research, productivity, and output growth in Chinese agriculture[J]. Journal of Development Economics, 53(1): 115-137.

FISCHER A J, DAWSON J H, APPLEBY A P, 1988. Interference of annual weeds in seedling alfalfa(*Medicago sativa*)[J]. Weed Science, 36(5): 583-588.

HU C L, DING M, QU C, et al, 2015. Yield and water use efficiency of wheat in the Loess Plateau: responses to root pruning and defoliation[J]. Field Crops Research, 179: 6-11.

HU X, ROBERTS D P, XIE L, et al, 2013. Development of a biologically based fertilizer, incorporating bacillus megaterium a6, for improved phosphorus nutrition of oilseed rape[J]. Canadian Journal of Microbiology, 59(4): 231-236.

JUNGERS J M, KAISER D E, LAMB J F S, et al, 2019. Potassium fertilization affects alfalfa forage yield, Nutritive Value, Root Traits, and Persistence[J]. Agronomy Journal, 111(6): 2843-2852.

LAMM F R, HARMONEY K R, ABOUKHEIRA A A, et al, 2012. Alfalfa production with subsurface drip irrigation in the Central Great Plains[J]. Transactions of the ASABE, 55(4): 1203-1212.

LIU C A, LI F M, ZHOU L M, et al, 2013. Effect of organic manure and fertilizer on soil water and crop yields in newly-built terraces with loess soils in a semi-arid environment[J]. Agricultural Water Management, 117: 123-132.

LIU J Y, LIU X S, ZHANG Q B, et al, 2020. Response of alfalfa growth to arbuscular mycorrhizal fungi and phosphate-solubilizing bacteria under different phosphorus application levels[J]. AMB Express, 10(200): 1-13.

LIU X P, HE Y H, ZHANG T H, et al, 2015. The response of infiltration depth, evaporation, and soil water replenishment to rainfall in mobile dunes in the Horqin Sandy Land, Northern China[J]. Environ. Earth Sci, 73: 8699-8708.

MORRISSEY B, 2011. Wintersurvival, fall dormancy & pest resistance ratings for alfalfa varieties 2012 edition [J]. Adweek Retrieved August, 25(10): 45-48.

MULUNEH A, BIAZIN B, STROOSNIJDER L, et al, 2015. Impact of predicted changes in rainfall and atmospheric carbon dioxide on maize and wheat yields in the central rift valley of Ethiopia[J]. Regional Environmental Change, 15: 1105-1119.

PINXTERHUIS J B, BEARE M H, EDWARDS G R, et al, 2015. Eco-efficient pasture based dairy farm systems: a comparison of New Zealand, The Netherlands and Ireland[J]. Grassland Science in Europe, 20: 349-346.

RAHIM A, RANJHA A M, RAHAMTULLAH M, et al, 2010. Effect of Phosphorus application and irrigation scheduling on wheat yield and phosphorus use efficiency[J]. Soil & Environment, 29(1): 15-22.

SCHRÖDER J J, SMIT A L, CORDELL D, et al, 2011. Improved phosphorus use efficiency in agriculture: A key requirement for its sustainable use[J]. Chemosphere, 84(6): 822-831.

SHEN J B, YUAN L X, ZHANG J L, et al, 2011. Phosphorus dynamics: From soil to Plant[J]. Plant Physiology, 156(3): 318-325.

STEVENR L, HENRYF M, 2007. Comparative mapping of fiber, Protein, and mineral content QTLs in two interspecific *Leymus* wildrye full-sib families[J]. Molecular Breeding, 20(4): 331-347.

SPRAGUE S J, KIRKEGAARD J A, DOVE H, et al, 2015. Integrating dual-purpose wheat and canola into high-rainfall livestock systems in south-eastern Australia[J]. Crop & Pasture Science, 66(4): 365.

TANG L, CAI H, JI W, et al, 2013. Overexpression of GsZFP1 enhances salt and drought tolerance in transgenic alfalfa (*Medicago sativa* L.)[J]. Plant Physiology and Biochemistry, 71: 22-30.

TIAN X F, HU H W, DING Q, et al, 2014. Influence of nitrogen fertilization on soil ammonia oxidizer and denitrifier abundance, microbial biomass, and enzyme activities in an alpine meadow[J]. Biology and Fertility of Soils, 50(4): 703-713.

VASILEVA V, KOSTOV O, 2015. Effect of mineral and organic fertilization on alfalfa forage and soil fertility[J]. Shikizai Kyokaishi, 27(9): 678-686.

WRIGHT J L, 1988. Daily and seasonal evapot ranspiration and yield of irrigated alfalfa in southern Idaho[J]. Agronomy Journal, 80: 662-669.

WANG S X, LIANG X Q, CHEN Y X, et al, 2012. Phosphorus loss potential and phosphatase activity under phosphorus fertilization in long-term paddy wetland agroecosystems[J]. Soil Science Society of America Journal, 76(1): 161-167.

ZHANG Q B, LIU J Y, LIU X S, et al, 2020. Optimizing the nutritional quality and phosphorus use efficiency of alfalfa under drip irrigation with nitrogen and phosphorus fertilization [J]. Agronomy Journal, 112 (4): 3129-3139.

ZHANG Q B, LIU J Y, LIU X S, et al, 2020. Optimizing water and phosphorus management to improve hay yield and water and phosphorus use efficiency of alfalfa under drip irrigation[J]. Food Science & Nutrition, 8(5): 2406-2418.